Antonio José Besa Gonzálvez
Javier Carballeira Morado

Diagnóstico y corrección de fallos de componentes mecánicos

3ª edición

edUPV
Universitat Politècnica de València

Colección *Académica* http://tiny.cc/edUPV_aca

Para referenciar esta publicación utilice la siguiente cita:

Besa Gonzálvez, Antonio José; Carballeira Morado, Javier (2024). *Diagnóstico y corrección de fallos de componentes mecánicos (3ª ed)*. edUPV

© 2024, edUPV
Venta: www.lalibreria.upv.es / Ref.: 0211_05_03_01

ISBN: 978-84-1396-208-5
Depósito Legal: V-717-2024

Imprime: Byprint Percom, S. L.

Si el lector detecta algún error en el libro o bien quiere contactar con los autores, puede enviar un correo a edicion@editorial.upv.es

edUPV se compromete con la ecoimpresión y utiliza papeles de proveedores que cumplen con los estándares de sostenibilidad medioambiental https://editorialupv.webs.upv.es/compromiso-medioambiental/

Impreso en España

Prólogo
a la tercera edición

Nace esta publicación con la intención de presentar al lector la aplicación de conocimientos de ingeniería mecánica a la diagnosis y corrección de averías en maquinaria. En esta nueva edición, los conocimientos y procedimientos que componen la obra se completan con la inclusión de casos prácticos ocurridos en diversas industrias en cuya resolución han participado los autores.

La obra se organiza en tres bloques, en el primero, que está formado por dos capítulos, se presentan los problemas que pueden darse en los elementos mecánicos más habituales en las máquinas como son rodamientos y cojinetes, que componen el Capítulo 1 y las transmisiones en el Capítulo 2.

El segundo bloque se dedica al mantenimiento predictivo por vibraciones. Se inicia con el Capítulo 3, que tiene un carácter introductorio. El Capítulo 4 analiza la fase de medida de señales, repasando los distintos tipos de transductores que se pueden emplear y sus principales características. El Capítulo 5 se dedica al análisis de las señales medidas, tanto en el dominio del tiempo como de la frecuencia, abordándose la problemática que plantea la digitalización de señales. Por último, en el Capítulo 6 se repasan los distintos tipos de fallos que pueden aparecer en el funcionamiento de las máquinas indicándose como pueden ser detectados.

El tercer bloque de la publicación lo componen los Capítulos 7 y 8, que se dedican a la corrección de dos de los problemas más habituales que aparecen en maquinaria rotativa, como son los desequilibrios y la desalineación de ejes, pues se estima que entre ambos originan el 60% de las paradas inesperadas de máquinas. Finalmente, en el Anexo se realiza una revisión de la teoría de vibraciones de un grado de libertad, necesaria para poder profundizar en algunos de los capítulos de la publicación.

Los autores

Índice

Prólogo I

Índice III

1. Apoyos de los ejes 1

1.1 Introducción 1

1.2 Rodamientos 2

    1.2.1 Descripción 2

    1.2.2 Características 3

    1.2.3 Lubricación de rodamientos 7

    1.2.4 Cálculo de la vida en rodamientos 13

    1.2.5 Juego interno del rodamiento 23

    1.2.6 Montaje de rodamientos 25

    1.2.7 Tipos de fallos 28

1.3 Cojinetes de aceite 40

    1.3.1 Clasificación según el tipo de lubricación 40

    1.3.2 Geometrías de cojinetes radiales 41

    1.3.3 Características de los cojinetes de aceite 43

    1.3.4 Tipos de fallo 46

1.4 Ejercicios 54

    1.4.1 Influencia de la temperatura del aceite en la fiabilidad de rodamientos 54

    1.4.2 Relación entre vida y fiabilidad de rodamientos 59

2. Transmisiones 61

  2.1 Introducción 61

  2.2 Transmisiones por rozamiento, correas 62

    2.2.1 Correas planas 62

    2.2.2 Correas trapeciales 64

    2.2.3 Instalación y mantenimiento de correas 66

  2.3 Transmisiones flexibles por engrane 70

    2.3.1 Cadenas 70

    2.3.2 Correas dentadas o síncronas 74

  2.4 Transmisiones por engranajes 77

    2.4.1 Introducción 77

    2.4.2 El perfil de evolvente. Normalización 79

    2.4.3 Acciones entre dientes con perfil de evolvente..............81

    2.4.4 Causas de fallo 81

    2.4.5 Lubricación de engranajes cilíndricos 85

  2.5 Ejercicios..88

    2.5.1 Medida de la fuerza de pretensado de una correa trapecial....88

    2.5.2 Cálculo del lubricante para una transmisión de engranajes....89

3. Mantenimiento predictivo por vibraciones 91

  3.1 Introducción 91

  3.2 ¿Qué es el mantenimiento predictivo por vibraciones? 93

  3.3 ¿Qué equipos monitorizar? 93

  3.4 Fijación de objetivos..94

  3.5 Inspección mecánica 95

  3.6 Desarrollo del procedimiento de ensayos 95

    3.6.1 Adquisición de datos 96

  3.7 Análisis de datos..98

    3.7.1 Análisis de tendencias 98

  3.8 Conclusiones y recomendaciones 99

    3.8.1 Tratamiento de la documentación 100

    3.8.2 Presentación de resultados 100

  3.9 Plan de acciones correctivas 101

4. Medida de señal...103

  4.1 Introducción 103

  4.2 Transductores...104

    4.2.1 Características de un transductor 104

    4.2.2 Clasificación de transductores 105

    4.2.3 Transductor de inductancia mutua 106

    4.2.4 Transformador diferencial o LDVT 107

    4.2.5 Transductor electrodinámico 108

4.2.6 Transductores piezoeléctricos..108
4.2.7 Transductores de capacitancia variable..110
4.2.8 Transductores piezorresistivos..110
4.3 Transmisión de señales..111
4.3.1 Sistemas de transmisión..111
4.3.2 Apantallado y ruido..111
4.3.3 Monitorización remota..112
4.4 Características de los equipos de registro..113
4.4.1 Resolución...113
4.4.2 Precisión absoluta y relativa..113
4.4.3 Capacidad de medida y procesado en tiempo real............................114
4.5 Ejercicios..114
4.5.1 Selección de un acelerómetro..114

5. Análisis de señal...117
5.1 Introducción..117
5.2 Análisis básico de señal...118
5.3 Severidad de vibración según norma ISO..120
5.3.1 Criterio basado en la amplitud de vibración....................................121
5.3.2 Criterio basado en los cambios de la amplitud de vibración.................124
5.4 Dominio Temporal–Frecuencial..126
5.4.1 Tratamiento digital de señal...126
5.4.2 Efecto de la longitud finita. Ventanas temporales............................127
5.4.3 Efecto de la digitalización de la señal temporal..............................130
5.4.4 Otras consideraciones...133
5.4.5 Combinaciones de señales..134
5.5 Técnicas basadas en la detección de impactos....................................141
5.5.1 Revisión de la señal temporal..141
5.5.2 Amplitud pico (PeakVue) y método de envolvente.............................142
5.6 Dominio de la Quefrencia. Cepstrum...145
5.7 Dominio Temporal – Orbital..146
5.8 Ejercicios..148
5.8.1 Efecto del aliasing...148
5.8.2 Resolución en frecuencia...148
5.8.3 Aplicación norma ISO 20816-2...149

6. Detección de fallos..151
6.1 Introducción..151
6.2 Acciones en ejes..152
6.2.1 Desequilibrios...152
6.2.2 Desalineación...154
6.2.3 Holguras..159

6.2.4 Rozamientos 160
6.2.5 Grietas en ejes 161
6.2.6 Otras fuerzas sobre el eje 163
6.3 Cojinetes de aceite 163
6.3.1 Causas de vibración anormal en cojinetes de aceite 163
6.3.2 Monitorizado del cojinete 166
6.3.3 Medida de la rigidez del cojinete 166
6.4 Rodamientos 166
6.4.1 Introducción 166
6.4.2 Control en el dominio del tiempo 167
6.4.3 Método del Pulso de Choque 169
6.4.4 Control en el dominio de la frecuencia 170
6.5 Engranajes 173
6.5.1 Desalineación 174
6.5.2 Excentricidad 175
6.5.3 Juego 175
6.5.4 Fase de ensamblaje y frecuencias fantasma 176
6.6 Correas de transmisión 177
6.7 Identificación de frecuencias naturales 178
6.8 Bombas centrífugas, ventiladores y turbinas 180
6.9 Motores y generadores eléctricos 189
6.9.1 Problemas en máquinas de inducción 189
6.9.2 Otras técnicas de detección 192
6.10 Máquinas alternativas 192
6.11 Vibraciones en tuberías 193
6.12 Ejercicios 194
6.12.1 Cálculo de las frecuencias de fallo en un rodamiento 194
6.12.2 Cálculo de la frecuencia de engrane y de fase de ensamblaje. 195
7. Equilibrado 197
7.1 Introducción 197
7.2 Comportamiento dinámico de ejes flexibles 201
7.2.1 Velocidades críticas 201
7.2.2 Modos de vibración 202
7.3 Equilibrado básico (un plano) 204
7.3.1 Método de los coeficientes de influencia 208
7.3.2 Método de las cuatro carreras 210
7.4 Equilibrado en dos planos 211
7.5 Influencia de la velocidad 215
7.6 Desequilibrio residual tolerado 219
7.6.1 Ejes rígidos 219

7.6.2 Ejes flexibles..223
7.7 Máquinas de equilibrado 231
    7.7.1 Máquina de apoyos elásticos..232
    7.7.2 Máquina de apoyos rígidos 232
7.8 Equilibrado progresivo...232
7.9 Ejercicios..233
    7.9.1 Equilibrado de un ventilador (un plano) 233
    7.9.2 Cálculo del desequilibrio máximo admisible del ejercicio anterior..............234
    7.9.3 Equilibrado de una turbina (dos planos) 235
    7.9.4 Cálculo del desequilibrio modal para el eje del ejercicio anterior y
           comparación con el máximo admisible 238

8. Alineación de ejes 241
8.1 Introducción 241
8.2 Fundamentos de la alineación de ejes...241
    8.2.1 Definición...241
    8.2.2 Causas de la desalineación de ejes 243
    8.2.3 Efectos de la desalineación de ejes 243
    8.2.4 Objetivos de la alineación de ejes.......................................244
8.3 Detección de la desalineación de ejes 244
    8.3.1 Análisis de vibraciones...244
    8.3.2 Termografía de infrarrojos 244
    8.3.3 Patrones de desgaste en los apoyos 245
    8.3.4 Fallos en juntas 246
    8.3.5 Fallos en acoplamientos flexibles.......................................246
8.4 Factores a considerar en la alineación de ejes................................247
    8.4.1 Configuración de la máquina 247
    8.4.2 Tipo de acoplamiento 248
    8.4.3 Expansión o contracción térmica..248
    8.4.4 Deformación en tuberías 248
    8.4.5 Estado de la base...249
    8.4.6 Selección de los calzos o suplementos 249
8.5 Sistemas para la alineación de ejes 250
    8.5.1 Sistemas con relojes comparadores....................................250
    8.5.2 Método del comparador inverso...252
    8.5.3 Método del borde y la cara...262
    8.5.4 Sistemas basados en tecnología láser.................................266
8.6 Tolerancias y ajustes de la alineación 267
8.7 Ejercicios..269
    8.7.1 Evaluación de la desalineación 269
    8.7.2 Cálculo de la desalineación radial y angular con el procedimiento del
           comparador inverso 270

8.7.3 Cálculo de las correcciones para logar la alineación.............................272
8.7.4 Alineación vertical a partir de medidas de borde y cara 273
8.7.5 Influencia de la dilatación térmica en la alineación vertical................275

Anexo. Conceptos básicos de vibraciones 279
A.1. Clasificación de la vibración 279
A.2. Parámetros básicos de las vibraciones...280
A.3. Modelización de sistemas de un grado de libertad (1 gdl) 282
A.3.1. Obtención de la ecuación de movimiento 284
A.4. Vibración libre de sistemas de 1 gdl no amortiguado 284
A.5. Sistema con amortiguamiento viscoso 286
A.6. Respuesta a excitación armónica 287
A.6.1. Sistema no amortiguado. Resonancia. Batimiento.................287
A.6.2. Sistema con amortiguamiento viscoso (expresión compleja).......290

Bibliografía...293

1
Apoyos de los ejes

1.1. Introducción

Con el fin de disminuir la fricción de los ejes al girar, se utilizan apoyos denominados cojinetes. Según el tipo de carga que transmiten, los cojinetes se dividen en radiales y axiales, aunque determinadas soluciones constructivas admiten cargas combinadas. Atendiendo a la forma de funcionamiento se puede establecer la siguiente clasificación:

- Cojinetes de rodadura (**rodamientos**)
- Cojinetes de deslizamiento seco
- Cojinetes porosos impregnados en lubricante
- Cojinetes de película de fluido (**cojinetes de aceite**)
- Cojinetes magnéticos

En los rodamientos la disminución de la fricción se basa en que el rozamiento de rodadura es inferior al de deslizamiento, de modo que la carga se transmite a través de elementos (bolas, rodillos o agujas) que están en contacto de rodadura entre dos anillos (pistas de rodadura), mientras que en los cojinetes de aceite se hace uso de una película de aceite para disminuir la fricción.

Se estima que en maquinaria rotativa un 20% de los problemas que aparecen están relacionados con los apoyos de los ejes. A lo largo de este capítulo se proporcionará una descripción de los distintos tipos de averías de rodamientos y cojinetes de aceite, así como de sus causas.

1.2. Rodamientos

1.2.1. Descripción

La figura siguiente muestra las distintas partes de un rodamiento rígido de bolas. La pista interna usualmente es la que gira solidaria al eje, mientras que la pista externa se apoya en la carcasa de la máquina. Los elementos rodantes son los encargados de permitir el giro del eje con un rozamiento reducido. La jaula mantiene la distancia relativa entre los elementos rodantes evitando que se puedan agrupar provocando el fallo del rodamiento y la obturación protege al rodamiento de la entrada de elementos extraños y mantiene el lubricante (grasa) en su interior.

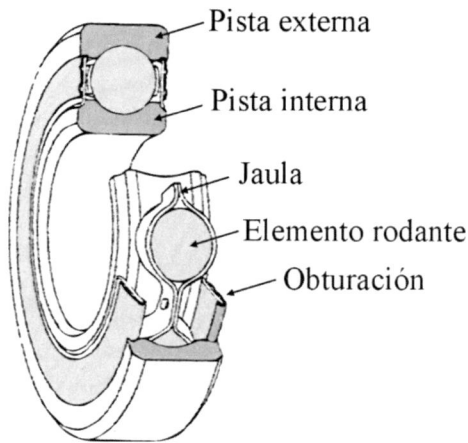

Pista externa

Pista interna

Jaula

Elemento rodante

Obturación

Figura 1.1. Nomenclatura de rodamientos

Los rodamientos se clasifican en función de la dirección de la carga aplicada en rodamientos radiales y rodamientos axiales (también llamados de empuje). También los podemos clasificar según el tipo de elemento rodante empleado en rodamientos de bolas y rodamientos de rodillos. A continuación, se repasarán las características de los rodamientos más comunes.

1.2.2. Características

1.2.2.1. Rodamientos radiales

Rígidos de bolas

Los rodamientos de bolas de ranura profunda constituyen el tipo más común de rodamientos. Transmiten carga radial y dado que las pistas de rodadura envuelven lateralmente a la hilera de elementos rodantes también pueden transmitir carga axial en los dos sentidos posibles.

Estos rodamientos pueden adquirirse prelubricados con grasa y sellados, o con protecciones laterales.

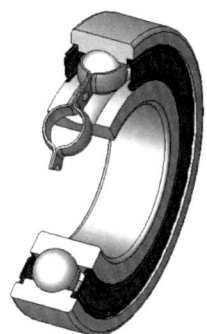

Figura 1.2. Rígido de bolas

De contacto angular

Los rodamientos de este tipo son capaces de transmitir carga radial, así como carga axial en un único sentido. Se fabrican con distintos ángulos de contacto. A mayor ángulo de contacto, mayor es la capacidad de carga de empuje.

Se pueden utilizar por parejas (cara-cara, espalda-espalda o tándem) ajustando el juego existente entre ellos actuando sobre la distancia axial entre los anillos interiores (en el montaje espalda-espalda) o los exteriores (en el montaje cara-cara).

Figura 1.3. Rodamiento de contacto angular

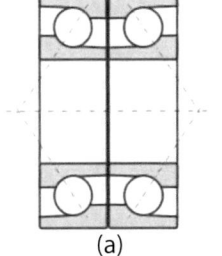
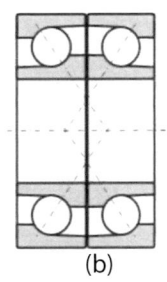

(a)   (b)

Figura 1.4. a. montaje en O (espalda-espalda), b. montaje en X (cara-cara)

Existen también rodamientos de bolas de contacto angular de doble hilera en disposición de espalda contra espalda, con solamente un anillo exterior. Estos pueden soportar cargas de empuje axial en ambos sentidos.

De autoalineación

En estos rodamientos el anillo exterior tiene una superficie de rodadura esférica cuyo centro coincide con el del rodamiento; por lo tanto, pueden absorber una desalineación angular del eje, ya sea proveniente de una falta de alineación entre los dos apoyos o causada por una falta de rigidez del propio eje.

Como inconveniente, la capacidad de estos rodamientos para transmitir carga axial es limitada.

Figura 1.5.
Autoalineación

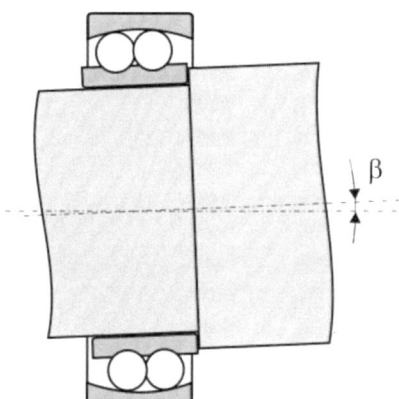

Figura 1.6. Rodamiento de autoalineación montado en un eje desalineado

De rodillos cilíndricos

Sus elementos rodantes son cilindros con un abombamiento cerca de los extremos para aliviar las tensiones causadas por una posible desalineación del eje. Como el contacto entre los elementos rodantes y las pistas de rodadura es lineal (en los rodamientos de bolas es puntual) tienen gran capacidad de carga radial.

Tienen movilidad axial, pero los hay con nervaduras laterales para impedir dicho movimiento, aunque este no es un método recomendable para soportar cargas axiales, puesto que en ese contacto lateral de los rodillos hay deslizamiento respecto a la pestaña de la pista de rodadura, lo que implica mayor rozamiento que en el contacto de rodadura.

Los hay con distintas configuraciones en cuanto a las nervaduras laterales de las pistas de rodadura como se muestra en la siguiente figura:

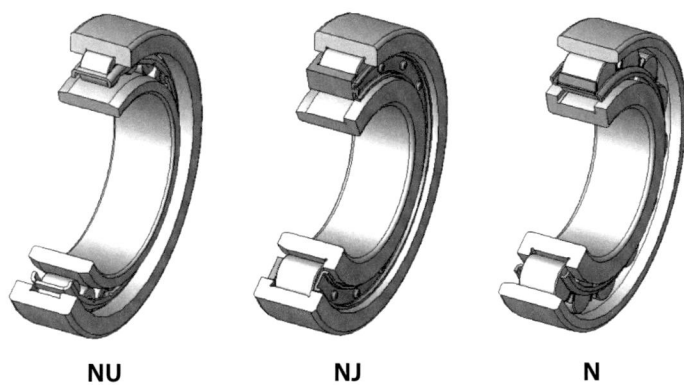

NU **NJ** **N**

Figura 1.7. Distintos tipos de rodamientos de rodillos cilíndricos

De rodillos cónicos

Estos rodamientos emplean elementos rodantes cónicos guiados por nervaduras en el anillo interior. Esto les permite transmitir carga axial en un solo sentido además de la carga radial.

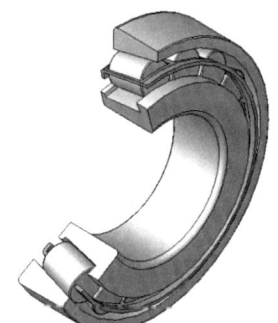

Funcionan de forma similar a los rodamientos de bolas de contacto angular, y necesitan la carga axial para que el rodamiento no se desmonte, por lo que se suelen precargar axialmente. Es común que se monten en parejas. Al ser separables, los anillos interior y exterior se pueden montar independientemente, lo que simplifica las tareas de mantenimiento.

Figura 1.8. Rodillos cónicos

En estos rodamientos puede resultar crítico el juego axial que hay que dejar en el montaje y que tiene que ser capaz de absorber las dilataciones térmicas ocasionadas por el cambio de temperatura durante el trabajo de la máquina.

De rodillos esféricos

La superficie de rodadura del anillo exterior es esférica con el centro situado en el eje del rodamiento, esto le otorga al rodamiento la propiedad de autoalineación.

Son excelentes para soportar cargas radiales y pueden transmitir cargas axiales en cualquiera de los dos sentidos.

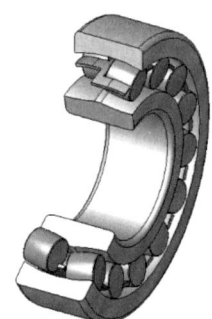

Figura 1.9. Rodillos esféricos

Rodamientos de agujas

Se utilizan cuando el espacio radial es reducido. Tienen gran capacidad de carga radial y no admiten carga axial.

Los hay con y sin pistas de rodadura. En aplicaciones con poco espacio, el eje o el alojamiento pueden hacer la función de pistas de rodadura.

Figura 1.10. Agujas

1.2.2.2. Rodamientos axiales

De bolas

Los rodamientos de bolas de empuje se componen de anillos de rodadura parecidos a arandelas con ranuras de superficie de rodadura para las bolas. Sólo pueden transmitir carga de empuje (axial).

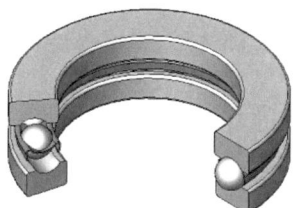

Figura 1.11. Axial de bolas

De rodillos cilíndricos

Los rodamientos de empuje de rodillos cilíndricos se diseñan para soportar grandes cargas en la dirección axial con una elevada rigidez. Sólo pueden transmitir carga de empuje (axial).

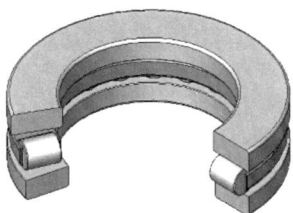

Figura 1.12. Axial de rodillos cilíndricos

De rodillos esféricos

Tienen superficie de rodadura esférica en el anillo exterior (el inferior en la Figura 1.13), y los rodillos están distribuidos oblicuamente en una sola hilera.

Dado que la superficie de rodadura del anillo exterior es esférica, estos rodamientos son de autoalineación. Tienen una elevada capacidad de carga de empuje y pueden transmitir cargas radiales moderadas. Pero no son apropiados para altas velocidades.

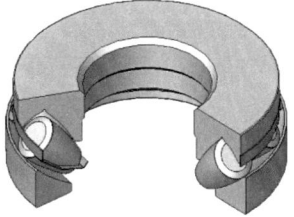

Figura 1.13. Axial de rodillos esféricos

1.2.3. Lubricación de rodamientos

Se estima que el 80% de los fallos en rodamientos están relacionados con problemas del lubricante. De esos fallos un 25% los causa la contaminación del mismo, un 20% son debidos a una elección incorrecta, otro 20% los genera el envejecimiento y un 15% la falta de lubricante. Así pues, para garantizar el óptimo funcionamiento de un rodamiento es imprescindible mantener separadas las superficies de fricción con el lubricante adecuado. Los objetivos de la lubricación son:

- Formar una película de lubricante entre las superficies con el fin de reducir la fricción y el desgaste (entre anillos, elementos de rodadura y jaulas).
- Prolongar de vida a fatiga (depende de la viscosidad y del espesor de la capa de lubricante).
- Ayudar a distribuir y disipar el calor: refrigeración (en el caso de la lubricación por aceite).
- Otros: evitar corrosión y oxidación, eliminar materiales extraños. etc.

La característica que determina la correcta formación o no de la película de lubricante entre las superficies en contacto es la viscosidad. La *Norma ISO 3448:1992* realiza una clasificación de la viscosidad de los aceites industriales tal y como se muestra en la siguiente tabla. La viscosidad cinemática se mide en mm^2/s o centistokes (*cSt*).

Tabla 1.1. Sistema ISO de clasificación según la viscosidad para aceites industriales

Grado de viscosidad	Viscosidad Cinemática media	Límites de Viscosidad Cinemática en cSt @ 40 °C	
		Mínima	Máxima
ISO VG 2	2,2	1.98	2,42
ISO VG 3	3,2	2,88	3,52
ISO VG 5	4,6	4,14	5,03
ISO VG 7	6,8	6,12	7,48
ISO VG 10	10,0	9,00	11,00
ISO VG 15	15,0	13,50	16,50
ISO VG 22	22,0	19,80	24,20
ISO VG 32	32,0	28,80	35,20
ISO VG 46	46,0	41,40	50,60
ISO VG 68	68,0	61,20	74,80
ISO VG 100	100,0	90,00	110,00
ISO VG 150	150,0	135,00	165,00
ISO VG 220	220,0	198,00	242,00
ISO VG 320	320,0	288,00	352,00
ISO VG 460	460,0	414,00	506,00
ISO VG 680	680,0	612,00	748,00
ISO VG 1.000	1.000,0	900,00	1100,00
ISO VG 1.500	1.500,0	1.350,00	1650,00

Los lubricantes empleados en rodamientos suelen estar comprendidos entre los grados de viscosidad 10 y 680. La viscosidad que presenta un lubricante depende de su temperatura, esa dependencia se mide con el llamado índice de viscosidad, de forma que cuanto mayor es dicho índice menor es la variación de viscosidad que sufre el lubricante con los cambios de temperatura. Los aceites minerales tienen un índice de viscosidad en torno a 100, mediante aditivos se puede elevar este índice hasta 150, mientras que los aceites sintéticos pueden llegar a valores superiores a 200. La norma ISO 2909:2002 proporciona una metodología de cálculo para obtener el índice de viscosidad a partir de la viscosidad cinemática medida a 40 °C y a 100 °C. Sin embargo, dado que es habitual disponer del valor de viscosidad del lubricante a esas dos temperaturas, resulta más útil el empleo de la ecuación de Walther (1931) que viene recogida en la norma ASTM D341 y que muestra la relación entre viscosidad y temperatura (válida para $\nu > 2\ mm^2/s$).

$$log(\,log(\,v + 0{,}7)) = A - B \cdot log(T)$$ **Ecuación 1.1**

En la ecuación, la viscosidad cinemática ν se introduce en mm^2/s, la temperatura T en Kelvin y A y B son constantes a determinar para cada lubricante a partir de los datos de viscosidad (ν_1 y ν_2) medidos a dos temperaturas distintas (T_1 y T_2), quedando:

$$B = \frac{log(log(\nu_2+0,7))-log(log(\nu_1+0,7))}{log(T_1)-log(T_2)}$$

Ecuación 1.2

$$A = log(log(\nu_2+0,7)) + B \cdot log(T_2)$$

Ecuación 1.3

Obteniéndose pues la viscosidad cinemática a cualquier temperatura como

$$\nu = 10^{10^{(A-B \cdot log(T))}} - 0,7$$

Ecuación 1.4

En la Figura 1.14 se muestra la variación de la viscosidad con la temperatura para el caso de diversos aceites minerales y para un aceite sintético con índice de viscosidad igual a 236.

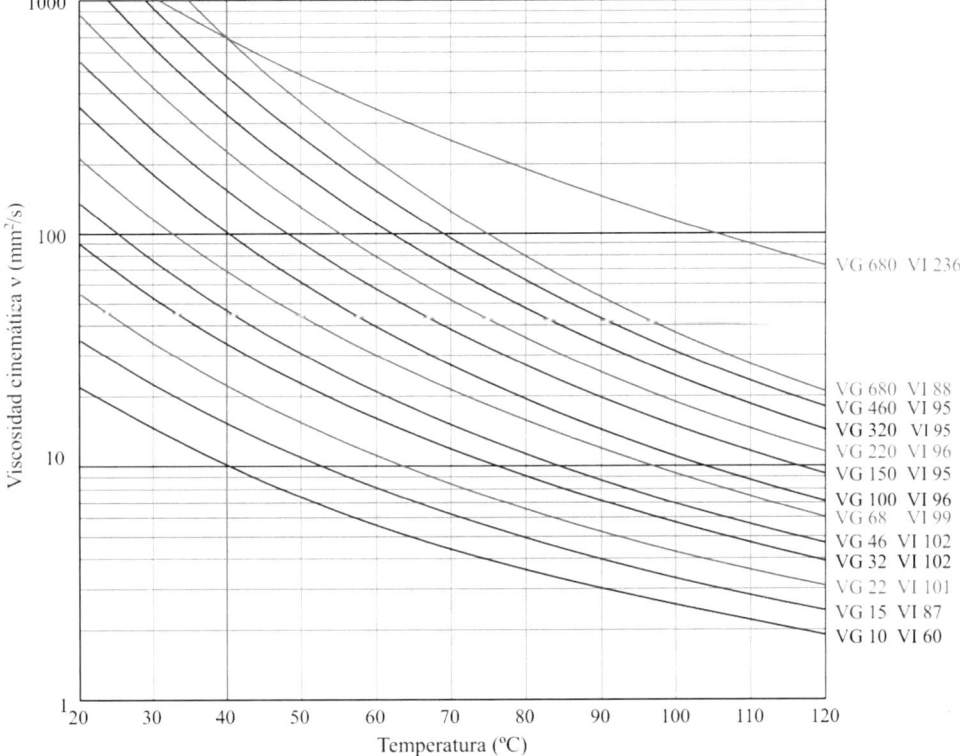

Figura 1.14. Variación de la viscosidad cinemática del lubricante con la temperatura

Debido a la fricción interna, la temperatura de servicio inherente a un rodamiento (calentamiento espontáneo) se encuentra entre 35 °C y 70 °C. Sin embargo, la temperatura exterior puede influir en la temperatura del rodamiento, haciendo que ésta aumente o descienda considerablemente. Para evitar que se alteren los tratamientos térmicos de los componentes del rodamiento su temperatura no debe superar los 120 °C, si bien existen series especiales capaces de trabajar hasta los 350 °C.

La lubricación puede realizarse mediante grasa o aceite. La tabla siguiente muestra una comparación entre ambos tipos de lubricación.

Tabla 1.2. Comparación entre lubricación de rodamientos por grasa y por aceite

	GRASA	ACEITE
Estructura de cajas sellada	Simple	Puede ser compleja (se requiere mantenimiento)
Velocidad	del 65% al 80% con respecto a aceite	Velocidad límite
Enfriamiento	Malo	Posible con la circulación forzada del aceite
Fluidez	Mala	Buena
Sustitución completa del lubricante	A veces difícil	Fácil
Extracción de partículas	Imposible	Fácil

1.2.3.1. Lubricación con grasa

La grasa es un lubricante compuesto por un aceite base y un espesante. Las basadas en aceites de baja viscosidad son más adecuadas para rodamientos que trabajan a alta velocidad y baja temperatura, mientras que las que emplean un aceite base de viscosidad elevada son apropiadas para cargas y temperaturas elevadas. En el caso de cargas altas se recomienda el empleo de grasas con aditivos de presión extrema.

No es recomendable mezclar distintos tipos de grasas ya que se pueden generar depósitos y pérdidas de sus propiedades si reaccionan sus componentes.

Una de las características directamente relacionada con las condiciones de trabajo es la consistencia de la grasa, identificada por el grado NLGI (National Lubricating Grease Institute, de EE.UU.), normalmente se emplean grados de consistencia NLGI de 2 ó 3, pero si la temperatura de trabajo es muy baja o cuando se emplean sistemas de lubricación automática es recomendable emplear grasas más fluidas (grados NLGI 0 y 1), por el contrario para temperaturas de trabajo altas puede ser necesario emplear el grado de consistencia 4.

Para no dificultar en exceso el movimiento de los elementos rodantes, hay que evitar llenar completamente de grasa el interior del rodamiento. Como orientación se puede decir que:

- La grasa ha de ocupar entre 1/2 a 2/3 del espacio libre cuando la velocidad sea menor que el 50% de la velocidad límite.

- Entre 1/3 y 1/2 del espacio cuando la velocidad sea mayor que el 50% de la velocidad límite.

Dado que con las horas de trabajo el lubricante se va deteriorando, será necesario sustituirlo para evitar el fallo del rodamiento. Los proveedores de lubricantes proporcionan gráficas para determinar el intervalo apropiado de sustitución, expresado en horas de servicio en función del tipo y tamaño de rodamiento y de su velocidad de trabajo. Estas gráficas son válidas para grasas basadas en jabón de litio y aceite base mineral, en maquinaria estacionaria, con cargas normales y temperaturas medidas en el aro exterior de hasta +70 °C. Para temperaturas superiores se deber reducir el intervalo a la mitad por cada 15 °C de aumento de temperatura. Hay que tener en cuenta que los rodamientos lubricados con grasa y obturados deben trabajar a temperaturas inferiores a 100 °C. En el caso de emplearse grasas basadas en aceite sintético y en condiciones de buena limpieza se puede lograr mayor vida y aumentar el rango de temperaturas de trabajo hasta los 130 °C.

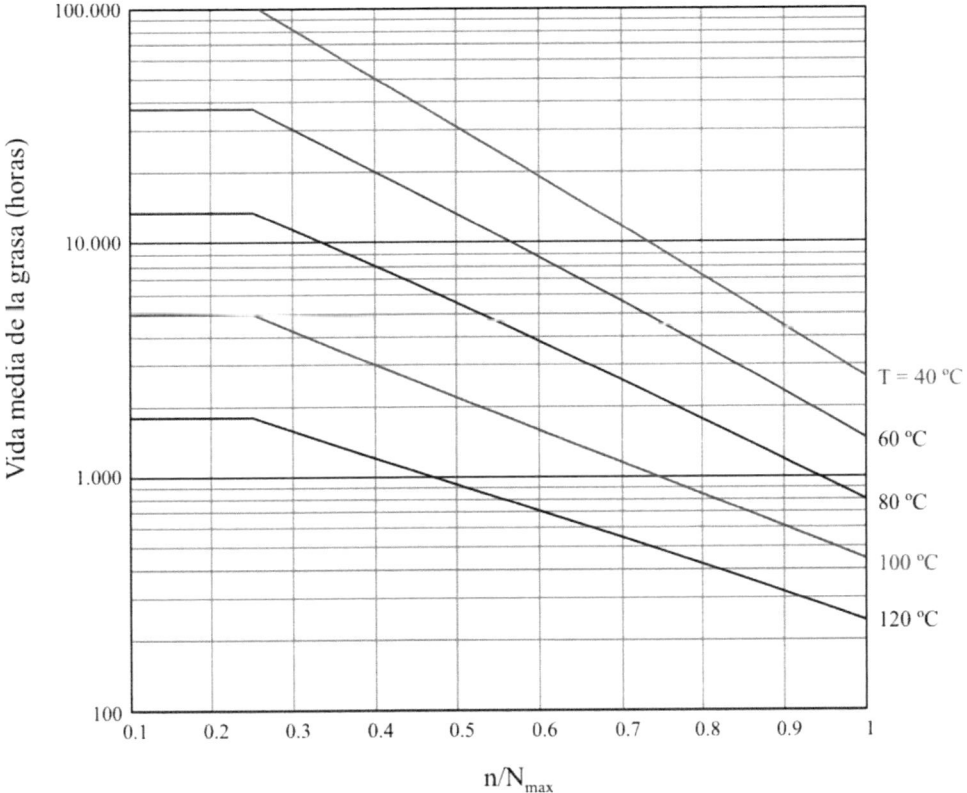

Figura 1.15. Vida de la grasa (aceite base mineral) en rodamientos rígidos de bolas sellados

En rodamientos rígidos de bolas sellados, se puede estimar la vida de la grasa con los gráficos mostrados en las Figuras 1.15 y 1.16, en función que se trate de una grasa basada en aceite mineral o de una grasa con base de aceite sintético. En estos gráficos se toma la línea correspondiente a 40 ºC si la temperatura es inferior. N_{max} es la velocidad límite del rodamiento lubricado con grasa y n es la velocidad de trabajo.

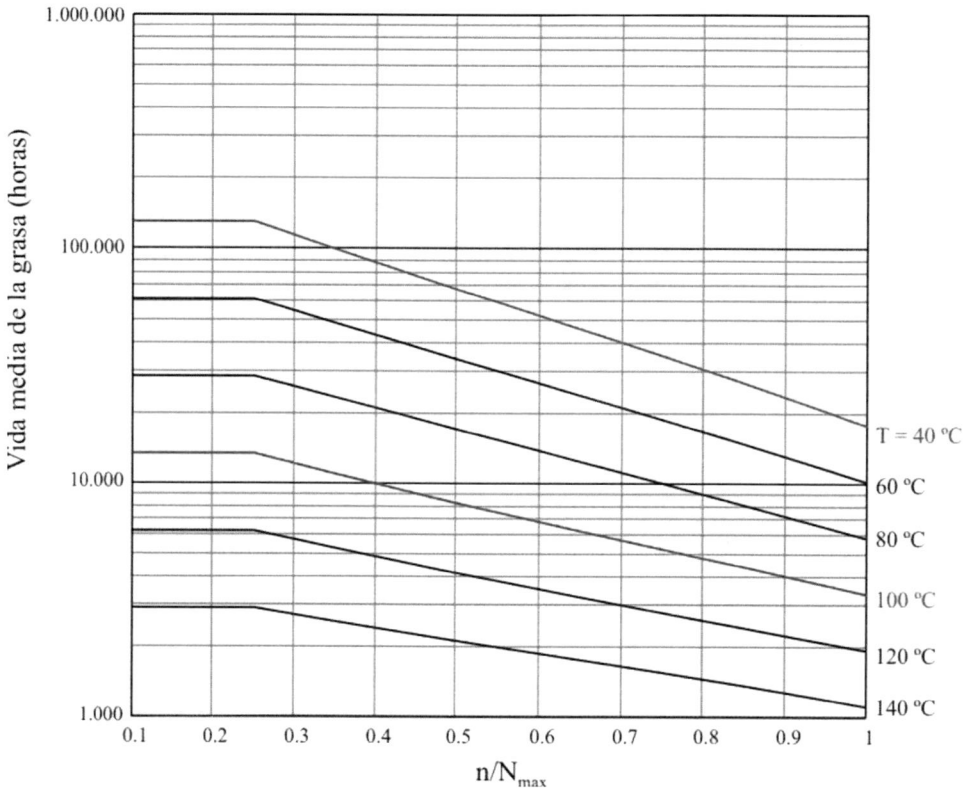

Figura 1.16. Vida de la grasa (aceite base sintético) en rodamientos rígidos de bolas sellados

1.2.3.2. Lubricación con aceite

La lubricación por aceite se suele utilizar cuando las condiciones de funcionamiento (como la velocidad o la necesidad de disipar el calor) no permiten el empleo de grasa, o cuando se emplea el mismo aceite para lubricar otros elementos de la máquina, como puede ser una transmisión por engranajes. Dicha lubricación se puede realizar de varias formas:

■ Baño de aceite: el nivel de aceite no debería superar el centro de elemento rodante más bajo.

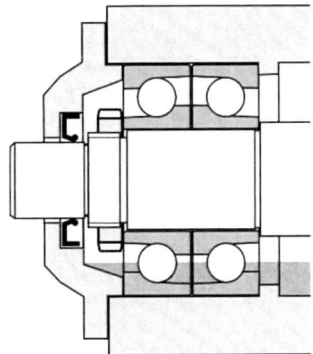

Figura 1.17. Lubricación por baño de aceite

- Goteo: sistema de dosificación de aceite junto al rodamiento.
- Barboteo: en transmisiones por engranajes, el aceite que lubrica al rodamiento es salpicado por los dientes de los engranajes.
- Circulante: se hace circular el aceite con un sistema de bombeo en aplicaciones con velocidades y temperaturas altas. El aceite se puede filtrar y refrigerar con un radiador.
- Niebla de aceite: se pulveriza aceite en una corriente de aire, esto permite alcanzar velocidades extremas en el rodamiento.

En los sistemas de lubricación que utilizan la circulación forzada del aceite es importante asegurarse de que no existan problemas a la hora de evacuar este aceite, ya que el rodamiento probablemente fallará de forma prematura si se inunda completamente de lubricante.

1.2.4. Cálculo de la vida en rodamientos

1.2.4.1. Introducción

Existe un conjunto de parámetros que influyen sobre la duración de los rodamientos:

- Fatiga
- Desgaste
- Corrosión
- Lubricación insuficiente o excesiva
- Suciedad
- Errores de montaje
- Deformaciones elásticas y térmicas

El cálculo de vida de un rodamiento está basado principalmente en el dato de la capacidad de carga dinámica, en el lubricante empleado y en las condiciones de trabajo y mantenimiento del mismo.

1.2.4.2. Carga en los elementos rodantes

Las fuerzas que actúan sobre un rodamiento, se reparten entre diversos elementos rodantes, transmitiendo básicamente fuerzas normales a las superficies en contacto. En la siguiente figura se muestra el reparto de carga radial entre los distintos elementos rodantes en el caso habitual de un rodamiento cuya pista exterior no gira mientras que la pista interior gira solidaria con el eje. En esta situación puede aparecer fallo en cualquier punto de la pista interior o en los puntos inferiores de la pista exterior.

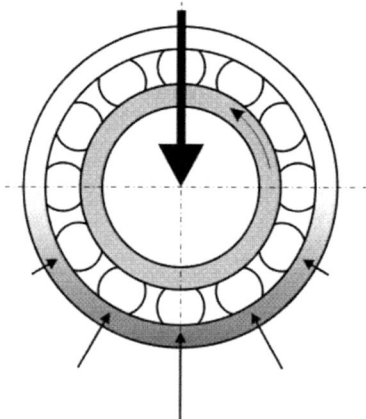

Figura 1.18. Distribución de la carga sobre un rodamiento

En aquellos rodamientos que pueden transmitir simultáneamente cargas axiales y radiales, las fuerzas transmitidas por los elementos rodantes dependen de la magnitud de ambas. El análisis de transmisión de fuerzas y la experiencia han conducido a ecuaciones para el cálculo de fuerzas equivalentes, ecuaciones que pueden encontrarse en los catálogos comerciales de rodamientos.

1.2.4.3. Fallo bajo carga estática

Un primer tipo de fallo que puede aparecer en rodamientos es el debido a la carga estática que se transmite cuando el rodamiento no gira. En esa situación, si el esfuerzo transmitido es excesivo, el elemento rodante puede generar una deformación permanente sobre la pista de rodadura de una magnitud tal que al girar el rodamiento produzca vibraciones y ruidos. Normalmente, el tamaño de deformación permanente considerado para producir fallo estático es el $0.0001 \cdot d$, siendo d el diámetro del elemento rodante.

Cada rodamiento tiene definida una capacidad de carga estática C_0, utilizada para la definición del fallo estático del mismo. En general, un rodamiento puede soportar cargas mayores a C_0 si el rodamiento gira constantemente. No obstante, las cargas que actúan sobre el elemento rodante y las pistas, si el rodamiento gira, no serán estáticas y por lo tanto podrán producir fallo por fatiga.

14

Se define el coeficiente de seguridad estática X_0 como la relación entre la capacidad de carga estática C_0 y la carga estática equivalente F_0.

$$X_0 = \frac{C_0}{F_0}$$

Ecuación 1.5

Donde la carga estática equivalente se calcula a partir de los factores de fuerza axial x_0 y radial y_0, siguiendo las instrucciones del fabricante del rodamiento o las indicaciones de la norma *ISO 76:2006*.

$$F_0 = x_0 \cdot F_r + y_0 \cdot F_a$$

Ecuación 1.6

La siguiente tabla proporciona orientación de los valores adecuados para el coeficiente de seguridad estática en función de las condiciones de funcionamiento.

Tabla 1.3. Coeficiente de seguridad estática

Condiciones de funcionamiento	Coeficiente de seguridad estática X_0	
	Rodillos	Bolas
Carga uniforme, bajas vibraciones, requisitos poco severos para la suavidad de marcha	≥ 1.5	≥ 1.0
Carga uniforme, bajas vibraciones, requisitos elevados para la suavidad de marcha	≥ 3.0	≥ 2.0
Funcionamiento con considerables cargas de impacto o choques	≥ 3.0	≥ 1.5

1.2.4.4. Fallo a fatiga del rodamiento

El cálculo de la vida a fatiga de un rodamiento se aborda en la *Norma ISO 281:2007*, incluyéndose la influencia de la fiabilidad, el lubricante y la contaminación del mismo. Aunque no aborda otros aspectos como puede ser el paso de corriente eléctrica por el rodamiento o la corrosión.

Los rodamientos fallan por exfoliación, picado o desconchado de las superficies de rodadura, produciendo ruido, vibraciones, funcionamiento irregular, etc. La vida se define como el número de revoluciones L hasta que aparece la primera evidencia de fatiga, tal como una primera grieta.

Aunque se controlen cuidadosamente los materiales, la precisión de construcción, y las condiciones de funcionamiento (carga, velocidad, lubricación, etc.), la vida del rodamiento puede variar considerablemente (un rodamiento puede tener una vida 20 veces superior a otro). Por ello es necesario abordar el cálculo con un planeamiento probabilístico. Así se define:

Vida Nominal (L_{10}): número de revoluciones, u horas a una velocidad constante dada, que el 90% de un grupo de rodamientos idénticos completará o excederá antes de desarrollar un fallo.

$$L_{10} = 10^6 \left(\frac{C}{F}\right)^q$$

Ecuación 1.7

Ecuación donde C es la capacidad de carga dinámica (definida para cada rodamiento) que representa la fuerza transmitida que ocasiona un 10% de fallos a fatiga en un millón de revoluciones. En general $q = 3$ en rodamientos de contacto puntual (bolas) y $q = 10/3$ para contacto lineal o lineal modificado (rodillos).

1.2.4.5. Factores de corrección de vida

La vida L del rodamiento en la *Norma ISO 281:2007* se calcula corrigiendo la vida nominal con un factor de fiabilidad (a_1), y otro (a_{iso}) que tiene en cuenta las condiciones de trabajo del rodamiento según la siguiente expresión:

$$L = a_1 \cdot a_{iso} \cdot L_{10}$$

Ecuación 1.8

Por fiabilidad (a1)

La vida nominal de un rodamiento está calculada para una probabilidad del 90% de supervivencia. Para tener en cuenta fiabilidades mayores, se incluye un coeficiente de corrección por fiabilidad a_1, calculado con la Tabla 1.4.

Tabla 1.4. Factor de fiabilidad a_1

Fiabilidad %	a_1
90	1
95	0.64
96	0.55
97	0.47
98	0.37
99	0.25
99.2	0.22
99.4	0.19
99.6	0.16
99.8	0.12
99.9	0.093
99.92	0.087
99.94	0.080
99.95	0.077

Por condiciones de trabajo (a_{iso})

Este factor tiene en cuenta el efecto de las condiciones de trabajo, particularmente la lubricación inadecuada, sobre la vida del rodamiento. La Norma *ISO 281:2007* permite que cada fabricante de rodamientos defina el procedimiento para obtener este factor corrector, viniendo expresado normalmente en función de la relación entre la carga y la carga límite de fatiga del rodamiento P_u (fuerza que nunca ocasionaría el fallo si la lubricación es adecuada), de la contaminación del lubricante, de su viscosidad a la temperatura de trabajo, de las dimensiones del rodamiento y su velocidad de trabajo.

Sin embargo, la ecuación $L = a_1 \cdot a_{iso} \cdot L_{10}$ no proporciona resultados fiables cuando:

- La carga aplicada es muy elevada (superior a C_0 o al 50% de C)
- La velocidad de giro es muy reducida (inferior a 20 rpm) o muy elevada (superior a la velocidad límite del rodamiento)
- La temperatura es elevada (superior a 130 ºC)
- El lubricante está contaminado por agua
- La desalineación es excesiva
- Existe paso de corriente eléctrica por el rodamiento
- El rodamiento se ve sometido a vibraciones elevadas

Se puede calcular el factor a_{iso} del siguiente modo:

1. Se obtiene la viscosidad relativa ν_1 en función del diámetro medio del rodamiento d_m con las siguientes ecuaciones, donde d_m está en milímetros y n es la velocidad en rpm:

$$\nu_1 = \frac{45000}{\sqrt{d_m \cdot n^{1.667}}} \qquad \text{para } n < 1000 \text{ rpm}$$

Ecuación 1.9

$$\nu_1 = \frac{4500}{\sqrt{d_m \cdot n}} \qquad \text{para } n \geq 1000 \text{ rpm}$$

2. En la Figura 1.14 o mediante las ecuaciones 1 a 4, se obtiene la viscosidad ν del aceite a la temperatura de trabajo del rodamiento.

3. El cociente de estas dos viscosidades se identifica con la letra kappa $\kappa = \nu/\nu_1$. Si $\kappa < 0,4$ existirá contacto entre los elementos sólidos (pistas de rodadura y elementos rodantes) siendo necesario el empleo de aditivos EP o lubricantes sólidos (como por ejemplo grafito y disulfuro de molibdeno). Si se emplean estos aditivos y el nivel de contaminación no es alto ($\eta_c > 0.2$) se puede tomar $\kappa = 1$ pero limitando a_{iso} a un valor máximo de 3.

4. El nivel de contaminación del lubricante proporciona el factor η_c, este factor se puede obtener de forma simplificada a partir de la Tabla 1.5.

Tabla 1.5. Factor de contaminación η_c

Condición	$d_m < 100$ mm	$d_m \geq 100$ mm
Limpieza extrema Tamaño de las partículas del orden del espesor de la película de lubricante Condiciones de laboratorio	1	1
Gran limpieza Aceite filtrado a través de un filtro muy fino Condiciones típicas de los rodamientos engrasados de por vida y obturados	0,8 ... 0,6	0,9 ... 0,8
Limpieza normal Aceite filtrado a través de un filtro fino Condiciones típicas de los rodamientos engrasados de por vida y con placas de protección	0,6 ... 0,5	0,8 ... 0,6
Contaminación ligera	0,5 ... 0,3	0,6 ... 0,4
Contaminación típica Condiciones típicas de los rodamientos sin obturaciones integrales, filtrado grueso, partículas de desgaste y entrada de partículas del exterior	0,3 ... 0,1	0,4 ... 0,2
Contaminación alta Entorno del rodamiento muy contaminado y disposición de rodamientos con obturación inadecuada	0,1 ... 0	0,1 ... 0
Contaminación muy alta η_c puede estar fuera de la escala produciendo una reducción mayor de la vida útil de lo establecido por la ecuación	0	0

5. Se calcula la relación contaminación-carga $\eta_c(P_u/F_{eq})$ y con ella se entra en la gráfica correspondiente al tipo de rodamiento que se esté seleccionando para obtener el factor corrector por condiciones de trabajo a_{iso}. En estas gráficas el factor a_{iso} está limitado a un valor máximo de 50, aun cuando la relación contaminación carga sea superior a 5. Además, si $\kappa > 4$ se tomará la curva correspondiente a $\kappa = 4$.

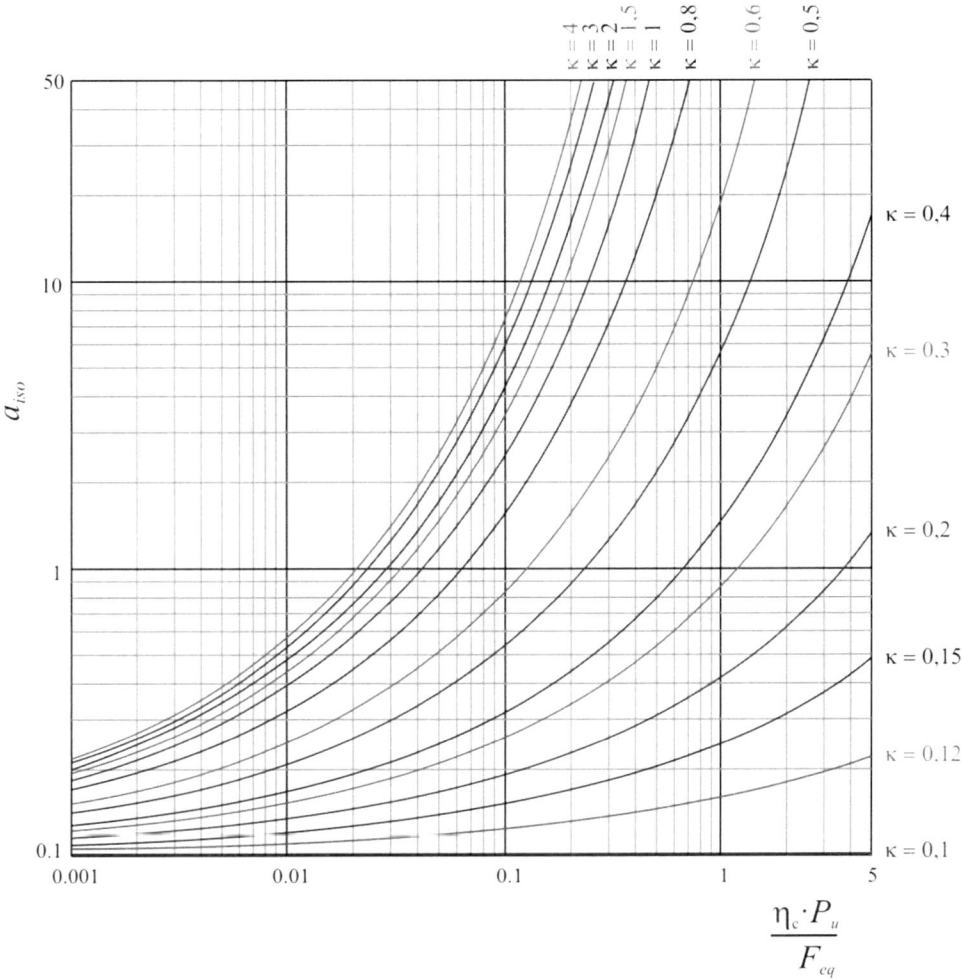

Figura 1.19. Factor a_{iso} para rodamientos radiales de bolas

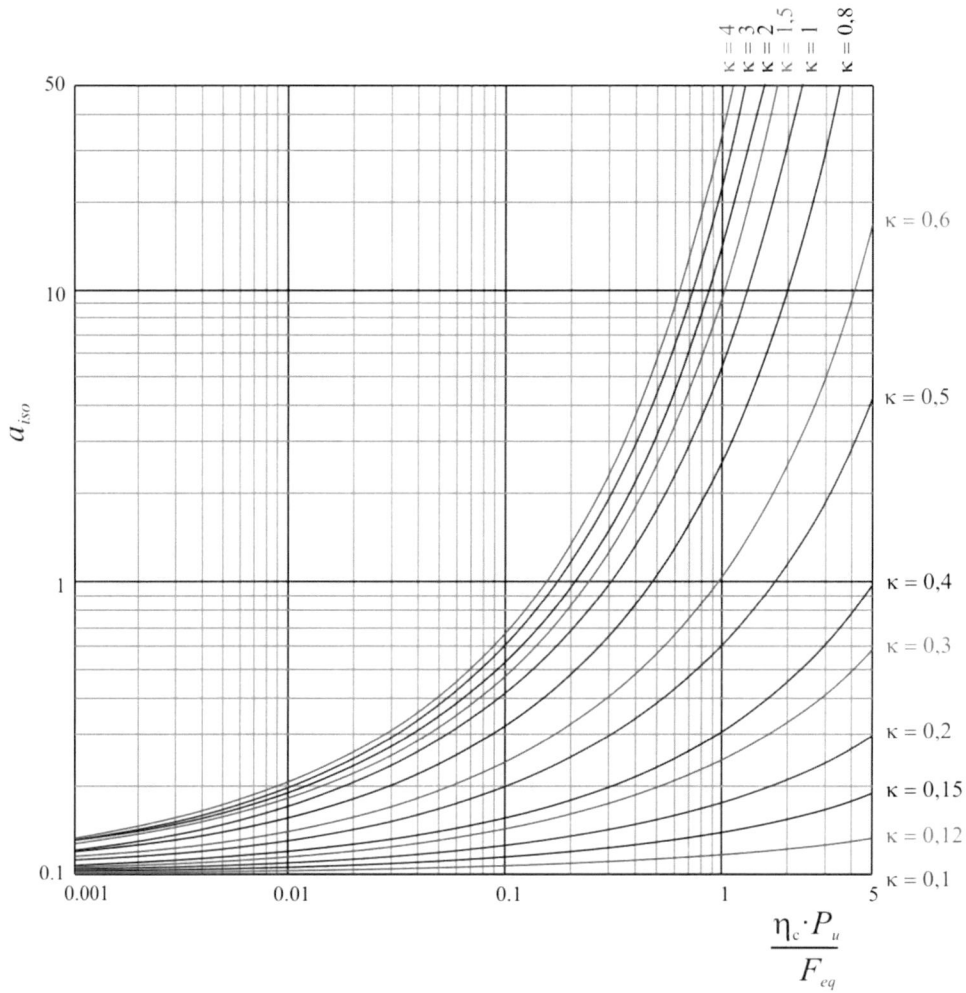

Figura 1.20. Factor a_{iso} para rodamientos radiales de rodillos

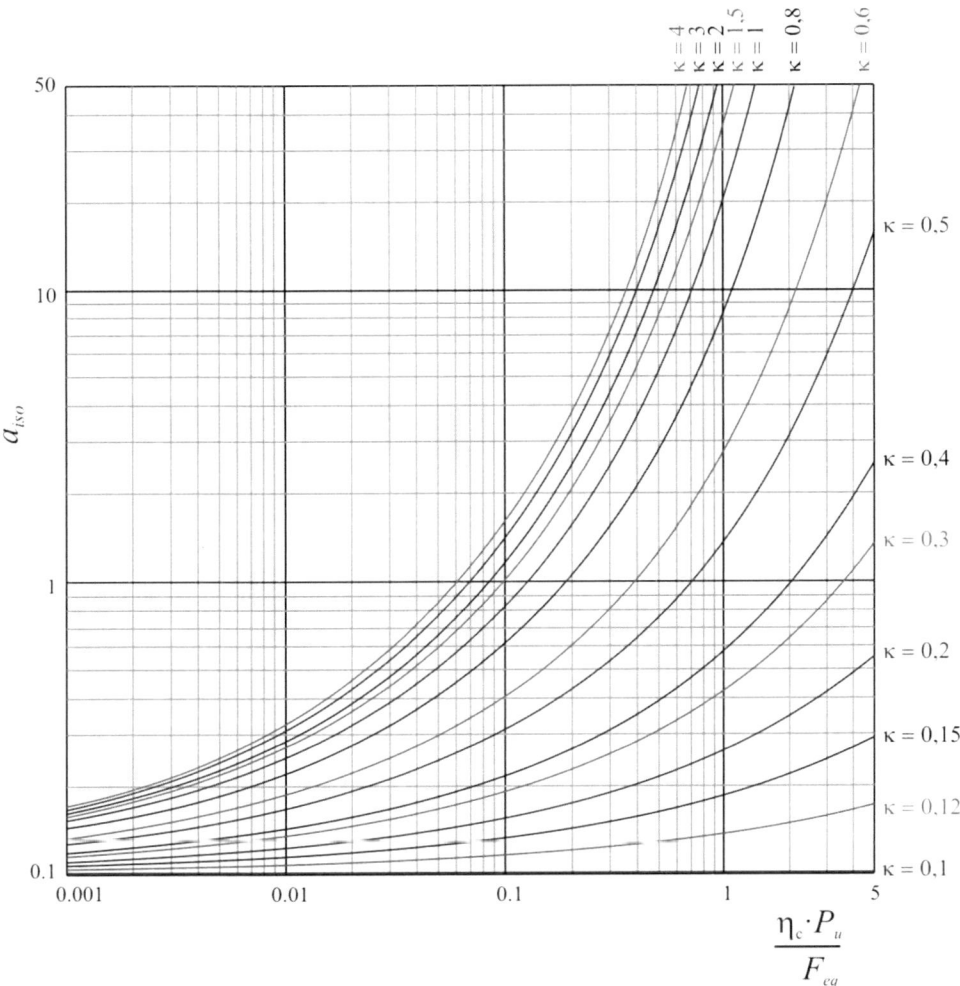

Figura 1.21. Factor a_{iso} para rodamientos axiales de bolas

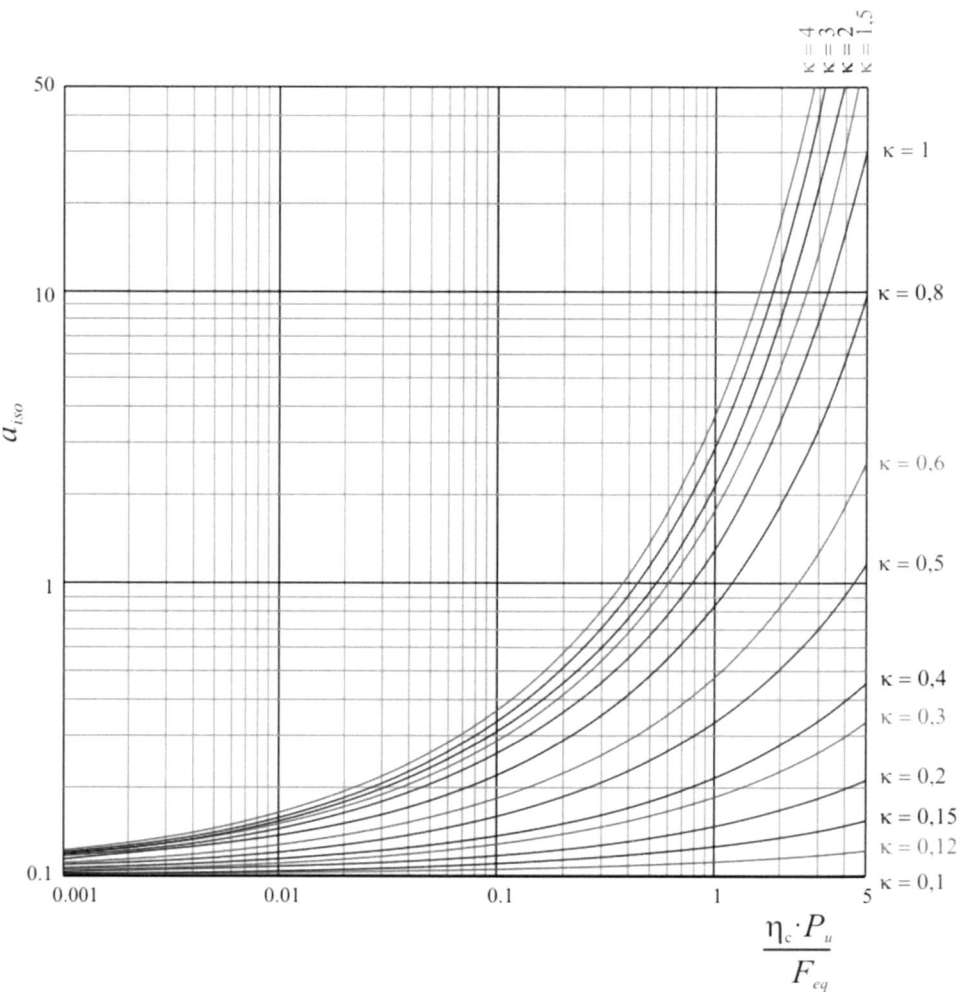

Figura 1.22. Factor a_{iso} para rodamientos axiales de rodillos

1.2.4.6. Recomendaciones de vidas de rodamientos

La mayoría de catálogos de los fabricantes de rodamientos incluyen datos sobre la vida que deberían tener los rodamientos de varias clases de máquinas. La Tabla 1.6 muestra las vidas recomendadas de rodamientos dependiendo del tipo de aplicación.

Tabla 1.6. Vidas recomendadas para rodamientos

Tipo de aplicación	Vida (horas·1000)
Instrumentos y similares de uso infrecuente	Hasta 0.5
Electrodomésticos	1–2
Motores para aviación	2–4
Máquinas de periodos de servicio cortos o intermitentes, donde la interrupción del servicio es de escasa importancia.	4–8
Máquinas de uso intermitente en las que su funcionamiento fiable sea de gran importancia.	8–14
Máquinas con servicios de 8 h que no se usan siempre a plena carga.	14–20
Máquinas con servicios de 8 h que se usan a plena carga.	20–30
Máquinas de servicio continuo las 24 h	50–60
Máquinas de servicio continuo las 24 h, en las que el funcionamiento fiable sea de extrema importancia	100–200

1.2.5. Juego interno del rodamiento

El juego interno es la holgura que existe entre las pistas de rodadura y los elementos rodantes. Los juegos radial y axial se definen como las distancias que pueden desplazar los anillos entre sí en esas direcciones. Este juego se utiliza para absorber las posibles dilataciones térmicas de la máquina. El juego interno influye en la duración a fatiga, la vibración, el ruido y la generación de calor del rodamiento.

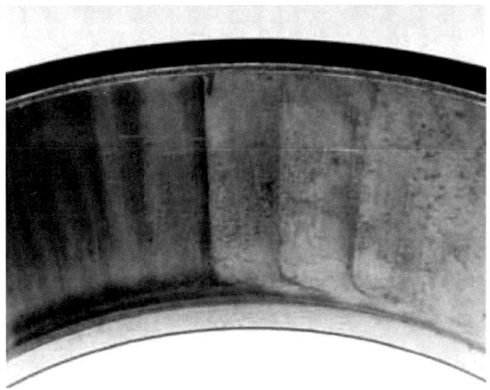

Figura 1.23. Marcas en pista de rodamiento de rodillos cónicos causadas por un juego excesivo. Fuente: fotografía cortesía de la compañía Timken

El juego en rodamientos está normalizado, debiéndose seleccionar el adecuado para cada tipo de aplicación. Los rodamientos se fabrican con juego normal (C2 ó C3), con juego radial menor que el normal (C0 y C1) para rodadura de alta precisión, y con juegos radiales mayores que el normal (C4 y C5) que se emplean cuando se prevé una mayor diferencia de temperaturas entre las dos pistas de rodadura y cuando se requiere un ajuste más forzado en el montaje de las pistas.

Motivos que hacen conveniente eliminar el juego interno precargando el rodamiento:

- Aumentar la rigidez de los rodamientos, manteniendo de este modo la exactitud de funcionamiento del eje (máquinas herramientas, instrumentación, eje del piñón del diferencial del automóvil, etc.).

- Reducir ruido y vibraciones.

- Evitar el deslizamiento entre elementos rodantes y pistas que aparece a altas velocidades debido a efectos giroscópicos.

La precarga de los rodamientos se puede realizar de varias formas:

- Montando el rodamiento sobre una superficie troncocónica. De esta forma la pista interna se expande al montar el rodamiento. Es necesario poner una rosca para asegurar el rodamiento y lograr la precarga.

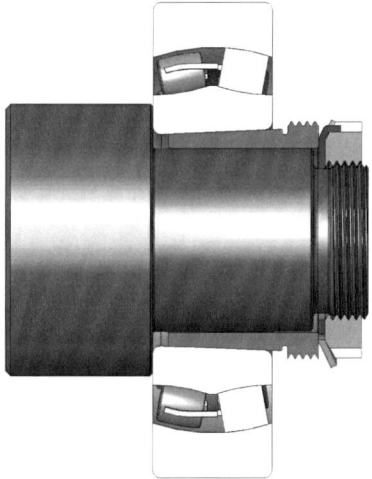

Figura 1.24. Rodamiento con manguito de montaje troncocónico.
Fuente: Silberwolf (Wikipedia) (2008)

- Utilizando ajuste por interferencia para fijar una de las pistas de rodadura, por ejemplo, montando el rodamiento en caliente en el eje.

- Utilización de rodamientos para disposición Dúplex. Por ejemplo, en la Figura 1.25 se muestra un montaje en O de dos rodamientos de bolas de contacto angular, quedando una cierta holgura *e* entre las pistas internas. Si se aplica una fuerza axial entre esas pistas internas, aparece una precarga entre las pistas y los elementos rodantes.

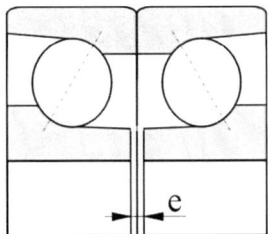

Figura 1.25. Rodamientos en disposición Dúplex

En la Figura 1.26 se muestra que tanto la presencia de un juego excesivo (como una precarga inadecuada reducen la vida del rodamiento, mientras que con una precarga adecuada se puede aumentar la duración respecto a la correspondiente a un juego nulo.

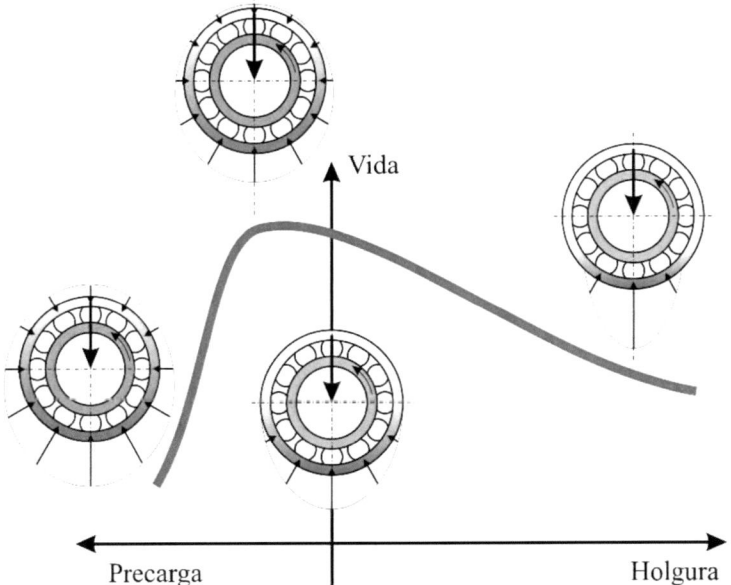

Figura 1.26. Vida del rodamiento frente a su holgura/precarga

1.2.6. Montaje de rodamientos

Se estima que los errores de montaje originan el 5% de los fallos de rodamientos. De esos fallos un porcentaje significativo está causado por errores en las dimensiones del eje o del alojamiento en la carcasa. Al montarse el rodamiento suelen emplearse tolerancias de ajuste tanto con el eje como con el alojamiento para evitar desplazamientos de las pistas de rodadura. Los ajustes normales se muestran en la Tabla 1.7.

Tabla 1.7. Ajustes típicos de montaje

	Eje	Alojamiento
Rodamientos de bolas	j5 a k5	J6
Rodamientos de rodillos y agujas	k5 a m5	K6

Esos ajustes sobre rodamientos de grupo de juego normal (C2 y C3) dan como resultado un juego de servicio correcto en el rodamiento.

En los apoyos de un eje uno de los extremos suele ser fijo (queda limitado el movimiento en la dirección axial) y el otro libre (permite el movimiento axial del eje) para asegurar la isoestaticidad y evitar que aparezcan esfuerzos a causa de dilataciones térmicas o defectos de montaje. Si un rodamiento no desarmable (por ejemplo, un rígido de bolas) ha de funcionar como rodamiento libre será necesario montar uno de los aros con ajuste holgado (calidad g o h en el eje, o bien calidad G, H o J en el alojamiento).

1.2.6.1. Desmontaje

Si el rodamiento está montado por interferencia en el eje se debe emplear un extractor, aplicándolo al aro interior, si no fuese posible, lo aplicaremos al aro exterior, pero se hará girar dicho aro durante el desmontaje para que la fuerza de extracción no dañe al rodamiento.

Figura 1.27. Extractor de rodamientos

En el caso de grandes rodamientos es difícil vencer el rozamiento entre el rodamiento y el eje incluso empleando extractores de gran tamaño, por ello se suele emplear inyección de aceite a través del eje sobre el aro interior del rodamiento, logrando de este modo reducir la fricción facilitando la extracción y evitando dañar el eje, tal y como se muestra en la siguiente imagen.

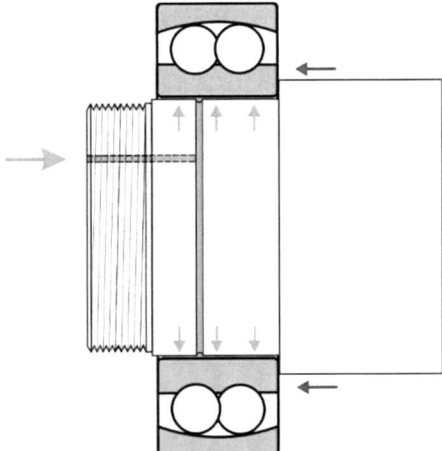

Figura 1.28. Extracción con aceite

Si se trata de un rodamiento despiezable como por ejemplo uno de rodillos cilíndricos y está montado con apriete en el eje resulta muy peligroso recurrir a cortar la pista para su extracción, ya que la tensión del material puede ocasionar una rotura frágil repentina, con la consecuente proyección de fragmentos de metal y el riesgo asociado de lesiones graves.

Para realizar una extracción segura puede recurrirse a un aro de calentamiento de aluminio, que una vez calentado se aplica sobre la pista a extraer provocando su dilatación, también hay aros de calentamiento con sistemas de inducción que calientan rápidamente la pista a extraer sin dar tiempo a calentar el eje. Pero no es adecuado emplear una llama abierta como un soplete para esta tarea, ya que el calentamiento no uniforme y descontrolado dañará al rodamiento.

Si el rodamiento está montado con apriete en el alojamiento, puede emplearse un botador (cincel) tubular para su extracción, aplicándolo sobre el aro externo, golpeando uniformemente a su alrededor. Los extremos del tubo han de ser planos, paralelos y carecer de rebabas. No se debe golpear nunca directamente el rodamiento con el martillo.

1.2.6.2. Montaje

Es conveniente lubricar el asiento del rodamiento antes de su montaje. Nunca hay que dar martillazos directamente sobre el rodamiento, se intercalará siempre algún elemento intermedio (botador), que se aplicará al aro interno. Hay que vigilar que el rodamiento no entre torcido en el eje.

Si el eje lleva roscas interiores o exteriores se pueden aprovechar para el montaje. También se puede utilizar una prensa mecánica o hidráulica para el montaje en frío de rodamientos medianos o pequeños, intercalando un tubo entre la prensa y el rodamiento.

El montaje de rodamientos grandes se facilita calentándolos previamente (entre 80 ºC y 100 ºC). Este calentamiento se recomienda hacerlo por inducción, aunque también se puede realizar por baño de aceite (teniendo la precaución de separar el rodamiento de la base del receptáculo donde se caliente), en un horno o en una placa de calentamiento. Los rodamientos con tapas de obturación o de protección lubricados con grasa no se deben calentar en baño de aceite, ni a más de 80 ºC. ¡Nunca se calentará un rodamiento directamente a la llama! Ni se superarán los 120 ºC.

Para montar un rodamiento con apriete en el alojamiento, se lubrica primero dicho alojamiento, para después calar el rodamiento mediante un botador tubular aplicado al aro exterior y un martillo. También se puede emplear una prensa. Otra opción es dilatar el alojamiento calentándolo con una lámpara eléctrica, aceite caliente, o llama directa (con precaución para evitar agrietamientos del alojamiento).

En el caso de rodamientos de rodillos cónicos es necesario comprobar el juego resultante tras el montaje. En el caso de precarga excesiva se generará ruido y calor durante el giro, lo que aumentará las dilataciones y acelerará el deterioro. Por el contrario, si el juego resulta excesivo los rodillos pierden el contacto con las pistas de rodadura fuera de la zona de carga y puede generarse desgaste prematuro de la jaula o de las pistas por el patinado de los rodillos al entrar y salir de la zona de carga.

Los rodamientos no despiezables se montan normalmente primero sobre el eje y luego en el alojamiento, conjuntamente con el eje.

1.2.7. Tipos de fallos

Los tipos fundamentales de fallo que pueden aparecer en rodamientos son:

- Fatiga
- Desgaste
- Adherencia
- Corrosión
- Indentación (deformación plástica por carga estática o impacto)
- Rotura frágil por impactos
- Daño por corriente eléctrica

Cada uno de ellos origina señales características en el rodamiento, así pues, en ocasiones su observación permitirá identificar la causa del fallo.

1.2.7.1. Marcas en las pistas de rodadura

Cuando un rodamiento gira bajo carga, las superficies de contacto en las pistas de rodadura adquieren un aspecto mate, esto es normal y no indica fallo en el rodamiento. El aspecto de las marcas dependerá de las condiciones de rotación y carga. De su observación se podrá deducir si el rodamiento ha funcionado en condiciones adecuadas. Como ejemplo a continuación se analizarán algunos casos típicos.

Carga radial unidireccional con aro interior rotativo y exterior fijo

- Aro interno: al girar la huella es idéntica a lo largo de todo el camino de rodadura, estando centrada si la carga es puramente radial.
- Aro externo: la huella será más profunda en la dirección de la carga, ocupando algo menos de 180º.

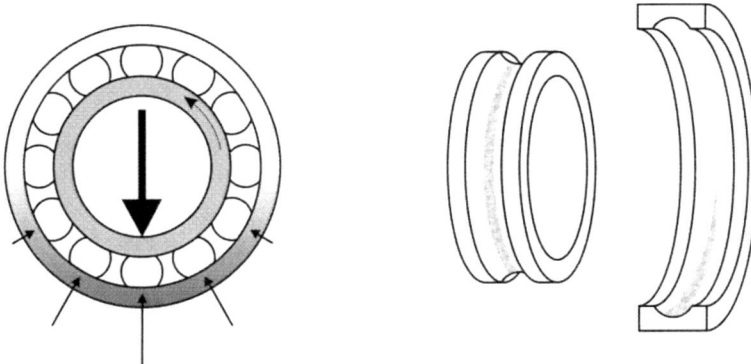

Figura 1.29. Aro interior rotativo y exterior fijo

Carga radial unidireccional + precarga, aro interior rotativo y exterior fijo

A causa de la precarga en el aro exterior la huella ocupará toda la circunferencia, estando más marcada en la dirección de la carga radial.

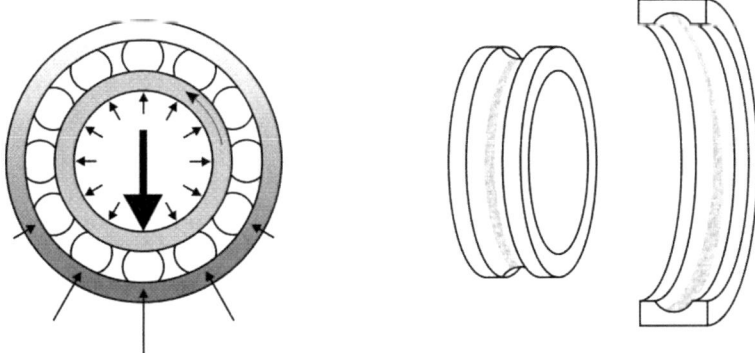

Figura 1.30. Precarga con aro interior rotativo y exterior fijo

Compresión oval del aro exterior

En el aro interior al girar, la huella tendrá ancho uniforme a lo largo de toda la circunferencia.

Sobre el aro exterior (el fijo) la huella aparece en dos sectores diametralmente opuestos a causa de la deformación de este aro.

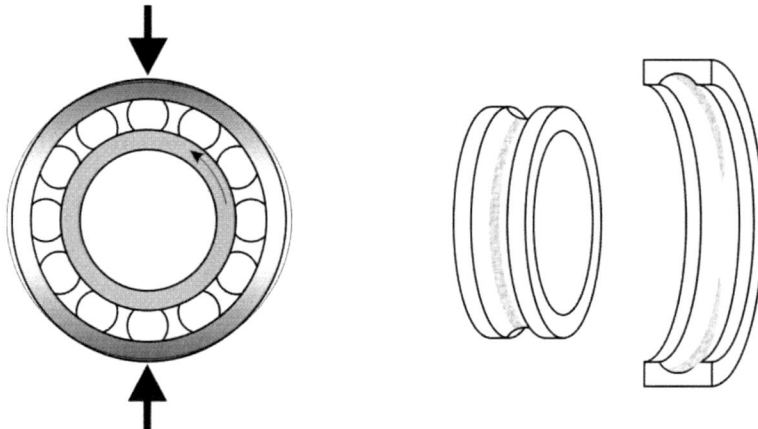

Figura 1.31. Compresión oval del aro exterior

Desalineación con aro interior rotativo y exterior fijo

Debido a la desalineación, la trayectoria de la bola tiene forma oval, estando la huella en el aro exterior (fijo) más marcada en dos posiciones diametralmente opuestas.

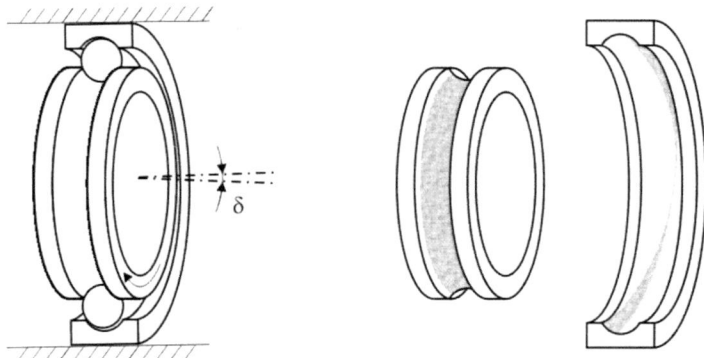

Figura 1.32. Desalineación entre aros

Desalineación de la arandela del alojamiento en carga axial

En la arandela del eje al girar, la huella tendrá ancho uniforme a lo largo de toda la circunferencia.

En la arandela del alojamiento (arandela no giratoria) la huella estará más marcada en un sector.

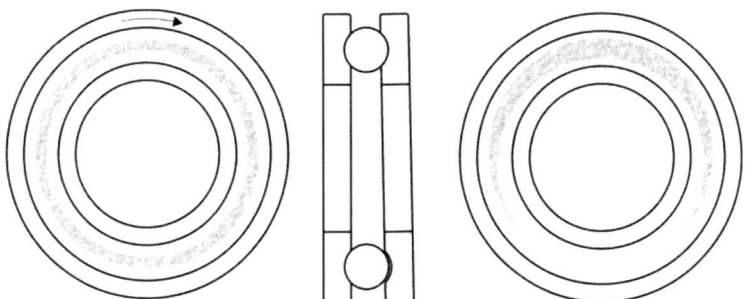

Figura 1.33. Desalineación en rodamiento axial

1.2.7.2. Fatiga

Hay tres tipos de daño superficial en las superficies de rodadura que pueden aparecer en condiciones normales de funcionamiento: laminado, picado y desconchado. El laminado consiste en la deformación plástica de la capa superficial de material (aproximadamente 10 micras de espesor), a causa de esto el material se endurece. El picado consiste en la aparición de pequeños cráteres con una profundidad igual al espesor de la capa que ha sufrido deformación plástica. Por último, el desconchado consiste en la aparición de grietas en el interior del material que progresan hasta la superficie, generando defectos superficiales con profundidades entre 20 y 100 micras.

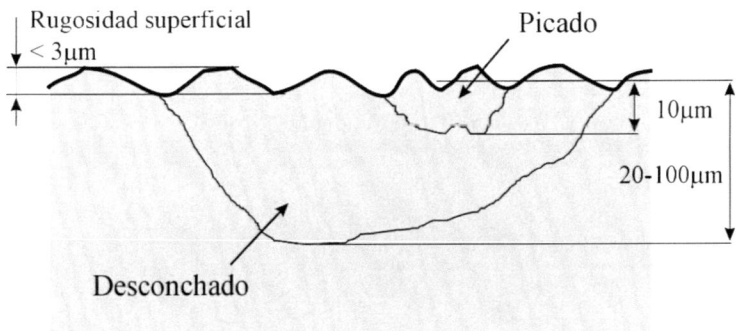

Figura 1.34. Fallos por fatiga superficial de las superficies de rodadura

Picado

- Apariencia: superficie rugosa a causa de la pérdida de material de la superficie de rodadura de reducidas dimensiones (unas 10 micras).
- Causa: lubricación insuficiente o inadecuada. Al faltar lubricante las crestas de ambas superficies entran en contacto originándose pequeñas grietas que crecen hacia el interior.
- Solución: seleccionar un lubricante más adecuado (mayor viscosidad)

Desconchado

- Apariencia: importantes pérdidas de material en las superficies de rodadura originadas por la generación de grietas de fatiga en el interior del material que crecen hasta alcanzar la superficie. Puede no suponer una anomalía, sino sencillamente que el rodamiento haya alcanzado el final de su vida útil a fatiga.

- Causas de un desconchado prematuro: carga excesiva, precarga excesiva, ovalidad del eje o en el alojamiento de la carcasa, dilatación térmica del eje. También puede originarse por otro tipo de daños como la corrosión, la indentación, adherencias o paso de corrientes eléctricas.

Figura 1.35. Desconchado en rodamiento de rodillos cónicos por carga alta con baja velocidad y mala lubricación. Fuente: fotografía cortesía de la compañía Timken

- Solución: localizar el exceso de carga, aumentar la viscosidad del aceite, seleccionar rodamientos con mayor juego interno, reducir la precarga en el montaje, rectificar el eje.

Figura 1.36. Desconchado en rodamiento de rodillos cilíndricos por carga excesiva. Fuente: fotografía cortesía de la compañía Timken

1.2.7.3. Desgaste y fretting

- Apariencia: marcas y surcos de desgaste en el camino de rodadura y elementos rodantes, superficies mates. Las partículas provenientes del desgaste de las jaulas de latón pueden colorear de verde la grasa.

Figura 1.37. Desgaste en la jaula de rodamiento de rodillos cónicos por juego excesivo.
Fuente: fotografía cortesía de la compañía Timken

- Causa: presencia de partículas extrañas en el interior del rodamiento, lubricación insatisfactoria, obturaciones ineficaces, juego excesivo en rodamientos de rodillos cónicos, vibraciones cuando el rodamiento no gira ya que no se forma película de aceite y aparece contacto directo metálico, las vibraciones generan pequeños movimientos que originan el desgaste (fretting).

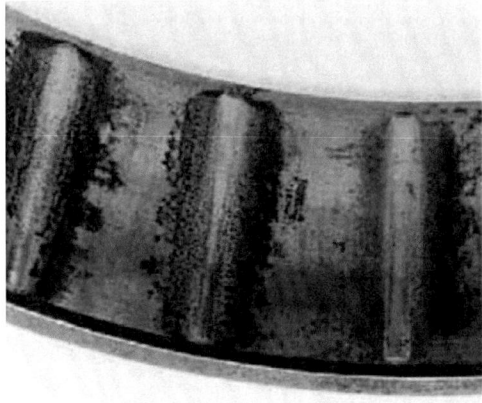

Figura 1.38. Desgaste por fretting (sin girar) en pista externa de rodamiento de rodillos cónicos.
Fuente: fotografía cortesía de la compañía Timken

■ Solución: garantizar la limpieza en las tareas de mantenimiento, verificar la estanqueidad. Para evitar los daños durante el transporte de la máquina se puede desmontar el rodamiento, si no es posible desmontarlo conviene precargarlo.

Caso 1. Rotura de jaula en el rodamiento de un reductor ferroviario

La máquina analizada es el reductor que empleaba en el sistema de tracción de uno de los vehículos del metro de la ciudad de Valencia. En la entrada del reductor se acopla un motor eléctrico y en el eje de salida están montadas las ruedas del vehículo. En el reductor se utilizan engranajes cónicos hipoides, con 11 dientes en el piñón motriz. El eje del piñón va soportado por dos rodamientos de rodillos cónicos con un montaje en O (espalda-espalda).

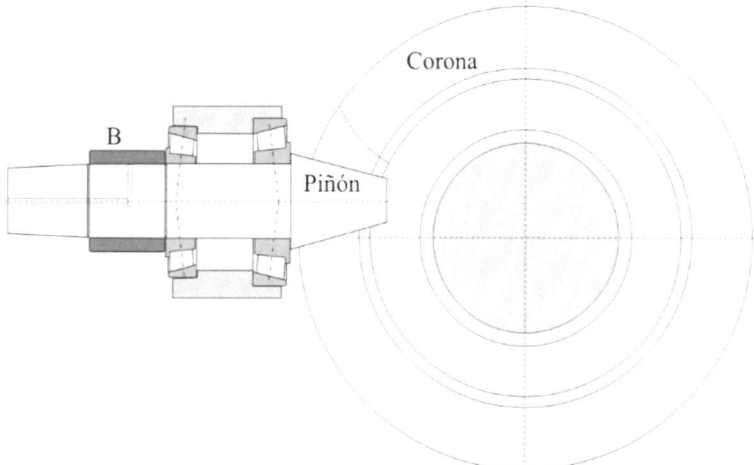

Figura 1.39. Esquema de reductor ferroviario

El fabricante del vehículo nos consultó tras encontrar en una revisión del mismo que la jaula del rodamiento de rodillos cónicos más cercano al piñón se había roto en varios pedazos. Para poder analizar el problema el fabricante montó uno de los reductores en un banco de ensayos fuera del vehículo. En este banco se registraron las vibraciones en la carcasa del reductor durante el funcionamiento, así como el desplazamiento axial del eje de entrada.

Figura 1.40. Acelerómetros sobre la carcasa del reductor. Imagen de la izquierda, zona del eje de entrada. Imagen de la derecha, zona del eje de salida hacia una de las ruedas

En la siguiente imagen se muestra el contenido en frecuencia de la vibración medida con el motor girando a 2880 rpm (48 Hz), destaca la frecuencia de engrane del piñón, 528 Hz (= 11 x 48 Hz), esta frecuencia de engrane aparece modulada por el giro del piñón. También destaca el segundo armónico de la frecuencia de engrane, 1056 Hz. Esto puede indicar juego en el engrane y/o una incorrecta alineación en los engranajes.

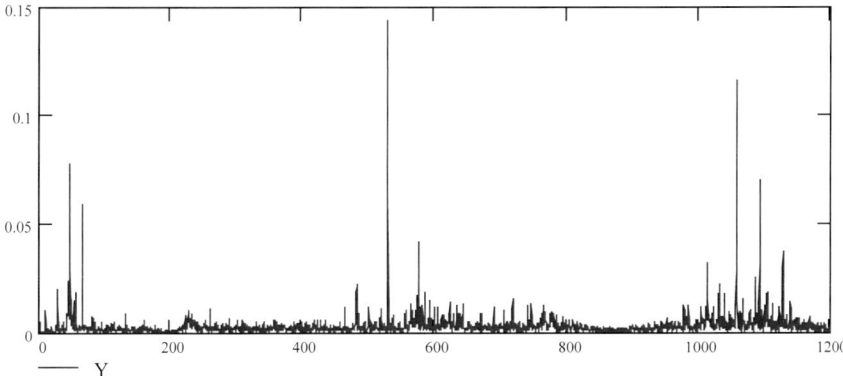

Figura 1.41. Vibración radial (m/s^2 vs Hz) en la carcasa del reductor

Un contenido en frecuencia similar aparece en el desplazamiento axial medido en el eje del piñón, esto nos indica la presencia de un juego excesivo en los rodamientos del eje del piñón.

La conclusión es que en el montaje del eje del piñón se ha aplicado una precarga axial insuficiente al conjunto de los dos rodamientos cónicos. Esta precarga se introduce calando por interferencia en el eje el elemento B mostrado en la Figura 1.39. Con el funcionamiento del reductor, el calentamiento del eje ocasiona su dilatación térmica y tiende a separar las pistas internas de los rodamientos de rodillos cónicos, aumentando el juego. Si la precarga de montaje no es adecuada, la aparición de ese juego en los rodamientos de rodillos cónicos puede ser la causa de que estos rocen en exceso con la jaula causando su desgaste y finalmente su rotura.

1.2.7.4. Adherencias

Transferencia de material entre las pistas de rodadura y los elementos rodantes. El material sufre recalentamiento y se pueden formar grietas de fatiga o desconchados.

Adherencia entre los extremos de los rodillos y las pestañas de guía

- Apariencia: extremos de los rodillos y cara de pestañas deteriorados.
- Causa: deslizamiento bajo carga axial y lubricación inadecuada. Puede darse en los rodamientos de rodillos cilíndricos y en los de rodillos cónicos. En los cónicos puede ser síntoma de precarga axial excesiva.

Adherencia por patinado de rodillos

- Apariencia: zonas deterioradas y descoloridas en las pistas de rodadura (en la pista fija en la zona donde se inicia la transmisión de carga) y en los rodillos.
- Causa: aceleración de los rodillos al entrar en la zona de carga. En su paso por la zona descargada los rodillos pierden contacto con las pistas y frenan su rotación, al llegar a la zona de carga son acelerados apareciendo deslizamiento.
- Solución: reducir el juego interno, utilizar un lubricante más adecuado.

1.2.7.5. Corrosión

- Aspecto: trazos negros-grisáceos cruzando los caminos de rodadura, en una fase más avanzada superficies picadas.
- Causa: presencia de agua o de agentes corrosivos.
- Solución: mejorar la obturación, utilizar un lubricante con mejores propiedades inhibidoras.

Figura 1.42. Marcas de corrosión en pista de rodadura.
Fuente: fotografía cortesía de la compañía Timken

1.2.7.6. Indentación

■ Aspecto: marcas en las pistas de rodadura separadas la distancia existente entre elementos rodantes.

■ Causa: presión de montaje aplicada sobre el aro equivocado, montaje excesivamente fuerte sobre asiento cónico, sobrecarga en reposo.

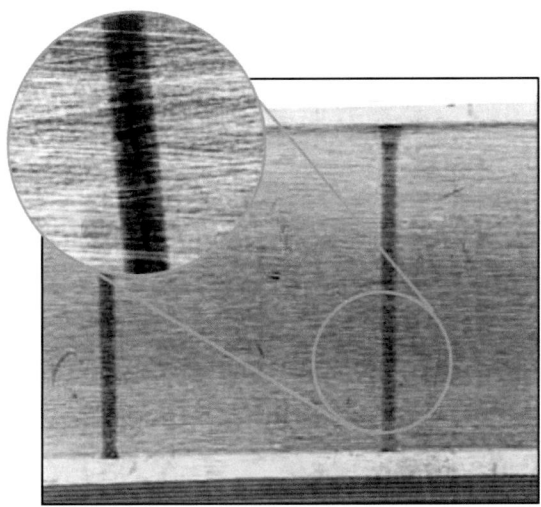

Figura 1.43. Indentación en pista de rodadura de rodamiento de rodillos.
Fuente: fotografía cortesía de la compañía Timken

1.2.7.7. Rotura frágil por impacto

■ Aspecto: grietas o trozos desprendidos por impactos.

■ Causa: golpes durante el montaje o manipulación del rodamiento.

Figura 1.44. Rotura por impactos durante el montaje.
Fuente: fotografía cortesía de la compañía Timken

1.2.7.8. Daño por corriente eléctrica

- Aspecto: estrías o cráteres de color pardo oscuro o negro grisáceo en los caminos de rodadura y rodillos, quemaduras localizadas.

- Causa: paso de corriente eléctrica a través del rodamiento girando o estacionario (quemaduras localizadas).

- Medidas: desviar la corriente puenteando el rodamiento, cambiar a rodamientos con aislamiento eléctrico.

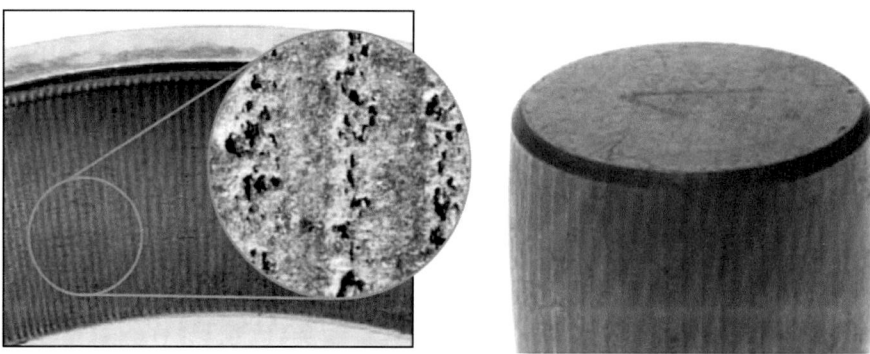

Figura 1.45. Daño en pista externa y en rodillo de rodamiento de rodillos esféricos causado por el paso de corriente eléctrica durante el giro. Fuente: fotografía cortesía de la compañía Timken

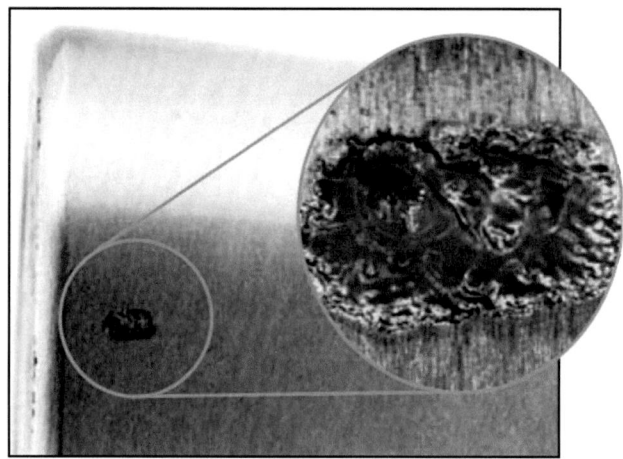

Figura 1.46. Daño en rodillo cónico causado por el paso de corriente eléctrica sin girar. Fuente: fotografía cortesía de la compañía Timken

Caso 2. Daño en el rodamiento de un generador

La máquina que presentó el problema era el generador de corriente de una grúa RTG empleada para manipular contenedores marítimos en el puerto. Este tipo de grúa se mueve accionada por motores eléctricos, la corriente de alimentación de estos motores se produce en un generador accionado por un motor de combustión interna. El eje del generador está apoyado en dos rodamientos 6220-2RSR-C3, que son rígidos de bolas lubricados de origen con grasa y sellados. El fabricante del generador recomienda sustituir estos rodamientos a las 30.000 horas de funcionamiento, pero en este caso se detectó vibración y ruido excesivos a las 5.000 horas. En un primer intento de solucionar el problema los encargados del mantenimiento de los equipos decidieron desmontar los sellos de los rodamientos e introdujeron más grasa en su interior, pero lógicamente esto no solucionó el problema, sino que aceleró el proceso de deterioro.

Cuando nos consultaron por la posible causa del fallo, solicitamos poder inspeccionar uno de los rodamientos desmontados encontrando que su estado era el mostrado en las siguientes fotografías.

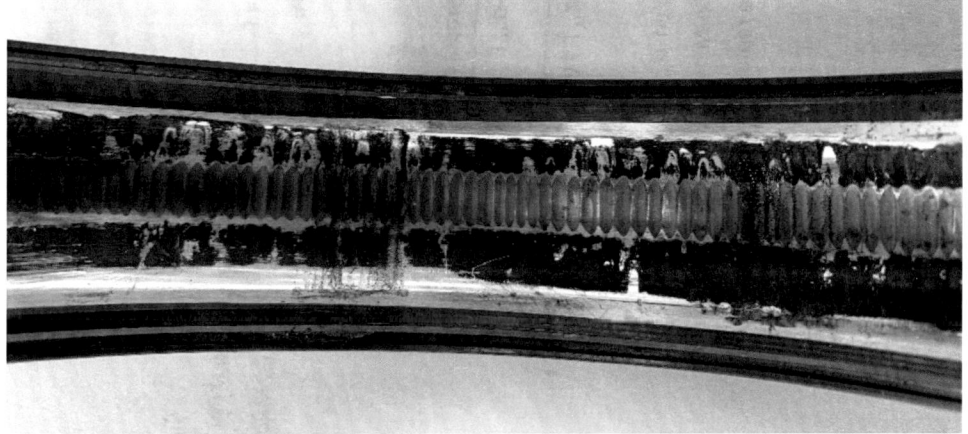

Figura 1.47. Pista externa del rodamiento con daño por paso de corriente eléctrica

Se observa que la causa del fallo ha sido el paso de corriente eléctrica. Aparecen restos de grasa quemada y las marcas causadas en la pista por el paso de corriente desde los elementos rodantes durante el giro del rodamiento. Del rodamiento se desprendía un fuerte olor a quemado proveniente del deterioro causado en la grasa. En la siguiente fotografía se muestran ambas pistas una vez retirados los restos de grasa.

Figura 1.48. Pistas del rodamiento con daño por paso de corriente eléctrica

Para evitar futuros fallos en este equipo se pueden utilizar rodamientos aislados eléctricamente, ya sea mediante recubrimientos aislantes aplicados externamente a los aros del rodamiento o utilizando rodamientos con elementos rodantes fabricados de cerámica aislante (nitruro de silicio). También se puede intentar darle un camino más directo a la corriente inducida en el rotor mediante escobillas puestas a tierra.

1.3. Cojinetes de aceite

Emplean una capa de aceite para disminuir la fricción de los ejes al girar. Se suelen emplear aceites de grado de viscosidad ISO 32, 46, 68 ó 100. Se selecciona una baja viscosidad para velocidades de trabajo altas o temperaturas del lubricante reducidas. Dado que las holguras radiales que se emplean son pequeñas, es necesario que el eje esté mecanizado con una buena precisión en el área del cojinete. Una buena tolerancia para el eje sería la h6 con una rugosidad de 0,4 µm.

1.3.1. Clasificación según el tipo de lubricación

Los cojinetes de aceite se pueden clasificar en función del tipo de lubricación que utilizan:

- **Lubricación hidrodinámica**: utilizan el lubricante para separar las superficies en contacto completamente, de manera que no hay contacto alguno entre metal y metal. La presión en el lubricante la origina la superficie en movimiento, que lo arrastra hacia una zona en forma de cuña aumentando suficientemente la presión como para separar las dos superficies. Así pues, la presión del suministro de aceite puede ser reducida (0,25 bar es suficiente).

■ **Lubricación hidrostática**: obtenida introduciendo el lubricante en la zona de soporte de la carga a una presión suficientemente grande (por ejemplo 200 bar) como para separar las superficies con una capa relativamente gruesa. A diferencia de la lubricación hidrodinámica no se requiere el movimiento de una superficie con respecto a la otra.

■ **Cojinetes autolubricados**: fabricados con un material poroso impregnado en lubricante. El inconveniente de este tipo de cojinetes es que con altas temperaturas se produce la degradación del lubricante.

En ocasiones, la velocidad de la parte móvil es reducida (por ejemplo, en el arranque de la máquina), o bien se reduce la cantidad de lubricante suministrado, o se produce un aumento de carga o disminuye la viscosidad del lubricante al elevarse la temperatura. En estas condiciones es posible que no se forme la película completa, quedando separadas las crestas de las superficies por películas de lubricante de unas pocas moléculas de espesor. A este tipo de lubricación se le denomina lubricación límite o de película mínima.

Figura 1.49. Cojinete radial hidrodinámico de 1912.
Fuente: Dodge Manufacturing Company

1.3.2. Geometrías de cojinetes radiales

Los cojinetes inicialmente eran cilíndricos, pero al aumentar las prestaciones de las máquinas, en concreto al aumentar la velocidad de rotación, este tipo de cojinete puede volverse inestable, apareciendo un fenómeno de vibración auto excitada. Para paliar este problema se han desarrollado otras geometrías de cojinetes que intentan evitar esa inestabilidad. Los tipos de geometrías en cojinetes radiales son las siguientes:

■ **Cojinete cilíndrico**: es la geometría más sencilla. Formado por dos medios cilindros envolviendo al eje. Puede contar con una ranura circular en posición central para que el aceite circule rápidamente desde la entrada (parte superior) hasta la zona de carga. Son adecuados para máquinas con baja velocidad de trabajo (velocidad tangencial del eje inferior a 30 m/s) y no son válidos para carga unitaria reducida (si es inferior a 3 MPa puede ocasionar inestabilidad).

■ **Cojinete elíptico**: la holgura radial es mayor en dirección horizontal que en dirección vertical (entre 1,5 y 2 veces). Adicionalmente pueden contar con dos ranuras axiales. Es más estable que el cilíndrico (hasta unos 45 m/s) pero su rigidez horizontal es inferior.

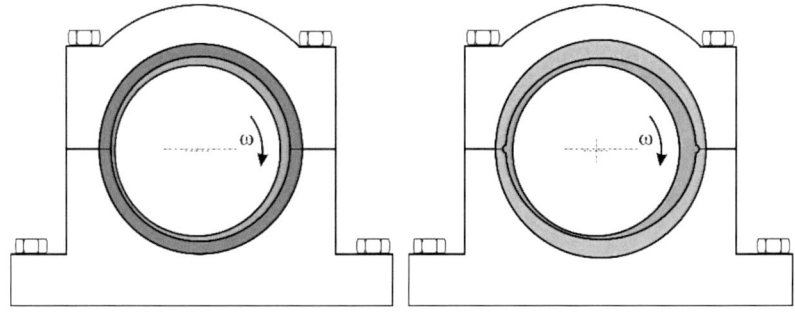

Figura 1.50. Cojinete hidrodinámico cilíndrico (izquierda) y elíptico (derecha)

■ **Cojinete con ranuras axiales**: tienen ranuras paralelas al eje de rotación (tres o cuatro) que aumentan el rango de estabilidad del cojinete al dificultar la circulación del aceite (hasta 75 m/s). Está limitado su empleo a aplicaciones de baja carga unitaria (entre 1 y 2 MPa).

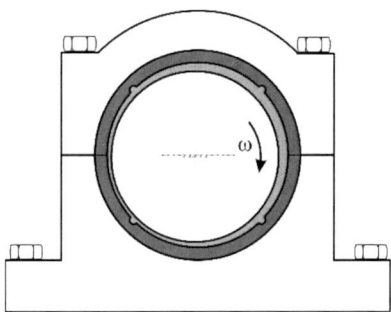

Figura 1.51. Cojinete hidrodinámico con 4 ranuras axiales

■ **Cojinete con varios lóbulos**: la superficie cilíndrica está modificada formando lóbulos alrededor del eje. Aumenta la estabilidad (hasta 75 m/s en el caso de tres lóbulos) pero no permite invertir el sentido de giro.

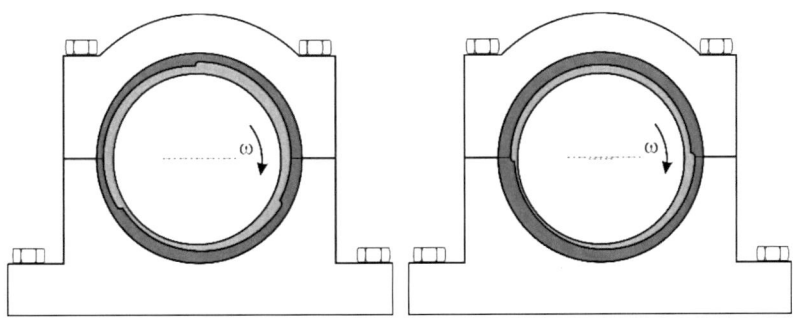

Figura 1.52. Cojinetes hidrodinámicos formados por tres y dos lóbulos (no reversibles)

■ **Cojinetes de patines pivotantes**: están formados por secciones independientes que pueden girar ligeramente en la dirección del movimiento del eje. Admiten cargas unitarias y velocidades elevadas (hasta 150 m/s). La carga puede ir aplicada sobre el centro de uno de los patines o entre dos patines. Como inconveniente puede aparecer desgaste (fretting) en los pivotes sobre los que se apoyan los patines.

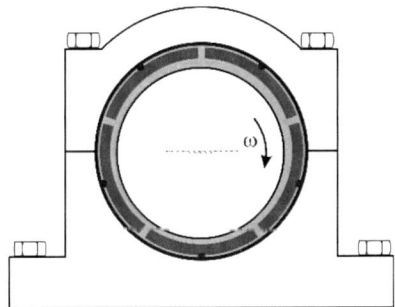

Figura 1.53. Cojinete hidrodinámico radial de patines pivotantes

1.3.3. Características de los cojinetes de aceite

Los parámetros que rigen el comportamiento de un cojinete de aceite son los siguientes:

■ Relación Longitud/Diámetro (L/D): valores de L/D grandes reducen el coeficiente de fricción y las fugas de aceite laterales, mientras que valores de L/D pequeños requieren lubricación forzada, aumentan las fugas de aceite mejorando el enfriamiento. En la práctica es común utilizar valores de L/D entre 0,5 y 1.

■ Carga unitaria (P): se calcula como la fuerza que soporta el cojinete dividida por el área plana del mismo (longitud x diámetro). Cargas unitarias bajas pueden generar inestabilidad en el rotor, mientras que cargas altas pueden causar desgaste y el fallo prematuro.

■ Holgura diametral: diferencia entre el diámetro del cojinete y del eje. Dicha holgura puede medirse mediante galgas o introduciendo en el interior del cojinete una lámina de material blando que se deforme al cerrar el cojinete para luego medir su espesor. De forma aproximada se puede estimar la holgura en función del diámetro del eje, 0,1% para un diámetro de 400 mm, 0,15% para 150 mm, 0,2% para 100 mm, 0,25% para 50 mm. Holguras pequeñas aumentan la estabilidad, pero suben la temperatura del aceite. En la Figura 1.49 se muestra un gráfico para obtener el valor mínimo de holgura diametral (micras) en función del diámetro del eje y de la velocidad tangencial.

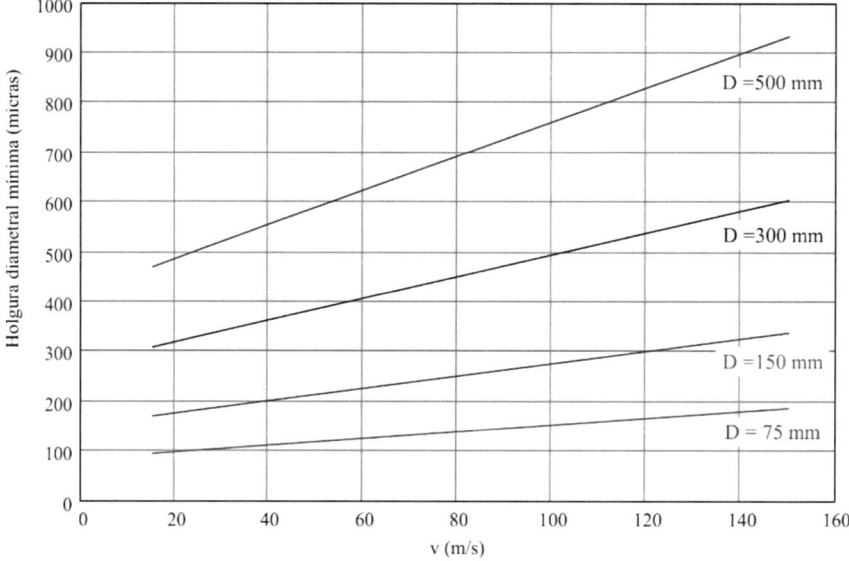

Figura 1.54. Holgura diametral mínima vs velocidad tangencial

■ Excentricidad (e): distancia radial desde el centro del cojinete al centro del eje durante el giro.

■ Espesor de película (h_o): espesor mínimo de la película de aceite que se forma durante el funcionamiento del cojinete. Es igual a la diferencia entre la holgura radial y la excentricidad. El valor mínimo aceptable depende del acabado superficial.

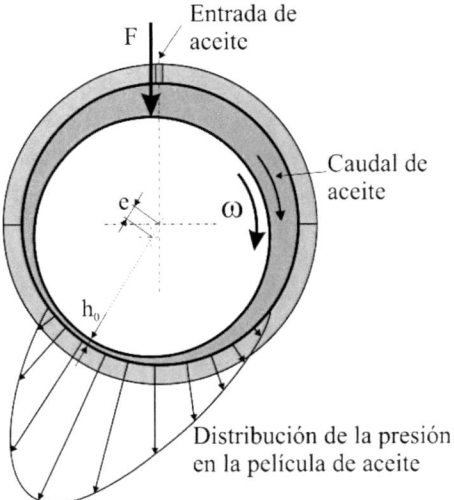

Figura 1.55. Cojinete hidrodinámico cilíndrico

- Elevación de temperatura: debido a la viscosidad del lubricante, cuando pasa por el cojinete se produce calor. Este calor se disipa por conducción, convección y radiación, y es transportado por el flujo de lubricante. Es complejo calcular con exactitud la disipación que se produce mediante cada mecanismo. El incremento de temperatura del lubricante al pasar por el cojinete ocasiona un descenso de su viscosidad. La medida de la temperatura en el cojinete es una forma de detectar un problema de funcionamiento en el mismo. Para ello se utilizan termopares o RTD,s embebidos en el metal del cojinete en la zona de carga. La máxima temperatura de diseño debería ser de 115 °C. Se recomienda fijar una alarma si la temperatura sobrepasa 8 °C la temperatura normal de trabajo y programar una parada automática si se supera en otros 7 °C el nivel de la alarma.

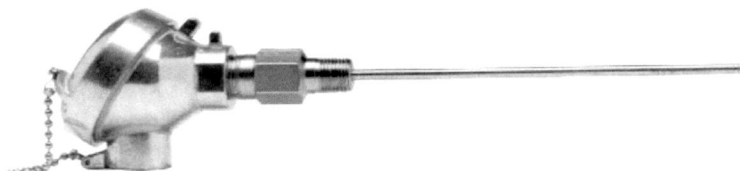

Figura 1.56. Termopar para la medida de la temperatura en el cojinete

En el caso de funcionamiento correcto, las dos superficies metálicas deben estar completamente separadas por una capa de aceite, luego no se produce desgaste y la única atención necesaria sería el mantenimiento del aceite en buenas condiciones.

1.3.4. Tipos de fallo

1.3.4.1. Presencia de cuerpos extraños o suciedad en el lubricante

■ Apariencia: rayado de las superficies de los cojinetes, desgaste del recubrimiento, marcas en el metal del cojinete, causada por la presencia de partículas en el lubricante de mayor tamaño que el espesor de película del aceite.

Figura 1.57. Marcas concéntricas en patín de cojinete axial por presencia de partículas en el lubricante. Fuente: fotografía cortesía de Kingsbury Inc.

■ Causa: partículas provenientes del mecanizado de la propia máquina, restos de combustión en motores, partículas metálicas provenientes del desgaste de partes móviles de la máquina.

■ Solución: Los cojinetes con marcas profundas deberían ser sustituidos. Si las marcas son ligeras se puede reajustar. En cualquier caso, será necesario aumentar la calidad del filtrado del aceite.

1.3.4.2. Desgaste de la superficie sustentadora en el arranque / parada

■ Apariencia: marcas y desgaste del material del cojinete por rozamiento con el eje.

■ Causa: carga excesiva en el arranque o parada de la máquina. La carga admisible en el arranque depende de la frecuencia de arranques. Valores típicos de carga específica son: 1.4 MPa para cojinetes radiales fijos, o 0.3 MPa para cojinetes axiales. Pero si hay arranques frecuentes es recomendable trabajar con valores más bajos. Si los arranques son infrecuentes, se pueden trabajar con cargas específicas mayores en el arranque (hasta 1.7 MPa). Para cojinetes radiales de patines pivotantes la carga admisible depende de su dirección. Si está aplicada sobre un patín no deberá exceder 1.4 MPa, y si está aplicada en el hueco entre patines no debe exceder 2.2 MPa (cojinete de 5 patines) o 2 MPa (cojinete de 4 patines).

■ Solución: si las cargas exceden los valores anteriores, se recomienda el empleo de cojinetes hidrostáticos, con inyección de aceite a alta presión en el momento del arranque / parada.

Figura 1.58. Desgaste en un cojinete de una turbina

1.3.4.3. Rozamiento por dilatación térmica del eje

■ Causa: rozamiento del eje con el cojinete en máquinas que arrancan velozmente en frío, donde el calor generado dentro de la película del aceite puede elevar la temperatura del eje más rápidamente que la del cojinete. Esto reduce la holgura radial pudiendo originar contacto metal contra metal.

■ Solución: diseñar el cojinete con mayor holgura radial.

1.3.4.4. Desgaste del cojinete por lubricación insuficiente o sobrecarga

■ Causa: fallo en el suministro de aceite, sobrecarga estática o vibraciones excesivas en eje.

1.3.4.5. Desgaste del cojinete por desalineación

■ Apariencia: la desalineación entre el eje y el cojinete origina roturas en la capa de aceite en los bordes del cojinete, dando lugar a desgastes con forma parabólica en cojinetes radiales. En cojinetes axiales, el desgaste aparece en un sector del círculo del cojinete.

■ Solución: en casos leves, no es necesario tomar ningún tipo de acción. En casos de desgaste severo, será necesario sustituir el cojinete y realinear el eje.

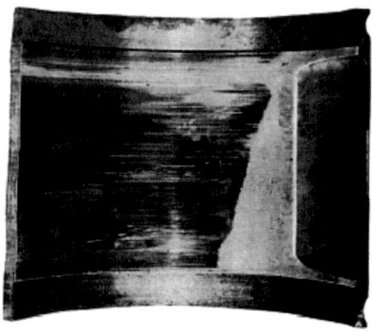

Figura 1.59. Desalineación en un cojinete radial

1.3.4.6. Daños por paso de corrientes eléctricas

■ Aspecto: picado de la superficie del cojinete por paso de corriente eléctrica. Se aprecian mejor las picaduras en la zona límite ya que en zonas centrales se solapan los daños perdiendo la forma característica de superficie picada.

Figura 1.60. Picado de la superficie de un cojinete por paso de electricidad.
Fuente: fotografía cortesía de Kingsbury Inc.

■ Causa: descargas eléctricas a través de la capa de aceite en cojinetes de máquinas eléctricas, ventiladores o turbinas debido a fallos de aislamiento o a electricidad estática.

■ Solución: emplear cojinetes de material aislante (polímeros) o poner a tierra el rotor. Se debe filtrar o sustituir el aceite y limpiar todo el conjunto incluidos los conductos de aceite.

1.3.4.7. Fatiga superficial del cojinete

■ Aspecto: desconchado de la superficie del cojinete.

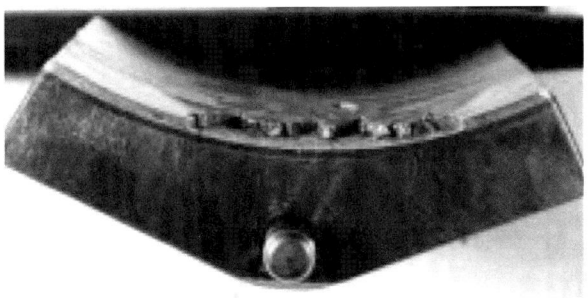

Figura 1.61. Fatiga del metal blando de un patín de cojinete radial.
Fuente: fotografía cortesía de Kingsbury Inc.

■ Causa: carga dinámica originada por ejemplo por un desequilibrio, un desalineamiento, o un eje no cilíndrico. Un exceso de temperatura acelera el proceso.

1.3.4.8. Fatiga o fretting en el pivote

■ Aspecto: generación de cavidades por fretting en el pivote en cojinetes de patines pivotantes.

Figura 1.62. Fatiga en el pivote

■ Causa: vibraciones.

1.3.4.9. Fatiga térmica

■ Aspecto: grietas generadas en la superficie del cojinete por efecto de los ciclos de fatiga térmica.
■ Causa: fallos de lubricación, sobrecarga, exceso de velocidad, problemas de refrigeración.

Figura 1.63. Superficie de un cojinete con grietas de fatiga térmica

1.3.4.10. Corrosión

- Causa: en aleaciones cobre-plomo, y bronce-plomo puede aparecer corrosión en el plomo por compuestos ácidos generado en la oxidación del aceite, por la presencia de agua o de líquido refrigerante en el aceite o por la descomposición de algunos aditivos del lubricante. Por otra parte, el sulfuro de hidrógeno presente en el aceite ataca al cobre originando manchas oscuras de sulfuro de cobre sobre la superficie, debilitando el material.

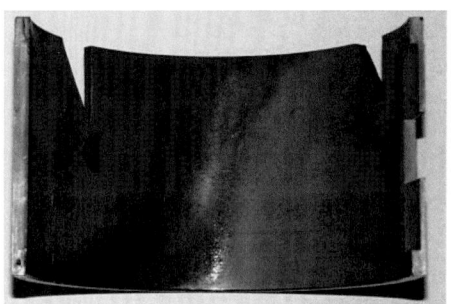 

Figura 1.64. Corrosión. Fuente: fotografía cortesía de Kingsbury Inc.

1.3.4.11. Depósitos de aceite

- Aspecto: depósitos marrones sobre los puntos más calientes de la superficie del cojinete. Puede ser problemático si su espesor afecta a la circulación del aceite generando sobrecalentamiento y facilitando pues el fallo por fatiga.

Figura 1.65. Depósitos de aceite en un cojinete.
Fuente: fotografía cortesía de Kingsbury Inc.

■ Causa: muchos aceites minerales pueden originar este tipo de precipitados si la temperatura de la superficie del cojinete supera los 130 °C, pero estos depósitos se pueden formar a menor temperatura con un aceite envejecido. Los aceites sintéticos pueden originar depósitos si se contaminan con hidrocarburos. Causas de un sobrecalentamiento pueden ser: fallos en el suministro de lubricante, carga excesiva, exceso de velocidad, o una holgura insuficiente.

■ Solución: controlar el deterioro del aceite y la temperatura del cojinete.

Caso 3. Daño en el cojinete axial de un reductor

En este caso se nos solicitó un informe sobre la causa del fallo del cojinete de empuje axial de un reductor de velocidad. En la siguiente imagen se muestra un esquema de la instalación donde se encuentra el reductor. Hay un conjunto de dos turbinas de vapor que proporcionan energía a un generador de corriente de un par de polos (3000 rpm). La turbina de alta presión (no mostrada en el esquema) gira a 7537 rpm transmitiendo una potencia de 15 MW a través de un reductor de una etapa para reducir su velocidad hasta las 3000 rpm. Entre el reductor y el eje del generador se utiliza un acoplamiento de dientes curvos (A2) para permitir las dilataciones térmicas del eje del generador y absorber las posibles desalineaciones entre ambos ejes.

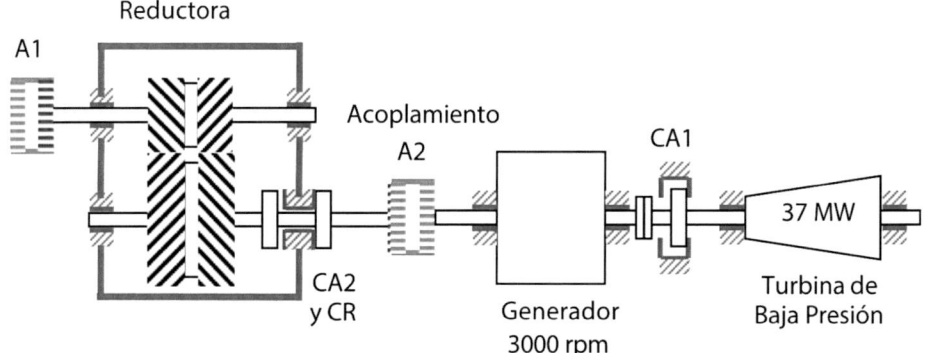

Figura 1.66. Esquema de la instalación

En el diseño original del cojinete del eje de salida de la reductora, el aceite se introducía por dos ventanas de entrada en el cojinete radial (CR) y al salir se utilizaba para lubricar el cojinete axial (CA2). Este diseño inicial se muestra en la siguiente figura.

Figura 1.67. Diseño inicial del cojinete axial CA2 y del cojiente radial CR de la reductora

Desde las primeras pruebas de la instalación se registraron temperaturas elevadas en el cojinete axial CA2. Según los cálculos la temperatura en ese cojinete debería estar en torno a los 80 °C, por lo que el nivel de alarma se fijó inicialmente a 90 °C y el nivel de disparo se situó en 100 °C. Como primera solución a las altas temperaturas de trabajo se aumentó el caudal de aceite aportado al cojinete, además se decidió aumentar la temperatura de disparo para evitar las paradas de la instalación.

Al inspeccionarse el cojinete este mostraba un elevado desgaste (Figura 1.68). Se decidió modificarlo introduciendo orificios de salida directa del aceite sobre el aro de empuje axial, pero esto no solucionó el problema de la elevada temperatura de trabajo y volvió a aparecer desgaste en la zona marcada en la imagen de la derecha de la Figura 1.68.

Figura 1.68. Cojinete axial desgastado (izquierda) y modificación realizada (derecha)

El problema era que el cojinete axial se había dimensionado suponiendo un coeficiente de rozamiento en el acoplamiento de dientes curvos A2 $\mu = 0{,}08$ (valor que indica el fabricante del acoplamiento para condiciones "normales" de funcionamiento).

Cuando se transmiten los 15 MW hacia el generador el par en el eje es

$$T = \frac{15 \cdot 10^6 \, W}{3000 \cdot \frac{2\pi}{60}} = 47746 \, N \cdot m$$

Sabiendo que el diámetro del dentado del acoplamiento es de 356 mm, el par transmitido genera una fuerza normal en los dientes curvos del acoplamiento de

$$F_N = \frac{T}{\frac{0{,}356}{2}} = 268239 \, N$$

A causa del rozamiento entre los dientes del acoplamiento podrá llegar a transmitirse un empuje axial al cojinete generado por la dilatación térmica del generador igual a

$$F_{ax} = \mu \cdot F_N = 21459 \, N$$

Pero en la norma API 613 (Special Purpose Gear Units For Petroleum, Chemical, And Gas Industry Service) se aconseja considerar un valor de coeficiente de rozamiento $\mu = 0{,}25$ a la hora de dimensionar los cojinetes axiales cuando se utiliza este tipo de acoplamiento. En este caso la fuerza que podría llegar al cojinete axial sería el triple de la considerada en el dimensionado del cojinete (67060 N en vez de 21459 N). Bajo la acción de esta fuerza axial se calculó numéricamente (elementos finitos) que la carcasa del reductor se deforma lo suficiente para generar un incorrecto funcionamiento del cojinete de empuje axial lo que causaba su elevado desgaste y la alta temperatura de trabajo.

Como solución el fabricante del reductor reforzó la carcasa y sustituyó el cojinete axial por uno de mayor diámetro exterior y dotado de patines con resortes, lo que elevaba su capacidad de carga hasta los 100 kN.

1.4. Ejercicios

1.4.1. Influencia de la temperatura del aceite en la fiabilidad de rodamientos

En el eje de una transmisión se monta el rodamiento de rodillos NU 2204 ECP, cuyas características se muestran a continuación. El rodamiento se lubrica mediante un aceite mineral que presenta una viscosidad de 250 mm²/s a 40ºC y que tiene un índice de viscosidad de 95. La temperatura de trabajo del lubricante es de 85ºC. El rodamiento presenta una fiabilidad del 99% a las 9000 horas de vida, estando sometido a una carga radial de 3000 N y girando a 575 rpm.

Tabla 1.8. Datos del rodamiento UN 2204 ECP

Dimensiones principales			Capacidades de carga		Carga límite de fatiga	Velocidades		Masa
			dinámica	estática		Velocidad de referencia	Velocidad límite	
d	D	B	C	C_0	P_u (C_u)			
mm			kN		kN	rpm		kg
20	47	18	29,7	27,5	3,45	16000	19000 0,14	0,14

1. Deducir a partir de la información disponible la condición de trabajo del lubricante en cuanto a contaminación/limpieza.
2. Si se aumenta el caudal de circulación y se instala un sistema de refrigeración del aceite, rebajando su temperatura de trabajo hasta los 60 ºC, calcular la nueva fiabilidad a las 9000 horas de trabajo.

Solución del apartado 1

La ecuación para el cálculo de la vida del rodamiento es:

$$L = a_1 \cdot a_{iso} \cdot 10^6 \left(\frac{C}{F}\right)^q$$

Donde la vida L está expresada en revoluciones.

L = 9000 horas $\cdot$ 575 rev/min $\cdot$ 60 min/hora = 310,5$\cdot 10^6$ revoluciones

El factor q = 10/3 por tratarse de un rodamiento de rodillos y el factor corrector a_1 = 0,25 para un 99% de fiabilidad. Si en la ecuación de la vida despejamos el factor corrector por condiciones de trabajo a_{iso} nos queda:

$$a_{iso} = \frac{L}{a_1 \cdot 10^6} \cdot \left(\frac{F}{C}\right)^q = \frac{310,5 \cdot 10^6}{0,25 \cdot 10^6} \cdot \left(\frac{3000}{29700}\right)^{10/3} = 0,60$$

La viscosidad del aceite a la temperatura inicial de trabajo del rodamiento se obtiene de la gráfica viscosidad vs temperatura, entrando con el dato de viscosidad $\nu_{40°C} = 250$ mm²/s desplazándose hasta la línea vertical correspondiente a los 85 °C, $\nu_{85°C} = 32$ mm²/s.

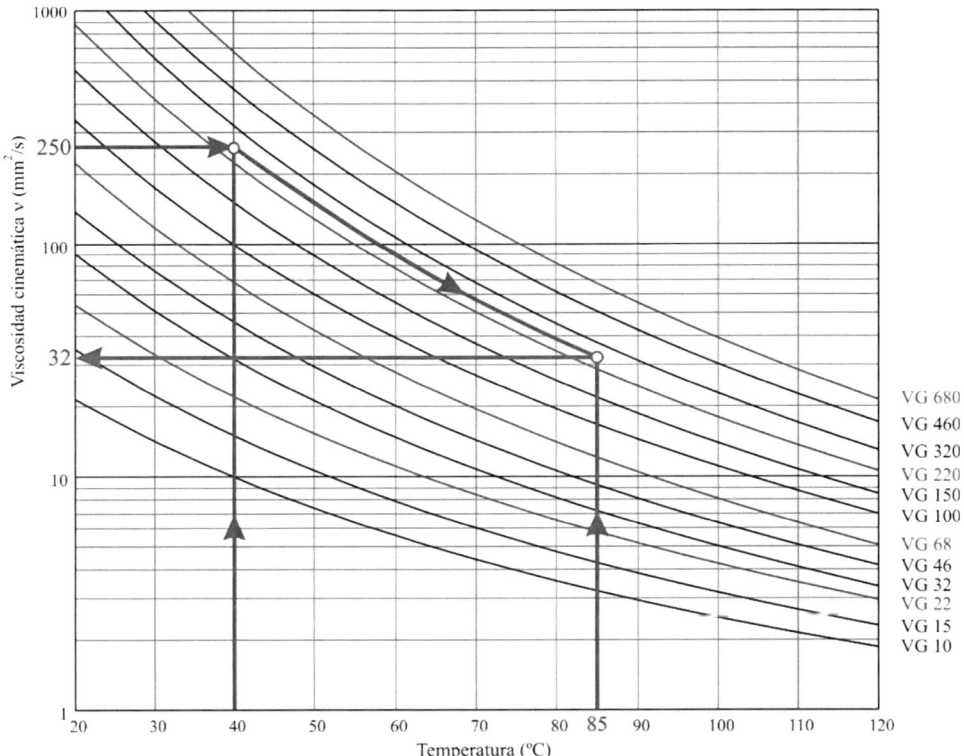

Figura 1.69. Obtención de la viscosidad a la temperatura de trabajo del lubricante

La viscosidad relativa es función de la velocidad de giro y del diámetro medio del rodamiento. En este caso el diámetro medio es

$$d_m = \frac{D + d}{2} = \frac{47 + 20}{2} = 33,5 mm$$

$$\nu_1 = \frac{45000}{\sqrt{d_m \cdot n^{1.667}}} = \frac{45000}{\sqrt{33,5 \cdot 575^{1.667}}} = 38,9 \, mm^2/s$$

55

La relación de viscosidades del lubricante respecto a la relativa

$$\kappa = \frac{v_{85\,°C}}{v_1} = \frac{32}{38,9} = 0,82$$

Ese valor de relación de viscosidades junto con el factor corrector por condiciones de trabajo a_{iso} nos permite entrar en la gráfica de dicho factor corrector para obtener la relación de fuerzas multiplicada por el factor de contaminación del lubricante.

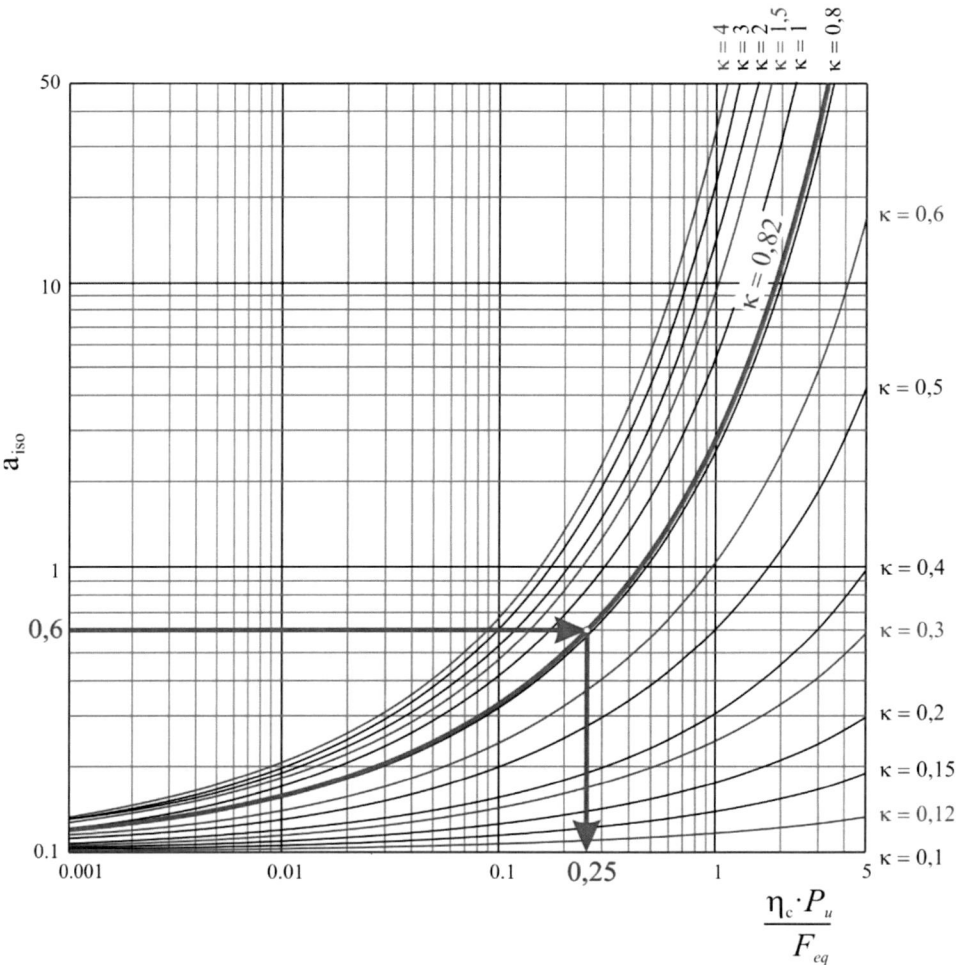

Figura 1.70. Gráfica del factor corrector a_{iso} para rodamientos radiales de rodillos

$$\frac{\eta_C \cdot P_u}{F} = 0,25 \Rightarrow \eta_C = \frac{F}{P_u} \cdot 0,25 = \frac{3000}{3450} \cdot 0,25 = 0,22$$

Factor η_c que se corresponde con una situación de contaminación típica (ver Tabla 1.5).

Solución del apartado 2

Si se logra reducir la temperatura de trabajo del lubricante desde los 85 °C hasta 60 °C, su viscosidad será más alta. Volviendo a entrar en la gráfica de viscosidad vs temperatura se obtiene $\nu_{60°C} = 90$ mm²/s

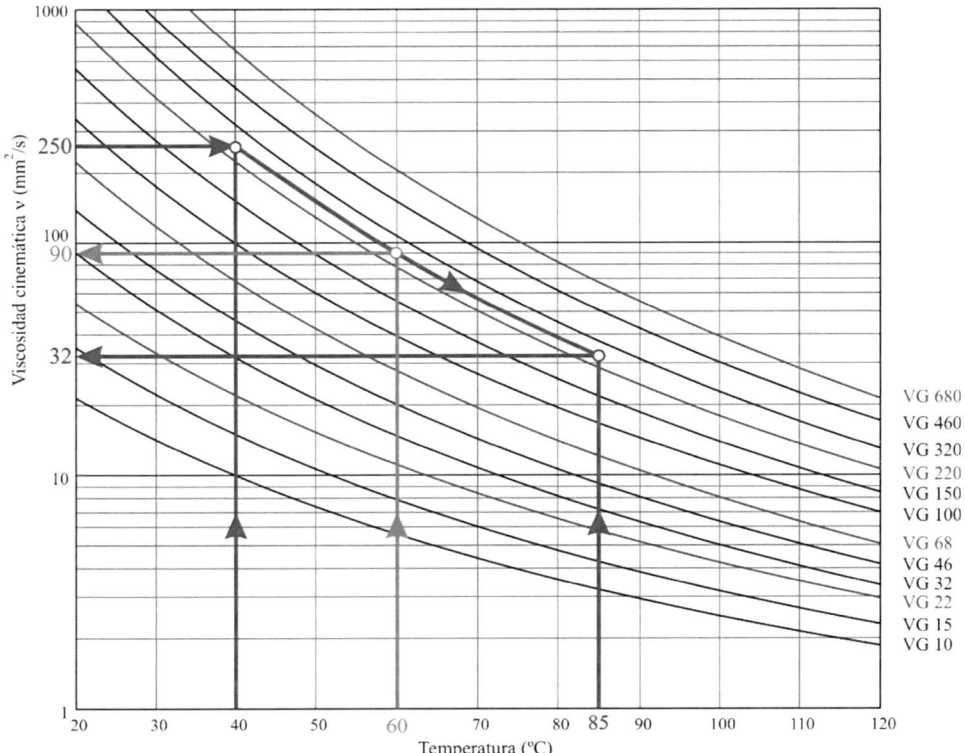

Figura 1.71. Obtención de la viscosidad a la nueva temperatura de trabajo del lubricante

La nueva relación de viscosidades que se obtiene es

$$\kappa = \frac{\nu_{60\,°C}}{\nu_1} = \frac{90}{38,9} = 2,31$$

Lo que se corresponde con un nuevo valor de $a_{iso} = 1,3$

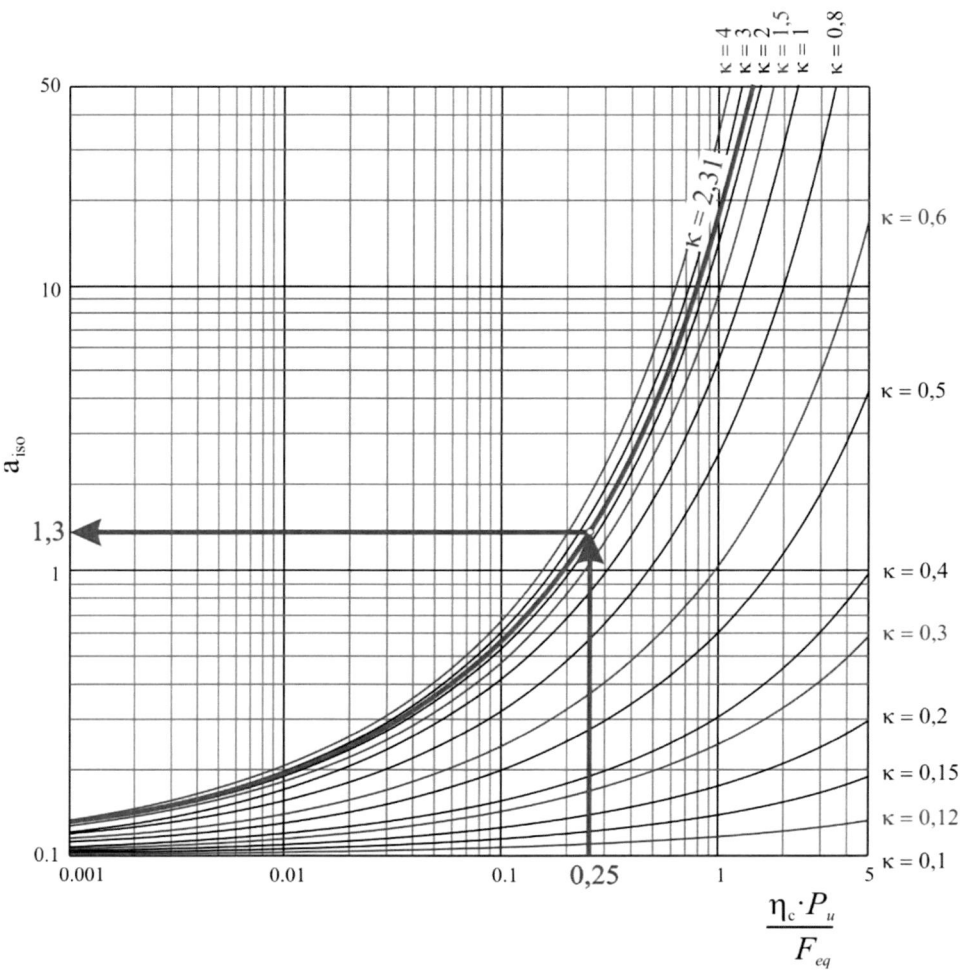

Figura 1.72. Gráfica del factor corrector a_{iso} para rodamientos radiales de rodillos

Sustituyendo este valor en la ecuación de la vida del rodamiento, se puede despejar el nuevo valor del coeficiente de fiabilidad a_1.

$$a_1 = \frac{L}{a_{iso} \cdot 10^6} \cdot \left(\frac{F}{C}\right)^q = \frac{310{,}5 \cdot 10^6}{1{,}3 \cdot 10^6} \cdot \left(\frac{3000}{29700}\right)^{10/3} = 0{,}115$$

Que se corresponde con una fiabilidad del 99,8%.

1.4.2. Relación entre vida y fiabilidad de rodamientos

En los talleres de mantenimiento de una empresa de transporte ferroviario sustituyen los rodamientos de los equipos de aire acondicionado de los coches de pasajeros en la revisión de los 600.000 km. El número de rodamientos sustituidos hasta la fecha es de 168 y ninguno de ellos presentaba fallos. En el taller tienen la experiencia de que cuando han sustituido rodamientos de otros equipos similares al poco tiempo aparece un porcentaje de fallos en torno al 3%, fallos ocasionados probablemente por errores en el proceso de montaje.

Sabiendo que la segunda entrada a talleres de los coches se realiza a los 900.000 km ¿Sería recomendable retrasar la sustitución de los rodamientos de los equipos de aire acondicionado hasta esa revisión?

Datos: rodamientos rígidos de bolas serie 6203DU

Solución

Dado que no hay registrado ningún fallo, para poder realizar cálculos, pero quedándonos del lado de la seguridad, consideraremos que se haya producido un fallo en el conjunto de 168 rodamientos al llegar a la vida correspondiente a 600.000 km de circulación del vehículo.

$$f = \frac{167}{168} \cdot 100 = 99,4\%$$

La fiabilidad será mayor o igual que el 99,4%. A esa fiabilidad le corresponde un factor corrector $a_1 = 0,19$. Se puede plantear la ecuación de la vida del rodamiento en función de las condiciones de trabajo (se supone que estas no cambiaran de forma significativa en el intervalo entre los 600.000 y los 900.000 km) de la vida nominal L_{10} (que tampoco sufre cambios) y del factor de fiabilidad. Para esto se define una constante K que relacione los kilómetros de circulación del vehículo con las revoluciones giradas por el rodamiento.

$L = a_1 \cdot a_{iso} \cdot L_{10}$

$L_i = 600.000 \cdot K = 0,19 \cdot a_{iso} \cdot L_{10}$

$L_f = 900.000 \cdot K = a_{1f} \cdot a_{iso} \cdot L_{10}$

Dividiendo la segunda ecuación por la primera y despejando el factor de fiabilidad correspondiente a los 900.000 km se obtiene

$$a_{1f} = \frac{900.000}{600.000} \cdot 0,19 = 0,285$$

Correspondiente a una fiabilidad de 98,75%, mejor que en el caso de sustituirse los rodamientos donde baja hasta el 97%. Así pues, es recomendable retrasar la sustitución.

2
Transmisiones

2.1. Introducción

Los requerimientos de velocidad y de par que se dan habitualmente en las máquinas no se pueden obtener con facilidad directamente de los motores, siendo necesario el empleo de elementos de transmisión para acondicionar la salida del motor a las necesidades de la utilización. Se puede realizar una clasificación de las transmisiones mecánicas atendiendo a sus principios básicos de funcionamiento:

1. Transmisiones por rozamiento: correas planas y trapezoidales.
2. Transmisiones por engrane, entre las que se pueden distinguir.

   a) Por contacto flexible, cadenas y correas dentadas

   b) Por contacto directo, engranajes

Las transmisiones son, junto con los cojinetes, uno de los elementos de máquinas que más problemas de mantenimiento plantean. En este tema se proporcionará una descripción de los distintos tipos de problemas que pueden aparecer en las transmisiones mecánicas y se darán nociones básicas de funcionamiento y mantenimiento. Hay que destacar que los sistemas de transmisión pueden ocasionar graves lesiones a las personas en forma de atrapamiento o corte, por ello antes de realizar cualquier tarea de mantenimiento es necesario proceder a la parada de la máquina y a la consignación (bloqueo de la alimentación de energía) para evitar un arranque inesperado.

2.2. Transmisiones por rozamiento, correas

Este tipo de transmisión tiene un rendimiento comprendido entre el 85 y el 98 %. Se pueden destacar como ventajas:

⇧ Coste reducido y bajos requerimientos en el posicionamiento de los árboles.

⇧ Funcionamiento silencioso.

⇧ Capacidad de absorción elástica de choques, y protección contra sobrecargas.

Como inconvenientes se pueden destacar:

⇩ La relación de transmisión no es exacta y depende de la carga. Existe un deslizamiento comprendido entre el 1 y el 3 %.

⇩ Sobrecargan los cojinetes de los árboles debido a la necesidad de tensión previa.

⇩ Duración limitada.

⇩ Sensibilidad al ambiente.

A la hora de seleccionar una correa para una determinada aplicación hay que comprobar que no sobrepasemos la tensión máxima admisible ni la frecuencia de flexión límite del material de la correa. Así mismo hay que comprobar que el diámetro de la polea más pequeña sea superior al mínimo admisible.

2.2.1. Correas planas

Se emplean entre árboles paralelos y cruzados, con relaciones de transmisión i ≤ 6 para accionamientos abiertos. Se emplean fundamentalmente para aplicaciones de velocidad elevada o que requieran el paso por poleas de radio reducido. A causa del deslizamiento su rendimiento está alrededor del 85%.

La capacidad de transmisión de una accionamiento por correa plana depende del rozamiento generado por la presión normal de la correa sobre la polea. Esta capacidad de transmisión viene determinada por el valor de las fuerzas de tensión F_0 y F_1, por el coeficiente de rozamiento μ y por el ángulo de abrazamiento β.

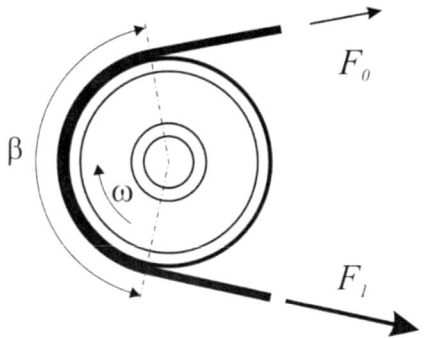

Figura 2.1. Paso de la correa por la polea motriz

Para producir la tensión necesaria en la correa se suelen emplear los siguientes tipos de accionamiento:

a) Accionamiento con peso propio. La distancia entre ejes debe ser lo suficientemente elevada. El ramal en carga suele ser el inferior para aumentar el ángulo de abrazamiento.

b) Accionamiento con desplazamiento del eje.

c) Accionamiento con rodillo tensor.

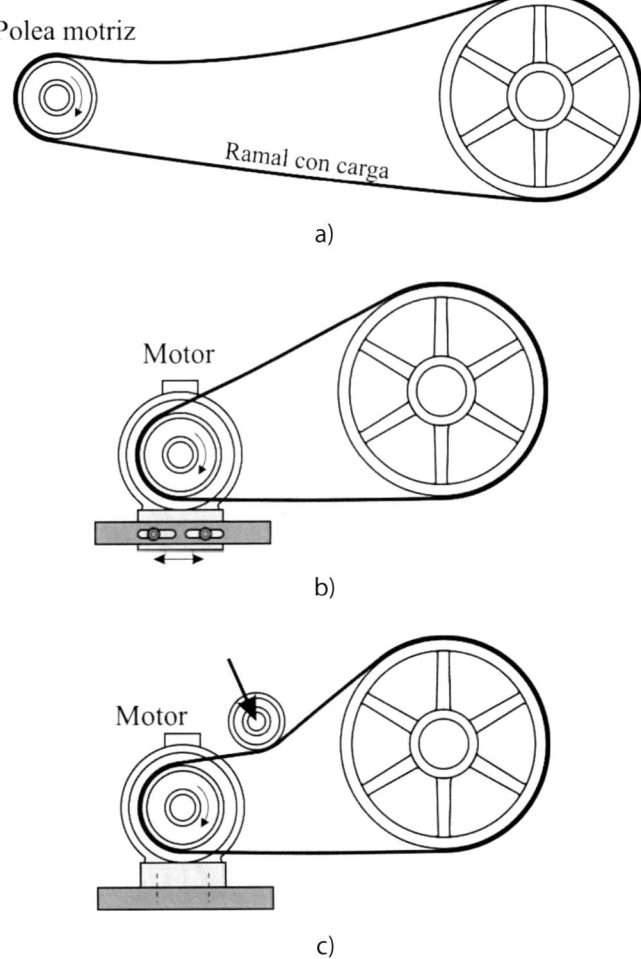

a)

b)

c)

Figura 2.2. Distintos tipos de accionamiento en correas planas

Al pasar la correa por las poleas varía la tensión a la cual está sometida, con lo que se varía su longitud, provocando un pequeño resbalamiento sobre la polea denominado

resbalamiento por alargamiento. Si la fuerza de tracción supera a la fuerza de rozamiento, la correa deslizara sobre la polea pequeña sin ser arrastrada (**resbalamiento por deslizamiento**). Gracias a esta facilidad para patinar actúan como elemento de protección del conjunto de la instalación frente a sobrecargas.

2.2.2. Correas trapeciales

Para la misma fuerza de presión poseen una capacidad de transmisión hasta tres veces superior a las correas planas por lo que sobrecargan menos los cojinetes. Arrancan con más suavidad y prácticamente no tienen deslizamiento, por ello su rendimiento puede alcanzar el 97%. Se emplean entre árboles paralelos, con relaciones de transmisión i $\leq$ 10 (sin rodillos tensores). Emplean cuerdas de poliéster para transmitir la carga, un núcleo de goma para darle forma a la correa y un tejido de recubrimiento tratado con goma que es resistente al desgaste.

Figura 2.3. Correa trapecial de flancos recubiertos

Si bien se ven afectadas por las altas temperaturas, las hay capaces de trabajar con temperaturas comprendidas entre -55 ºC y 80 ºC.

Las correas trapeciales se clasifican por su sección transversal. Sobre la correa se marca el tipo de correa y la longitud primitiva de la misma. Las secciones normalizadas (según ISO 4184:1992) más comunes son la convencional o perfil clásico y el perfil estrecho. Sus dimensiones principales se muestran en las siguientes tablas.

Tabla 2.1. Dimensiones correas trapeciales de perfil clásico (b_p ancho primitivo)

Perfil clásico		Y	Z	A	B	C	D	E
	b (mm)	6	10	13	17	22	32	38
	b_p (mm)	5,3	8,5	11	14	19	27	32
	h (mm)	4	6	8	11	14	19	25
	β	40º	40º	40º	40º	40º	40º	40º

Este perfil clásico se puede emplear en una transmisión con la polea pequeña de tipo trapecial y la grande plana.

Tabla 2.2. Dimensiones correas trapeciales de perfil estrecho

Perfil estrecho		SPZ	SPA	SPB	SPC
β b b_p h	b (mm)	9,7	12,7	16,3	22
	b_p (mm)	8,5	11	14	19
	h (mm)	8	10	13	18
	β	40°	40°	40°	40°

Otros perfiles que se puede encontrar en la industria es el correspondiente a las normas americanas RMA / MPTA.

Tabla 2.3. Dimensiones correas trapeciales de perfil industrial estrecho (norma americana)

Perfil estrecho		3V/9N	5V/15N	8V/25N
β b h	b (mm)	9	15	25
	h (mm)	8	13	23
	β	40°	40°	40°

En las poleas empleadas con correas trapeciales de perfil clásico o estrecho el ángulo de garganta debe tener uno de los valores siguientes: 32°, 34°, 36° ó 38°, dependiendo este ángulo del valor del diámetro primitivo de la polea. Cuando los diámetros de las poleas sean reducidos, las velocidades altas o las temperaturas ambientales elevadas se pueden emplear correas trapeciales con dentado moldeado (sin recubrimiento). El perfil dentado reduce las tensiones de flexión, que pueden ser elevadas en el paso por poleas de diámetro reducido, estos perfiles se identifican con una letra X (ZX, AX, SPZX, …).

Figura 2.4. Correa trapecial de flancos abiertos y moldeados

La velocidad máxima de trabajo para las correas trapeciales de perfil clásico es 30 m/s y 40–50 m/s para las estrechas. Pueden utilizarse varias correas funcionando en paralelo. El rendimiento en estas transmisiones puede alcanzar el 98%, aunque caerá si aparece deslizamiento causado por una falta de tensión en la correa. Su frecuencia de flexión máxima se sitúa entre 60–80 Hz para las correas de perfil clásico y 100–120 Hz en las estrechas.

2.2.3. Instalación y mantenimiento de correas

Las causas principales de fallo prematuro de correas son: pretensado inadecuado, desalineación, errores de montaje, factores ambientales y errores de diseño. Como orientación es recomendable realizar una inspección visual y auditiva de la transmisión una vez al mes (cada dos semanas si es una transmisión crítica) y una inspección completa de las correas, poleas, alineación, pretensado, cada tres o seis meses.

2.2.3.1. Pretensado

Para su correcto funcionamiento las correas requieren un correcto pretensado inicial. En el caso de las correas trapeciales, la tensión ideal es aquella para la que la correa no patina bajo la máxima carga transmitida. Un pretensado insuficiente genera ruido, que la correa patine y se desgaste prematuramente, mientras que un pretensado excesivo sobrecarga la correa y los cojinetes de los ejes de las poleas.

Los fabricantes proporcionan información sobre el cálculo de la fuerza de pretensado adecuada. Como orientación, para una correa trapecial la tensión inicial de pretensado se encuentra entre 0,875 y 1 veces la fuerza de tracción ($F = P/v$), siendo ésta el cociente entre la potencia transmitida por la correa y la velocidad. Mientras que en una correa plana esa tensión de pretensado debería estar entre 2 (accionamiento por extensión) y 1 (accionamiento con rodillo tensor) veces la fuerza de tracción.

Después de su sustitución, pasados entre 30 minutos y 4 horas de funcionamiento es necesario volver a comprobar la tensión en la correa, una vez que esta se haya asentado.

Para el control de la fuerza de pretensado se puede utilizar un dinamómetro equipado con un medidor de flecha, aplicando una fuerza de flexión controlada en el centro del vano de la correa y midiendo la relación entre la flecha ocasionada y la longitud de correa entre poleas. En la gráfica de la Figura 2.5 se proporciona, para correas de perfil estrecho, la fuerza de pretensado de la correa a partir de la flecha (t) medida y de la fuerza aplicada (F_e).

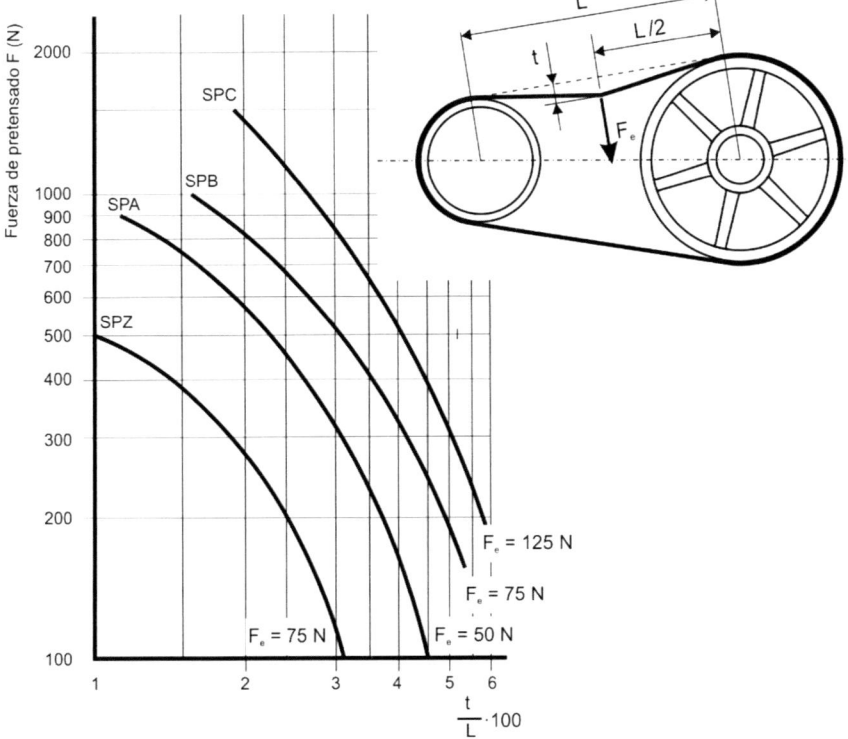

Figura 2.5. Ejemplo de control de la fuerza de pretensado en correas

Una alternativa es hacer vibrar la correa como una cuerda de guitarra, midiendo la frecuencia de resonancia con un equipo óptico o sónico y haciendo uso de la siguiente ecuación que proporciona la frecuencia natural ω_n (Hz) en función de la fuerza de pretensado F (N), la longitud libre de correa entre poleas L (m), y la masa por unidad de longitud de la correa m (kg/m):

$$\omega_n = \sqrt{\frac{F}{4 \cdot m \cdot L^2}}$$

Ecuación 2.1

Una forma de detectar un pretensado insuficiente es la medida del deslizamiento de la correa. Puede realizarse conociendo los diámetros de las dos poleas y midiendo su velocidad con un tacómetro. Sea ω_1 y d_1 la velocidad y el diámetro de la polea motriz, el porcentaje de deslizamiento se puede calcular como:

$$s = \frac{\frac{d_1}{d_2} \cdot \omega_1 - \omega_2}{\omega_2} \cdot 100$$

Ecuación 2.2

El resultado debería ser inferior al 2% en correas trapeciales.

2.2.3.2. Desalineación

En las correas trapeciales una desalineación excesiva entre las poleas originará un desgaste prematuro en los flancos, un funcionamiento inestable y un aumento de su temperatura. Es recomendable comprobar el alineamiento después de tensionar la correa, pues el proceso de tensionado puede desplazar algún elemento. Para su control se pueden emplear reglas, una cuerda o equipos de alineación láser, donde se instala un emisor láser en la cara de una de las poleas y un par de objetivos sobre los que medir la incidencia del láser en la otra polea.

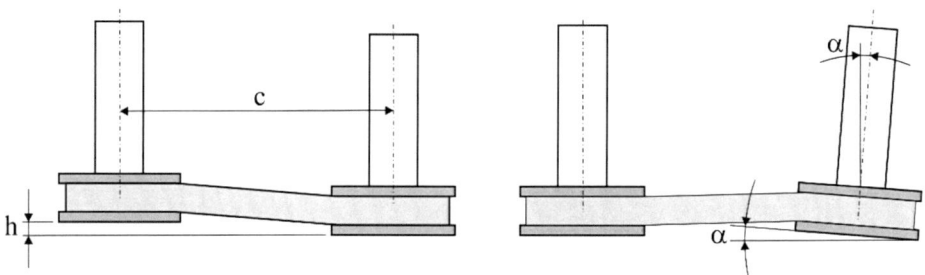

Figura 2.6. Desalineación paralela y angular en correas

La desalineación puede ser de dos tipos, paralela y angular. Como orientación la desalineación angular α debe ser inferior a 0,5° y la paralela *h* inferior a 8 mm por cada metro de distancia entre ejes *c*.

2.2.3.3. Montaje

No se debe forzar la correa en el montaje, en vez de eso se debe desplazar uno de los ejes para reducir la distancia entre poleas. Durante estas operaciones hay que evitar doblar la correa en exceso para no dañar sus cables internos. Hay que comprobar que las poleas estén libres de rebabas, óxido o suciedad que puedan acelerar el deterioro de la correa. Así mismo es necesario comprobar que la correa no quede en contacto con el fondo del canal de la polea por un error en la selección del perfil, pues eso originará un desgaste prematuro.

Si es necesario la correa se puede limpiar con una mezcla de glicerina-alcohol en proporción 1:10, nunca con bencina, aguarrás u otro disolvente, de igual modo no se deben emplear cepillos de alambre o cualquier otro elemento con cantos vivos que pueda dañar su superficie.

El desgaste de la ranura de las poleas se puede examinar con una galga y si la holgura entre la galga y la polea es superior a 0,75 mm debería sustituirse la polea (algunos fabricantes proponen la sustitución a partir de 0,4 mm de desgaste).

En trasmisiones con varias correas en paralelo no deben mezclarse correas nuevas con usadas, pues las más viejas quedarían menos tensas y la nueva se verá sobrecargada, de igual modo no hay que mezclar correas de distintos fabricantes ya que sus características pueden diferir y generar un reparto desigual de la carga.

2.2.3.4. Factores ambientales

Las altas temperaturas reducen la duración de las correas, sobre todo las basadas en poliuretano. Se estima que la vida de la correa se reduce a la mitad por cada 20 ºC que supere la temperatura ambiente los 30 ºC. A causa de estas altas temperaturas aparecerán grietas en la correa. A una temperatura ambiente de 30 ºC y trabajando a la potencia de diseño normalmente una correa alcanzará una duración de 25.000 horas.

También es necesario proteger las correas de proyecciones de aceite o de otras sustancias químicas, ya que podrían dañar su superficie hinchándose el caucho o causar el patinado de la correa en las poleas. De igual modo, la presencia de un ambiente polvoriento, como el de una cantera o una fábrica de cemento, puede acelerar la fricción y ocasionar un desgaste prematuro. Por último, también es necesario proteger la correa de la luz solar directa.

Caso 4. Control del pretensado de una transmisión por correa

Un fabricante de máquinas para el procesado de productos cárnicos nos consultó sobre el control de la tensión de las transmisiones mediante correa multibanda. Deseaban saber la fuerza de pretensado adecuada para la transmisión y el procedimiento para poder medirla de forma sencilla. La máquina utilizaba un motor de 55 kW que alcanza 3000 rpm, el diámetro de la polea motriz es 206 mm y el de la polea conducida 156 mm. La correa utilizada es una Poly-V formada por 14 bandas en paralelo con un paso de 4,7 mm. El peso por banda y por unidad de longitud de esta correa es de 0,04 kg/m. Medimos una longitud libre de correa (distancia entre los puntos de contacto de la correa con las poleas) de 715 mm.

La velocidad de la correa se obtiene como el producto de la velocidad del motor (en rad/s) por el radio de la polea motriz (0,103 metros) resultando 32,35 m/s.

La fuerza de tracción de la correa se calcula como el cociente entre la potencia máxima transmitida y la velocidad lineal.

$$F_t = \frac{P}{v} = \frac{55000\ W}{32,35\ m/s} = 1700\ N$$

Siguiendo las instrucciones del fabricante de la correa, la fuerza de pretensado adecuada era de 2048 N. En este caso se obtiene una relación entre la fuerza de pretensado y la fuerza de tracción igual a 1,2. Esta relación que es un poco alta (una relación normal en este tipo de correa sería 0,9 – 1) viene motivada por la elevada velocidad que alcanza la correa.

Con la fuerza de pretensado F_p = 2048 N se puede calcular la frecuencia natural en el ramal de la correa a partir de su peso por unidad de longitud m y de la longitud libre de correa L = 0,715 m

$$m = 14 \cdot 0,04 = 0,56 \ kg/m$$

$$\omega_n = \sqrt{\frac{F_p}{4 \cdot m \cdot L^2}} = \sqrt{\frac{2048}{4 \cdot 0,56 \cdot 0,715^2}} = 42 \ Hz$$

Esa sería la frecuencia que se debería medir en la transmisión en las comprobaciones periódicas de tensado, pero en el montaje de una correa nueva es conveniente incrementar la fuerza de pretensado inicial un 20% para compensar el alargamiento que sufrirá una correa nueva durante las primeras horas de trabajo. Así pues, en el montaje de una correa nueva se debería tensar hasta alcanzar una frecuencia de

$$\omega_n = \sqrt{\frac{2048 \cdot 1,2}{4 \cdot 0,56 \cdot 0,715^2}} = 46 \ Hz$$

Estas frecuencias se pueden controlar durante el tensado de la correa tirando de la misma con la mano desde un punto intermedio y soltándola para que vibre como la cuerda de una guitarra, o bien golpeando la correa en ese punto intermedio. Para medir la frecuencia de la vibración aconsejamos al fabricante de la máquina que adquiriese un equipo sónico por resultar estos más económicos que los ópticos.

2.3. Transmisiones flexibles por engrane

2.3.1. Cadenas

Se emplean entre árboles paralelos, pueden transmitir mayores fuerzas que las correas con menores ángulos de abrazamiento y distancia entre ejes. Relaciones de transmisión en general de i $\leq$ 7, pero cuando la velocidad es pequeña puede llegarse hasta i = 10. Rendimientos del 97 al 98 %. Como principales ventajas se pueden destacar:

- Coste reducido frente a los engranajes
- Mantienen la relación de transmisión constante
- Se puede utilizar en ambientes agresivos sin necesidad de cárter
- Se pueden accionar varias ruedas con una sola cadena

Como inconvenientes se pueden destacar:

- Duración limitada.
- Limitaciones de potencia y velocidad máxima de funcionamiento
- Requerimientos de espacio elevados
- Necesidad de lubricación y de protección frente el polvo
- No trabajan elásticamente
- Son más caras que las correas correspondientes

Existen diversos tipos de cadenas, pero las más utilizadas en la industria para transmitir potencia son las cadenas de rodillos y las cadenas dentadas o silenciosas.

Figura 2.7. Cadena de rodillos sencilla y múltiple

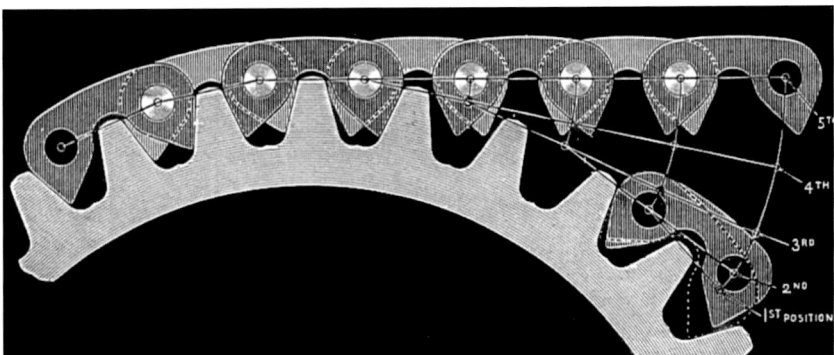

Figura 2.8. Cadena dentada o silenciosa. Imagen de "The book of the Motor Car", Rankin Kennedy C.E., 1912

En el caso de las cadenas de rodillos, durante la marcha, los rodillos se apoyan en los huecos de los dientes, abrazando a la rueda en forma poligonal, de tal forma que la cadena sale de la rueda motriz con velocidad no uniforme. Este efecto es inapreciable para accionamientos con 19 o más dientes en la rueda motriz.

Dado que la mayoría de las cadenas tiene un número par de eslabones (para evitar el empleo de un eslabón acodado), se suelen emplear números impares de dientes en las ruedas, de este modo se busca un desgaste más uniforme. Lo deseable sería que no tuviesen divisores comunes los números de dientes de las ruedas y el número de eslabones de la cadena de forma que cualquier diente de una de las ruedas acabe contactando con todos los eslabones de la cadena y el desgaste sea uniforme.

2.3.1.1. Instalación y mantenimiento

Antes de montar la cadena es necesario comprobar la correcta alineación entre las ruedas dentadas, esto puede hacerse con los mismos procedimientos ya vistos para el caso de las poleas en las transmisiones por correas. Una mala alineación generará un funcionamiento ruidoso y la aparición de desgaste en el lateral de los eslabones y el lateral de los dientes de las ruedas.

Es conveniente comprobar la limpieza tanto de las ruedas como de la propia cadena. Una vez montada, se ajusta la tensión. Como orientación, en accionamientos horizontales con una separación entre ejes de 30 a 50 veces el paso de la cadena, en el punto medio de la cadena se debe alcanzar una deformación total moviéndola con la mano igual a la distancia entre ejes dividida por 25 (accionamiento uniforme) o dividida por 50 (para accionamientos irregulares). En el caso de accionamientos verticales ese movimiento debe ser aproximadamente igual a la mitad del paso de la cadena.

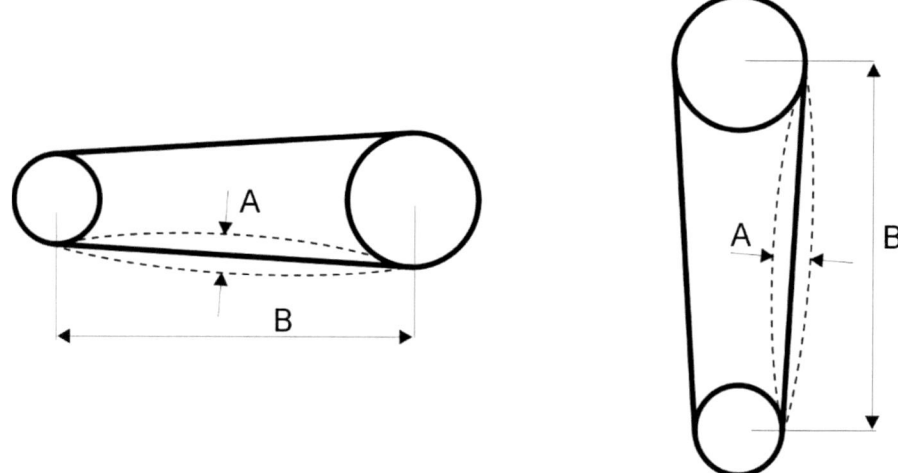

Figura 2.9. Tensado de la cadena

Puesto que a causa del desgaste las cadenas se alargan de manera permanente, se recomienda montar dispositivos para retensar; por ejemplo, ruedas tensoras que se sitúan sobre el ramal descargado de la cadena, preferiblemente cercana a la rueda motriz (pero a más de 4 eslabones de esta) y al menos tres de sus dientes deben de contactar con los rodillos de la cadena.

Funcionando en condiciones adecuadas, una cadena debería alcanzar una vida de 15.000 horas. Al final de ese plazo es normalmente cuando el desgaste hace aconsejable su sustitución, pero no debería llegar a romper. Si una sobrecarga ocasiona una rotura, se puede reparar la cadena, pero lo recomendable es sustituirla, ya que probablemente su resistencia se habrá reducido.

La medida de la temperatura de la cadena (por ejemplo, con termografía infrarroja) permite detectar problemas de funcionamiento como una mala lubricación. Cada tres meses es recomendable comprobar la tensión en la cadena y cambiar el aceite de lubricación. Mientras que anualmente se debería comprobar el desgaste en los dientes de las ruedas, el alargamiento de la cadena, el alineamiento de las ruedas, limpiar la transmisión y comprobar todo el circuito de lubricación.

Lubricación

La viscosidad del aceite a emplear en la lubricación de una transmisión por cadena depende de la temperatura ambiente, tal y como se muestra en la Tabla 2.4.

Tabla 2.4. Viscosidad adecuada del lubricante para una cadena

Temperatura ambiente (ºC)	Viscosidad SAE	ISO 3448
- 5 a 5	20	46 a 68
5 a 40	30	100
40 a 50	40	150 a 220
50 a 60	50	320

Para temperaturas ambiente entre -5 ºC y 60 ºC también sería adecuado un aceite multigrado SAE 20/50. No es recomendable el empleo de grasa, tan sólo se puede utilizar para velocidades reducidas (inferiores a 4 m/s), y para aplicarla se debe sumergir la cadena en un baño caliente para fluidificar la grasa. Los procedimientos de lubricación con aceite son los siguientes:

- Manual: se aplica el aceite cada 8 horas de trabajo.
- Goteo: sobre los eslabones, aproximadamente a 20 gotas/minuto.
- Baño: el nivel de aceite debe cubrir la cadena en su punto más bajo durante el funcionamiento.
- Disco: hay un cárter con aceite, pero éste no alcanza a la cadena, siendo un disco el encargado de lanzar el aceite hacia la cadena.
- Chorro de aceite: se bombea aceite desde un cárter hacia la cadena. Este procedimiento sirve también como sistema de extracción de calor.

Una mala lubricación originará ruido, un aumento de temperatura en la cadena y un desgaste (con el consiguiente alargamiento) prematuros.

Medida del desgaste de una cadena de rodillos

Se extiende la cadena, aplicando sobre ella una fuerza de tracción igual a:

$$F = P^2 \cdot 0,77 \text{ Newtons}$$ **Ecuación 2.3**

Donde *P* es el paso en milímetros. Para cadenas dobles o triples, duplicar o triplicar la fuerza. Se mide la longitud *L* de la cadena, se cuenta el número de eslabones *n*, y el porcentaje de alargamiento será:

$$A = \frac{L-(n\cdot P)}{n\cdot P} \cdot 100$$ **Ecuación 2.4**

Cuando este alargamiento alcanza el 2% es necesario sustituir la cadena, o en el 1% cuando la transmisión no posee tensor o sistema de corrección de la posición de las ruedas.

Desgaste en la rueda dentada

El lateral del diente que transmite la carga a la cadena se va desgastando con las horas de funcionamiento. Cuando este desgaste **X** a la altura del círculo de paso alcanza un 10% del ancho original del diente **Y** se debería cambiar la rueda. Ese desgaste debería producirse después de varios cambios de cadenas. Si se monta una cadena nueva sobre una rueda desgastada se producirá un desgaste prematuro de la cadena.

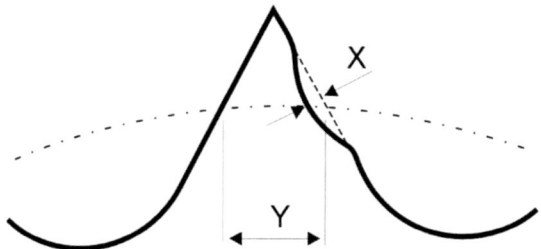

Figura 2.10. Desgaste de los dientes de la rueda

2.3.2. Correas dentadas o síncronas

Otro elemento a considerar dentro de este grupo es la correa dentada, con las que se pueden conseguir unas ventajas similares a las de las cadenas, pero eliminando los problemas de lubricación y permitiendo trabajar a velocidades superiores (hasta 60 m/s). Por contra presentan el inconveniente de necesitar mayor espacio para trabajar en las mismas condiciones de carga que una cadena. Estas transmisiones alcanzan rendimientos de hasta el 98%, requieren menos mantenimiento que los otros tipos de correas, pero son más ruidosas y menos adecuadas para cargas de impacto. Además, transmiten los problemas de vibraciones entre los ejes que conectan.

Las fuerzas de tracción son recogidas por cables flexibles trenzados de acero, incrustados en la correa de plástico. Estos cables le proporcionan gran flexibilidad y alta resistencia contra el alargamiento longitudinal.

Pueden trabajar a temperaturas de hasta 80 ºC. Como estas correas sólo necesitan una tensión previa reducida, las cargas en los cojinetes son pequeñas. En el caso de que el pretensado sea inadecuado puede aparecer un desgaste prematuro de la superficie de los dientes.

Las correas dentadas se clasifican por su paso (distancia entre dientes). Las dimensiones normalizadas (según UNE 18-153-81) se muestran en las siguientes tablas.

Tabla 2.5. Dimensiones correas dentadas, paso en pulgadas

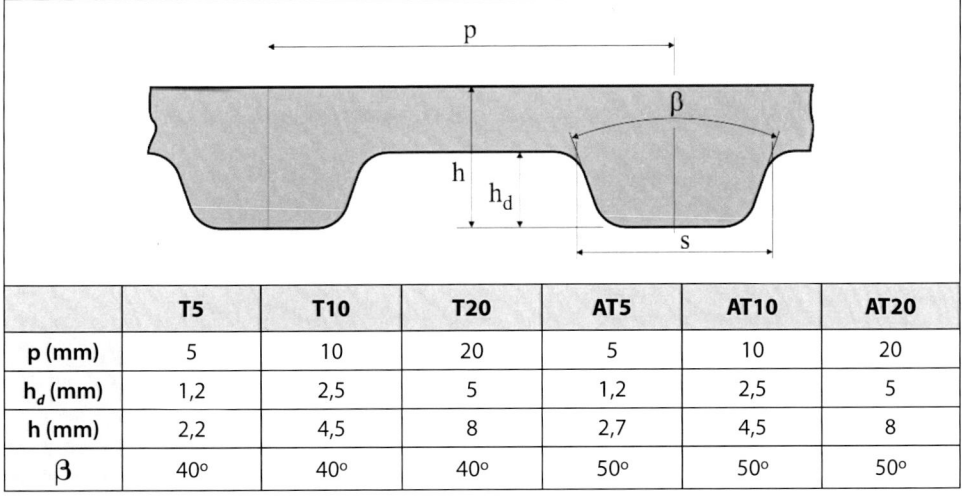

	XL	L	H	XH	XXH
p (mm)	5,080	9,525	12,700	22,225	31,750
s (mm)	2,57	4,65	6,12	12,57	19,05
h_d (mm)	1,27	1,91	2,29	6,35	9,53
h (mm)	2,30	3,60	4,30	11,20	15,70
β		40°	40°	40°	40°

Tabla 2.6. Dimensiones correas dentadas, paso métrico

	T5	T10	T20	AT5	AT10	AT20
p (mm)	5	10	20	5	10	20
h_d (mm)	1,2	2,5	5	1,2	2,5	5
h (mm)	2,2	4,5	8	2,7	4,5	8
β	40°	40°	40°	50°	50°	50°

Otro tipo de perfil empleado es el HTD, especialmente indicadas para máquinas herramientas.

Tabla 2.7. Dimensiones correas dentadas HTD

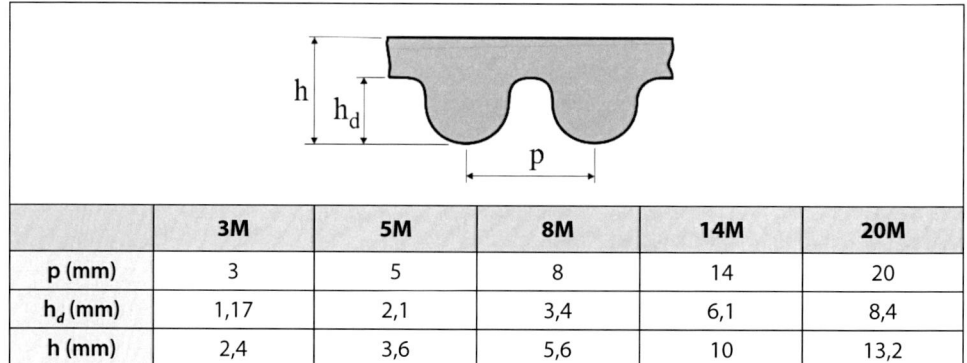

	3M	**5M**	**8M**	**14M**	**20M**
p (mm)	3	5	8	14	20
h$_d$ (mm)	1,17	2,1	3,4	6,1	8,4
h (mm)	2,4	3,6	5,6	10	13,2

Siguiendo la norma UNE 18-153-81, la designación de las correas incluye su longitud, símbolo del paso y ancho, así, por ejemplo: 1143L191 corresponde a una correa de 1143 mm de longitud primitiva, paso de 9,525 mm y ancho 19,1 mm.

2.3.2.1. Mantenimiento e instalación

Nunca hay que forzar la correa para montarla o desmontarla. Como en el caso de las trapeciales, se recomienda desplazar uno de los ejes para facilitar esas tareas. Antes de montar la nueva correa hay que inspeccionar las poleas en busca de desgastes anormales o excesivos.

La desalineación angular entre poleas deber ser inferior a 0,25° y la paralela inferior a 5 mm por cada metro de distancia entre ejes, para evitar el desgaste irregular de los dientes de la correa y la sobrecarga de los cables de sus extremos.

Problemas característicos de este tipo de correas son:

- La rotura de dientes: motivada por una sobrecarga puntual, empleo de una polea con un ángulo de abrazamiento o un diámetro reducido (pocos dientes en contacto), correa destensada, desgaste excesivo en el dentado de la polea o desalineación entre poleas.

- Desgaste prematuro de los dientes: por mala alineación, tensado inadecuado, perfil de correa erróneo, polea desgastada, roce con otro punto de la máquina.

- Vibraciones: perfil de correa erróneo (no se corresponde con el de las poleas) o tensión inadecuada.

2.4. Transmisiones por engranajes

2.4.1. Introducción

Constituyen el tipo de transmisión más utilizado, puesto que sirven para una gama de potencias, velocidades y relaciones de transmisión muy amplia. Se pueden destacar las siguientes ventajas de las transmisiones por engranajes:

- Relación de transmisión constante e independiente de la carga
- Elevada fiabilidad y larga duración
- Dimensiones reducidas
- Elevado rendimiento
- Mantenimiento reducido
- Capacidad para soportar sobrecargas

Por contra, son destacables los inconvenientes siguientes:

- Coste elevado
- Generación de ruidos durante el funcionamiento
- Transmisión muy rígida, se requiere en la mayoría de aplicaciones un acoplamiento elástico para la absorción de choques y vibraciones

Los tipos de transmisiones por engranajes más habituales son:

a) Transmisiones por engranajes cilíndricos. Se utiliza entre árboles paralelos, admitiéndose en cada etapa de transmisión relaciones de hasta i=8. El rendimiento en cada etapa de transmisión es del 96 al 99 %. Para conseguir un funcionamiento silencioso se recurre a los engranajes de dentado helicoidal.

Figura 2.11. Engranajes cilíndricos en una caja de cambios

b) Transmisiones por engranajes cónicos. Se emplean entre árboles que se cortan, y para relaciones de transmisión de hasta i=6. Para exigencias elevadas se utilizan con dentado espiral.

c) Transmisiones por engranajes cónicos desplazados. Se utilizan entre árboles cruzados cuando la distancia entre ellos es reducida, con el fin de reducir los ruidos y tener posibilidad de prolongar los árboles de transmisión. El rendimiento es inferior a los del tipo b) debido al mayor deslizamiento.

Figura 2.12. Engranajes cónicos desplazados

d) Transmisión por tornillo sin fin. Se utiliza para árboles cruzados, con relaciones de transmisión elevadas (incluso superiores a 100 por etapa), y con rendimientos entre el 97 y el 45 % (disminuye al aumentar la relación de transmisión).

Figura 2.13. Engranajes de tornillo sinfín.
Imagen de Somor Combine Harvester Gear Co. Ltd.

e) Transmisión por engranajes cilíndricos helicoidales cruzados. Se utilizan entre árboles cruzados con distancias pequeñas, solo son de aplicación cuando están sometidos a pares reducidos (debido a que el contacto es puntual) y con relaciones de transmisión de 1 a 5.

2.4.2. El perfil de evolvente. Normalización

Es uno de los perfiles de diente más utilizados en engran1ajes. En la Figura 2.14 se pueden apreciar los círculos base, que se emplean en la definición de la geometría del perfil del diente, los círculos primitivos que son tangentes entre sí en el punto de paso, el ángulo de presión α, la línea de acción que es tangente a los dos círculos base, en todo momento es normal a la superficie del diente y a lo largo de ella se produce el contacto entre los dientes. También se muestra el paso circular.

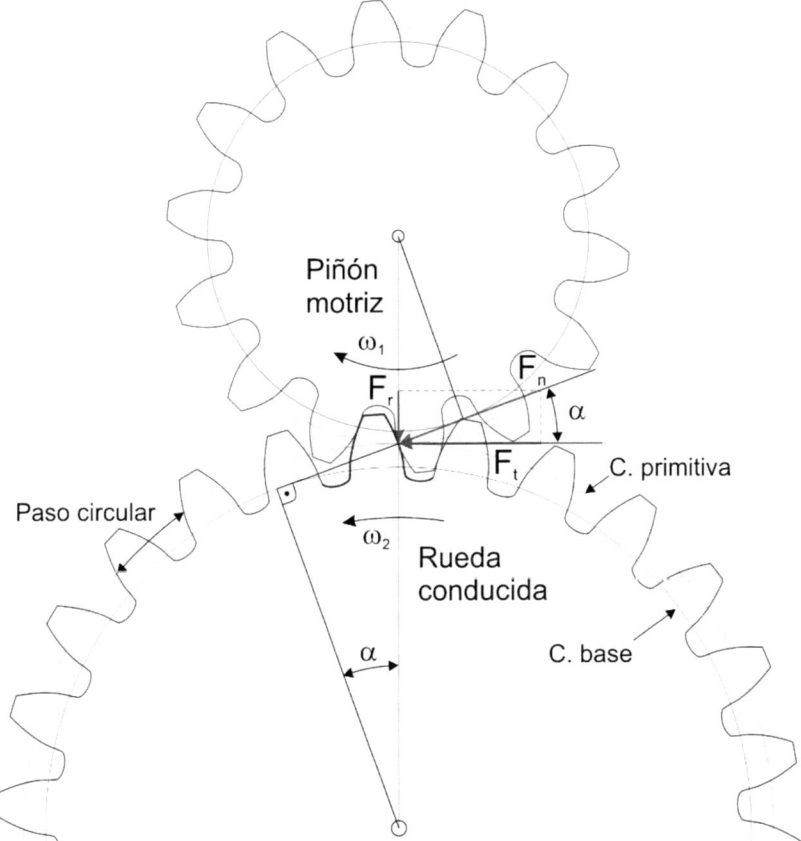

Figura 2.14. Engranajes cilíndricos de perfil de evolvente

Para asegurar la intercambiabilidad de los engranajes y minimizar el número de herramientas de corte necesarias para su tallado, se estableció una normativa referente a los engranajes cilíndricos de dientes rectos. Se define el paso circular como la longitud del arco comprendido entre los flancos homólogos de dos dientes consecutivos, medida sobre la circunferencia primitiva.

$$p = \frac{\pi \cdot d}{z}$$

Ecuación 2.5

Para simplificar este parámetro (el paso circular es un número irracional) se define el módulo.

$$m = \frac{p}{\pi} = \frac{d}{z} \ (mm)$$

Ecuación 2.6

Es condición necesaria para que dos ruedas engranen que tengan el mismo paso circular y por tanto el mismo módulo.

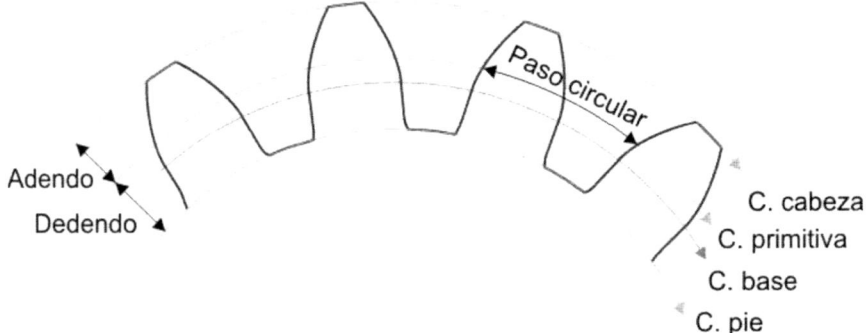

Figura 2.15. Nomenclatura en engranajes

Se denomina circunferencia de cabeza a la que pasa por el extremo exterior de los dientes y circunferencia de pie a la que lo hace por el fondo. La circunferencia de pie no suele coincidir con la circunferencia base. A la distancia entre la circunferencia de cabeza y la circunferencia primitiva se le denomina adendo, y a la distancia entre la circunferencia primitiva y la de pie se le denomina dedendo. La altura del diente es la suma del adendo y del dedendo.

La norma ISO utiliza el módulo como parámetro de normalización, mientras que la norma AGMA (American Gear Manufacturers Association) utiliza el paso diametral, que es la inversa del módulo expresado en dientes por pulgada.

Cuando se normalizaron las herramientas de corte se adoptó un ángulo de presión de 14,5º. Actualmente el ángulo de presión más utilizado es 20º y en algunas aplicaciones 25º. Para la norma ISO 54:1996 los módulos de uso preferente son:

1 1,25 1,50 2 2,50 3 4 5 6 8 10 12 16 20 25 32 40 50 (mm)

Las proporciones normalizadas de los dientes respecto a su módulo son las siguientes:

- Adendo = 1,00 m
- Dedendo = 1,25 m

En ocasiones también se emplean dientes no normalizados en los que el adendo es menor (0,75·m en dientes cortos) o mayor al estándar.

2.4.3. Acciones entre dientes con perfil de evolvente

En ausencia de rozamiento, la fuerza de contacto entre dos perfiles de evolvente engranando llevará la dirección de la normal a las superficies en el punto de contacto. Por tanto, en ausencia de rozamiento, la fuerza de contacto estará siempre a lo largo de la línea de acción. La orientación de la línea de acción se describe por el ángulo de presión α.

Se puede considerar que la transmisión de fuerzas en engranajes cilíndricos de dientes rectos se realiza en el punto primitivo, y es normal a las superficies de los dientes en contacto. Así, si se transmite un par torsor T_1 (T_2), en un engranaje con ángulo de presión α y diámetro primitivo d_1 (d_2), la fuerza actuante descompuesta en fuerza tangencial y radial es:

$$F_t = \frac{T_1}{d_1/2} = \frac{T_2}{d_2/2}$$

$$F_r = F_t \cdot tg\alpha$$

Ecuación 2.7

2.4.4. Causas de fallo

El deterioro que se puede presentar en el dentado de los engranajes es fundamentalmente de dos tipos:

- Rotura en la base del diente: se debe a las tensiones ocasionadas por las fuerzas que se transmiten entre los engranajes (básicamente tensiones normales debidas a la flexión). Es un fallo catastrófico porque a partir del momento en que se produce la primera fractura las condiciones de funcionamiento empeoran bruscamente (partículas sueltas que interfieren con otros componentes, choques ocasionados por la falta de un diente).

- Fallos superficiales: se manifiestan en forma de desgastes, picado, desconchado y gripado. Los problemas de desgaste y gripado son debidos a una lubricación defectuosa, mientras el desconchado se debe a las tensiones de contacto que aparecen durante el engrane. El fallo superficial es progresivo, dando así facilidades para su detección antes de que se vean afectados otros componentes.

2.4.4.1. Nomenclatura de los distintos tipos de fallo. UNE 18040

Desgaste normal

Pérdida de material con alisado y pulido de las superficies de contacto en los flancos de los dientes. No impide que el engranaje alcance la vida prevista. Ocurre durante la primera puesta en servicio del engranaje.

Picado inicial

Puede aparecer al inicio del uso del engranaje, y no tiene importancia si desaparece con el tiempo o no progresa. Se forman pequeños cráteres superficiales de 0,1 mm de profundidad y hasta 0,5 mm de ancho, generalmente en las proximidades de la circunferencia primitiva. Tienden a desaparecer con el desgaste.

Figura 2.16. Picado inicial en engranaje cilíndrico de dientes helicoidales

Picado destructivo

Cuando el picado inicial aumenta de tamaño o en superficie, se denomina picado destructivo, ya que puede conducir a la destrucción del diente.

Figura 2.17. Picado destructivo en engranaje cilíndrico de dientes rectos

Rayado abrasivo

Aparición de rayas verticales en la superficie del diente, normalmente causado por la presencia de partículas extrañas en el lubricante. Normalmente se trata de rayas finas.

Excoriación o gripado

Aparición de zonas ásperas o rugosas, con marcas verticales que parten de zonas próximas a la circunferencia exterior. Son consecuencia del contacto metal-metal, a causa de un esfuerzo excesivo o de una lubricación defectuosa se rompe la película de aceite y con las altas temperaturas generadas en el contacto se forman microsoldaduras entre los dientes (gripado).

La evolución del proceso origina el desgarro o arranque de partículas metálicas del flanco y la soldadura de las mismas sobre el mismo flanco. Este tipo de fallo se facilita cuando se emplea el mismo material en el piñón y la rueda. Suele producirse cuando se combinan velocidad y carga elevadas. Se inicia lejos de la circunferencia primitiva, donde se producen grandes deslizamientos entre los dientes en contacto.

Figura 2.18. Gripado de engranaje cilíndrico de dientes rectos

Quemado

Color oscuro en los flancos de los dientes. Aparece un calentamiento excesivo causado por una sobrecarga, exceso de velocidad, fallo de lubricación o falta de juego.

Aplastamiento plástico

Deformación de la superficie del diente causada por sobreesfuerzos y caracterizado por la barba o aleta que se produce en la cresta del diente y su correspondiente surco o ranura en el flanco conjugado. Puede ser de dos tipos:

1. Laminado. Originado por cargas altas constantes.
2. Amartillado. Generado por cargas de impacto.

Grietas de temple o rectificado

Grietas causadas por un tratamiento térmico defectuoso o generadas en el proceso de rectificado. Generalmente se inician en el fondo y en el extremo del diente al entrar el engranaje en servicio.

Desconchado

Desprendimiento de porciones superficiales del diente por fatiga. Puede estar generado por una excesiva fragilidad del material. Sólo ocurre en engranajes cementados y templados. Se puede iniciar en un defecto menor como un picado.

Figura 2.19. Desconchado a la altura de la circunferencia primitiva

Interferencia o vaciado

Aparece en engranajes no endurecidos por la acción penetrante o interferencia de la cabeza del diente conjugado en la base del diente del piñón. La causa es un error de diseño (número de dientes demasiado reducido en el piñón) o un error de montaje.

Rotura por sobrecarga

Rotura del diente por un golpe o sobrecarga.

Figura 2.20. Rotura de dientes generada por la sobrecarga local causada por una desalineación

Rotura por fatiga

Grietas que se originan en la base del diente y progresan hasta originar la rotura. En la sección rota se pueden ver las marcas características de un fallo por fatiga.

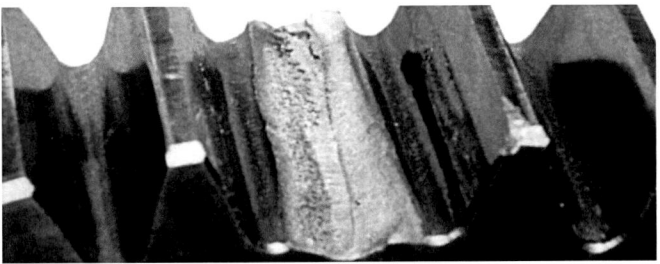

Figura 2.21. Rotura del diente en su base por el trabajo a flexión

Desgaste por sobrecarga

Desgaste del diente originado por cargas elevadas, velocidad reducida y facilitado por una lubricación defectuosa.

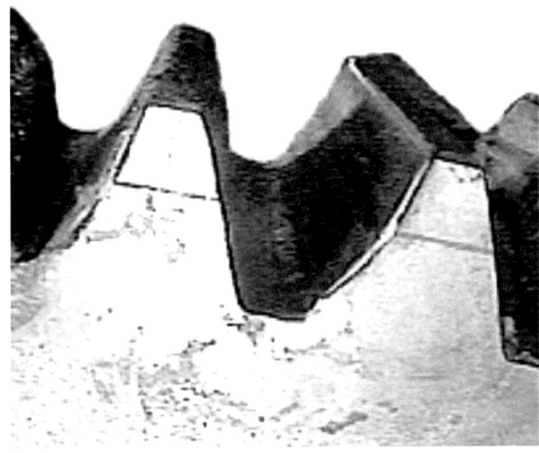

Figura 2.22. Desgaste del flanco del diente que transmite la carga (se ha vuelto cóncavo)

2.4.5. Lubricación de engranajes cilíndricos

La lubricación defectuosa normalmente se manifiesta en forma de los problemas superficiales en el dentado del engranaje vistos anteriormente: desgaste, picado y gripado. Una mayor viscosidad en el lubricante sirve para prevenir estos fallos.

El problema de desgaste superficial aparece cuando el espesor de la película de aceite es inferior a la rugosidad del material, este fenómeno es característico de engranajes que funcionan a baja velocidad y están sometidos a cargas importantes.

El picado suele aparecer en casos de velocidades medias y cargas elevadas, es debido a la presión de contacto que aparece entre las superficies. Se manifiesta en forma de pequeños cráteres superficiales.

El problema del gripado se da cuando la combinación de la velocidad de deslizamiento y presión superficial propician un incremento de temperatura que ocasiona la rotura de la película de lubricante, al producirse el contacto metal contra metal acompañado de una presión elevada aparece una tendencia a la soldadura de las superficies.

La determinación de la viscosidad del lubricante a emplear es difícil de realizar por medio de modelos generales, existen en cambio diversos métodos empíricos, desarrollados en algunos casos por fabricantes de engranajes, aplicables a situaciones concretas de carga y velocidad. A continuación, se describen uno de estos procedimientos para la selección del lubricante y como alternativa se presenta el método propuesto en uno de los apéndices de la norma americana ANSI/AGMA 9005-E02, Industrial Gear Lubrication.

2.4.5.1. Método United

Este método es aplicable a engranajes con velocidades y carga medias, donde la carga se evalúa por medio de la variable *K*, siendo

$$K = \frac{F_t}{b \cdot d_1} \cdot \frac{i+1}{i}$$ **Ecuación 2.8**

Donde F_t es la fuerza tangencial en newtons, *b* el ancho de los engranajes en milímetros y d_1 el diámetro primitivo del piñón en milímetros.

El lubricante adecuado se obtiene a partir de su viscosidad a 38 °C (ν_{38}) calculada a partir de la relación (K/v_t), por medio de las siguientes expresiones empíricas, donde v_t es la velocidad tangencial.

Para temperatura ambiente entre 10 y 25 °C:

Si $2.5 \cdot 10^{-3} \leq K/v_t \leq 20$ y $v_t \leq 20$

$$log(v_{38}) = -0{,}028 \left(log \frac{K}{v_t}\right)^3 - 0{,}025 \left(log \frac{K}{v_t}\right)^2 + 0{,}460 \left(log \frac{K}{v_t}\right) + 2{,}593$$ **Ecuación 2.9**

Si $2.5 \cdot 10^{-3} \leq K/v_t \leq 20$ y $v_t > 20$

$$v_{38} = \frac{67500}{\left(10 \cdot v_t \cdot d_1 \frac{i}{i+1}\right)^{0{,}6}}$$ **Ecuación 2.10**

con *K* (N/mm²), v_t (m/s), d_1 (mm), ν (cSt).

- Para temperatura ambiente superior a 25 °C, se aumenta un 10% la viscosidad por cada tramo de 2.5 °C de incremento.
- En el caso de engranajes funcionando con choques importantes, se recomienda multiplicar el término *K* por el coeficiente de aplicación K_A (ver Tabla 2.8).

Tabla 2.8. Coeficiente de aplicación K_A

Características de la máquina motriz	Características de la máquina arrastrada			
	Uniforme	Choques ligeros	Choques moderados	Choques fuertes
Uniforme	1,00	1,25	1.50	1,75
Choques ligeros	1,10	1,35	1.60	1,85
Choques moderados	1,25	1,50	1.75	2,00
Choques fuertes	1,50	1,75	2,00	≥ 2,25

2.4.5.2. Método de la norma ANSI/AGMA 9005-E02

Este método de cálculo se presenta en el Anexo B de la citada norma, teniendo carácter informativo. Se puede emplear para engranajes cilíndricos y cónicos y proporciona el grado de viscosidad ISO adecuado para una determinada temperatura de trabajo. Se estima que la temperatura de trabajo es usualmente 45 ºC superior a la temperatura ambiente. El método se basa en el valor de la velocidad tangencial, de forma que en el caso de reductores de varias etapas se realizaría la selección con la más desfavorable (la de menor velocidad tangencial).

Tabla 2.9. Grado de viscosidad ISO para aceites con índice de viscosidad 90

Temp ºC	Velocidad tangencial en m/s							
	1,0 – 2,5	2,5	5,0	10,0	15,0	20,0	25,0	30,0
10	32							
15	46	32						
20	68	46	32					
25	68	46	32					
30	100	68	46	32				
35	100	100	68	46	32			
40	150	100	68	46	32	32	32	
45	220	150	100	68	46	46	32	32
50	320	220	150	100	46	46	46	32
55	460	220	150	100	68	68	68	46
60	460	320	220	150	68	68	68	46
65	680	460	320	220	150	100	100	68
70	1000	680	320	220	150	100	100	68
75	1500	680	460	320	220	150	150	100
80	2200	1000	680	460	220	220	220	150
85	3200	1500	1000	460	320	220	220	150
90	3200	2200	1000	680	460	320	320	220
95		3200	1500	1000	460	460	320	220
100		3200	2200	1000	680	460	460	320

En el caso de grados de viscosidad inferiores a 32 o superiores a 3200 es necesario consultar al fabricante de los engranajes y de los cojinetes. Para los valores superiores a 1500 hay que comprobar los posibles problemas durante un arranque en frío (se puede solucionar con el empleo de calentadores del lubricante) y con valores inferiores a 68 posibles problemas con el rango de las solicitaciones.

En la norma se recogen tablas similares para lubricantes con índices de viscosidad de 120, 160 y 240.

2.5. Ejercicios

2.5.1. Medida de la fuerza de pretensado de una correa trapecial

En una transmisión se emplea una correa trapecial, transmitiendo una potencia de 10 kW con una velocidad lineal en la correa de 17,5 m/s. El perfil empleado es el SPB, la masa por unidad de longitud de esta correa es de 0,192 kg/m. La longitud libre de correa entre poleas es de 512 mm. Con la transmisión parada se ha medido la vibración de la correa apartándola de la posición de equilibrio y se ha registrado una frecuencia de 51,8 Hz. Calcular la fuerza de pretensado que tiene la correa.

Solución

Tal y como se vio en el tema, la frecuencia de resonancia de la correa es función de la fuerza de pretensado F (N), la longitud entre poleas L (m), y la masa por unidad de longitud de la correa m (kg/m):

$$\omega_n = \sqrt{\frac{F}{4 \cdot m \cdot L^2}}$$

Despejando en la ecuación anterior la fuerza de pretensado, teniendo en cuenta que en esta ecuación la frecuencia hay que introducirla en Hz:

$$F = \omega_n{}^2 \cdot 4 \cdot m \cdot L^2 = (51,8)^2 \cdot 4 \cdot 0,192 \cdot 0,512^2 = 540,2 N$$

La fuerza de tracción para esta correa sería:

$$F_t = \frac{P}{v} = \frac{10.000 W}{17,5 \, m/s} = 571,4 N$$

Quedando una relación entre ambas fuerzas de:

$\frac{F}{F_t} = \frac{540,2}{571,4} = 0,945$ relación adecuada para este tipo de transmisión.

2.5.2. Cálculo del lubricante para una transmisión de engranajes

En una transmisión el piñón gira a 2150 rpm, transmitiendo una potencia de 85 kW. Los engranajes son cilíndricos de dientes rectos de módulo 4 mm. El piñón tiene 19 dientes y la rueda 58, siendo el ancho de las ruedas 50 mm. La máquina motriz tiene un funcionamiento uniforme (motor eléctrico) y la arrastrada introduce choques moderados. Calcular la viscosidad necesaria para lubricar los engranajes sabiendo que van a trabajar en un ambiente a 25 °C.

Solución

Para el cálculo del lubricante mediante el método United se necesita evaluar el valor del factor K, que es función de la fuerza tangencial, la relación de velocidades, el ancho y el diámetro primitivo del piñón.

$$d_1 = m \cdot z_1 = 4 \cdot 19 = 76mm$$

Para obtener la Fuerza tangencial, primero se calcula el par torsor en el eje del piñón y luego se divide por el radio primitivo del piñón

$$T = \frac{P}{\omega_1} = \frac{85000}{2150 \cdot \frac{2 \cdot \pi}{60}} = 377,53 N \cdot m$$

$$F_t = \frac{T}{\frac{d_1}{2}} = \frac{377,53}{0,038} = 9935N$$

$$i = \frac{z_2}{z_1} = \frac{58}{19} = 3,05$$

$$K = \frac{F_t}{b \cdot d_1} \cdot \frac{i+1}{i} = \frac{9935}{0,050 \cdot 0,076} \cdot \frac{4,05}{3,05} = 3,47 \, N/mm^2$$

$$\frac{K}{v_t} = \frac{K}{\omega_1 \cdot \frac{d_1}{2}} = \frac{3,47 \, N/mm^2}{8,56 \, m/s} = 0,41 \frac{N \cdot s}{mm^2 \cdot m} \leq 20$$

La presencia de choques moderados en la máquina conducida se puede introducir multiplicando el factor K por un factor de impactos $K_A = 1,5$. La expresión para el cálculo de la viscosidad medida a 38 °C es:

$$v_{38°C} = 10^{\left(-0,028 \cdot log\left(\frac{K}{v_t} \cdot K_A\right)^3 - 0,025 \cdot log\left(\frac{K}{v_t} \cdot K_A\right)^2 + 0,46 \cdot log\left(\frac{K}{v_t} \cdot K_A\right) + 2,593\right)} = 311,1 \frac{mm^2}{s}$$

Así pues, se seleccionaría un aceite ISO VG 320.

Si se emplea el procedimiento del Anexo B de la norma ANSI/AGMA 9005-E02:

Estimando que la temperatura de trabajo será 45 °C superior a la temperatura ambiente, se tiene una temperatura de trabajo de 25 + 45 = 70 °C. Entrando con esa temperatura junto con la velocidad tangencial calculada anteriormente (8,56 *m/s*) en la Tabla 2.9 se obtiene que el lubricante adecuado según esta norma se situaría entre un VG 220 y VG 320.

3

Mantenimiento predictivo por vibraciones

3.1. Introducción

El desarrollo tecnológico experimentado durante los últimos cien años ha hecho evolucionar las máquinas, aumentando su complejidad, velocidad de funcionamiento y prestaciones. Parejo a este desarrollo ha tenido lugar la creación de nuevas técnicas, entre ellas el diagnóstico de maquinaria, dentro de lo que es el mantenimiento.

El experto en diagnóstico de fallos debe dominar varias disciplinas; conocimiento de las máquinas, de la instrumentación y de las propiedades físicas susceptibles de ser controladas; debe poseer nociones de estática, dinámica, cinemática, comportamiento de materiales, dinámica de fluidos, transferencia de calor, matemáticas, etc., y todo este juntarlo con la experiencia imprescindible para poder realizar un diagnóstico acertado.

Las máquinas con partes móviles vibran durante su trabajo, en ocasiones estas vibraciones se pueden apreciar directamente, por ejemplo, por el sonido emitido cuando su frecuencia está dentro del rango apreciable por el oído humano o poniendo la mano sobre la máquina. Estas vibraciones son causadas por fuerzas no continuas, esto es, fuerzas que bien varían en magnitud y/o en dirección o fuerzas que se aplican o se liberan de forma rápida.

Las máquinas que funcionan con movimientos alternativos generan fuerzas de inercia que se transmiten hacia la bancada de la máquina, pero las vibraciones se producen incluso en máquinas que trabajan sin movimientos alternativos, debido a holguras, desequilibrios, impactos, rozamientos o rodadura entre componentes. Así, por ejemplo, el desequilibrio en máquinas rotativas genera fuerzas centrífugas que cambian su dirección en el espacio con el giro del rotor. En ventiladores y bombas centrífugas aparecen vibraciones tanto originadas por desequilibrios como por los pulsos repetitivos del fluido coincidiendo con la frecuencia de paso de las aspas o los álabes.

Las vibraciones excesivas pueden tener efectos adversos sobre las máquinas, reduciendo la vida de sus componentes. La vibración origina esfuerzos variables que pueden llegar a generar el fallo por fatiga del material. Además, la transmisión de esas vibraciones puede afectar al personal que realiza su trabajo junto a la máquina y a la propia estructura de la planta industrial.

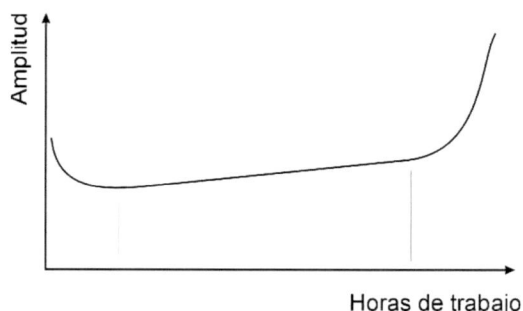

Figura 3.1. Variación de la intensidad de vibración con la vida

A lo largo de la vida de la máquina la intensidad de las vibraciones varía debido al desgaste. Después del periodo inicial (rodaje) el nivel de vibración se incrementa de forma prácticamente lineal, hasta que al final de la vida útil sufre un incremento rápido. Si bien es cierto que también se producen vibraciones en máquinas nuevas, dependiendo generalmente su intensidad inicial de las condiciones y calidades exigidas en la construcción de la máquina. El control de la intensidad de la vibración nos ayudará a conocer el estado de la máquina, y a determinar el instante más adecuado para realizar una operación de mantenimiento.

El grupo de normas ISO 13373 "Condition monitoring and diagnostics of machines" aborda la implantación del mantenimiento predictivo. Las partes de esta norma publicadas hasta el año 2023 son:

- Parte 1 - Guía general sobre los procedimientos de medida: metodología, selección y localización de transductores, etc.
- Parte 2 - Procesado, análisis y la presentación de los datos de vibración.
- Parte 3 - Guía del diagnóstico basado en vibraciones.
- Parte 4 - Diagnóstico en turbinas de gas y vapor.
- Parte 5 - Diagnóstico en ventiladores.
- Parte 7 - Diagnóstico en centrales hidráulicas e instalaciones de bombeo.
- Parte 9 - Diagnóstico en motores eléctricos.

3.2. ¿Qué es el mantenimiento predictivo por vibraciones?

La vida útil de muchos componentes de máquinas no se puede establecer con precisión ya que depende de multitud de parámetros, por lo que el mantenimiento preventivo tiende a sustituir los componentes antes del final de su vida útil. Para evitar la sustitución prematura de los componentes por desconocimiento de su estado real, se puede recurrir a la diagnosis mediante instrumentación, de forma que se consigue información más precisa sobre el estado de los componentes mientras siguen operativos, pudiéndose predecir la necesidad de reparaciones con la suficiente antelación para permitir programar las paradas. La medida de los parámetros que permiten realizar el diagnostico puede ser periódica o continua. El mantenimiento predictivo intenta evitar las pérdidas económicas causadas por las paradas inesperadas ocasionadas por roturas o fallos en los sistemas productivos.

La ventaja fundamental se desprende del conocimiento del estado real de los componentes, que proporciona suficiente información para planificar las paradas y las reparaciones, así como los componentes a utilizar en ellas, con lo que se pueden optimizar las existencias de recambios. Además, se reducen los costes por roturas.

Un inconveniente es que solamente se puede aplicar cuando la diagnosis sea segura, además es necesario personal capacitado e instrumentación costosa para ponerlo en práctica. Este tipo de mantenimiento puede llegar a ser el más económico si los métodos de diagnóstico son adecuados.

Las fases para implantar el programa de mantenimiento son las siguientes:

1. Decidir que equipos o máquinas monitorizar
2. Fijación de objetivos
3. Inspección mecánica
4. Desarrollo del procedimiento de ensayos
5. Adquisición de datos
6. Análisis de datos
7. Conclusiones y recomendaciones
8. Elaboración de un plan de acciones correctivas

3.3. ¿Qué equipos monitorizar?

Para tomar la decisión de que equipos o máquinas incluir dentro de un programa de mantenimiento predictivo por vibraciones es útil plantearse preguntas como las siguientes:

- ¿Cuál es la frecuencia de los fallos?
- ¿Cuál es el coste económico de ese fallo?
- ¿Cuáles son las consecuencias del fallo?

A la hora de abordar el estudio de las máquinas se pueden clasificar estas en tres categorías, variando los recursos dedicados a cada una de ellas de forma directamente proporcional a lo crítica que es la máquina dentro del proceso productivo de la empresa.

El primer segmento está constituido por maquinaria de grandes dimensiones que son críticas en la planta, en muchos casos la empresa no puede funcionar si se produce un fallo en una de estas máquinas. Por ejemplo, la turbina de vapor o el alternador en una central eléctrica. Estas máquinas tienen potencias que suelen variar entre 3 MW y 1000 MW, y normalmente emplean cojinetes de aceite en sus ejes. En este tipo de maquinaria se suelen montar sondas de proximidad para realizar medidas de vibraciones y de posicionado de los ejes en el interior de los cojinetes, sondas de temperatura en los cojinetes y otros transductores menos comunes como medidores de par en los ejes. Todas estas sondas suelen estar permanentemente conectadas, realizándose un monitorizado continuo de sus lecturas dado que un fallo inesperado en uno de los cojinetes puede generar unos gastos superiores al millón de euros.

El segundo grupo de máquinas está constituido por las unidades "importantes", suelen ser de menor tamaño y potencia que las del grupo anterior. Ejemplos de este tipo de maquinaria son las bombas de impulsión de líquidos. Normalmente las unidades individuales de este tipo de máquinas no son críticas dentro del proceso productivo ya que suele haber varios equipos trabajando en paralelo, pero es necesario mantener un porcentaje alto de ellas en funcionamiento. En muchas ocasiones los equipos de este segundo grupo se instrumentan de forma similar a los del primero, recogiéndose las señales de los sensores en programas informáticos encargados de realizar análisis de tendencias.

El tercer grupo de máquinas lo constituyen las de carácter general, estas suelen ser pequeñas y poseen rodamientos en vez de cojinetes de aceite. Son unidades no críticas dentro del proceso y no suelen dotarse de instrumentación para el control de vibraciones o temperaturas de forma permanente, sino que se monitorizan por medio de instrumentación portátil, y en muchos casos no se realiza ningún tipo de análisis o de diagnosis, pues cualquier análisis exhaustivo supone un coste superior al del equipo nuevo y un fallo no repercute de forma importante en el proceso productivo.

3.4. Fijación de objetivos

La determinación de los objetivos que se persiguen no suele realizarse por ser estos "obvios" para todos. Sin embargo, es fácil olvidar el objetivo que se busca y acabar perdiéndose dentro del largo y complejo proceso técnico que lleva asociado la implantación de este tipo de política de mantenimiento, y acabar por ejemplo empleando grandes esfuerzos en estudiar alguna frecuencia de vibración que no tiene nada que ver con el correcto funcionamiento de la máquina. Las herramientas que se emplean, como puede ser el análisis de vibraciones, no es el objetivo final de este proceso sino el medio para lograr controlar las condiciones de trabajo de la máquina, mejorar la calidad de su trabajo y reducir los costes de mantenimiento.

3.5. Inspección mecánica

Es necesario recoger la máxima cantidad de información posible a pie de máquina. Hay que examinar la arquitectura de la máquina, pues resultará imposible poder realizar ningún tipo de diagnóstico si no se conoce lo que hay en el interior de la carcasa. Debe incluirse una revisión de las tolerancias y juegos de montaje en rodamientos, cojinetes y sellos, alineación en los acoplamientos junto con una comprobación del montaje de los distintos elementos sobre los ejes.

En los casos donde se disponga de un componente con un fallo deberá inspeccionarse para determinar la causa del fallo.

Se debe examinar la cimentación y el anclaje de la máquina a la misma. Se deben revisar las tuberías que llegan a la máquina, prestando atención a la posición de los soportes y al estado de los muelles y amortiguadores empleados para sujetar las conducciones. Hay que identificar el sistema de control de la máquina y los distintos modos de funcionamiento. En resumen, hay que estar familiarizado con los mecanismos de la máquina y con todos sus sistemas auxiliares.

Con los datos recogidos (velocidades de giro de ejes, números de dientes de engranajes, modelos de rodamientos, etc.) se debe realizar el cálculo teórico de frecuencias características de vibración de los distintos elementos (rodamientos, engranajes, motores, ...) que componen la máquina, de este modo, cuando se produzca un cambio en las vibraciones de la máquina, será más sencilla la identificación de la causa.

3.6. Desarrollo del procedimiento de ensayos

Basándose en los objetivos que se persiguen y en la inspección mecánica realizada, los ensayos deben dirigirse a entender el comportamiento de la máquina y a la definición de áreas de problemas. Las pruebas deben incluir trabajo a distintas velocidades, cambios en las condiciones de carga, en las condiciones del aceite (temperatura y presión de alimentación), o en cualquier otro parámetro que pueda controlarse de forma repetitiva.

Para que un procedimiento de ensayos sea efectivo debe incluir una descripción de los parámetros físicos que se van a alterar y la metodología del ensayo, especificando las medidas a realizar y las conclusiones que se espera obtener de esas medidas. Se debe incluir, si es posible, los niveles esperados de respuesta, para poder detectar rápidamente una respuesta anormal y los límites de seguridad que, en caso de superarse, conlleven la parada del ensayo.

Se deben determinar los puntos y las direcciones de medida de vibraciones, siendo conveniente realizar el marcado de dichos puntos sobre la máquina. Esa información debe incluirse en la hoja de medida para la máquina. Es necesario determinar la frecuencia con la que se van a realizar las medidas, por ejemplo, el control de las vibraciones en una simple bomba es recomendable realizarlo mensualmente, para controlar posibles fallos en rodamientos, desalineación del eje, fallos de lubricación o la aparición de cavitación.

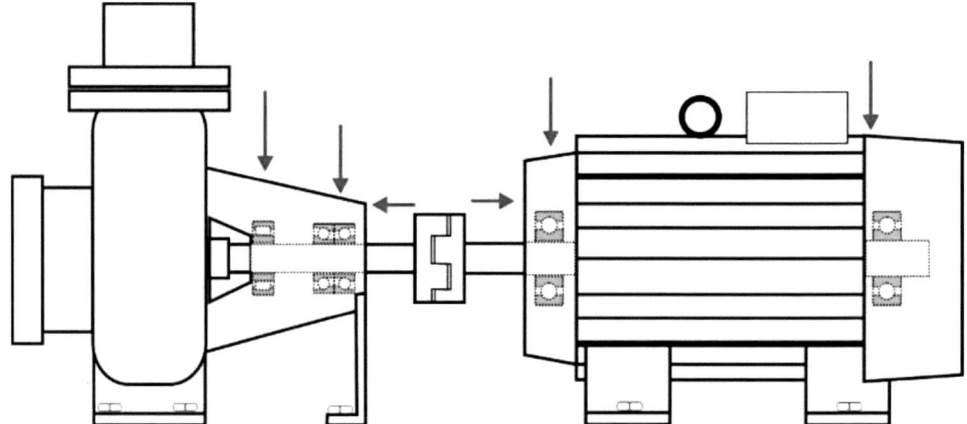

Figura 3.2. Puntos de medida de vibraciones en una bomba

3.6.1. Adquisición de datos

La obtención de los datos durante la realización de un ensayo programado o durante el trabajo normal de la máquina requiere el empleo de los transductores adecuados y de la instrumentación asociada. Antes de la realización de un ensayo es necesario comprobar la continuidad de los cables, y comprobar la calibración de los transductores.

Los datos adquiridos son una combinación de señales estáticas y dinámicas. Entre las dinámicas destacan los sensores de velocidad y/o los acelerómetros sobre la carcasa o las sondas de proximidad que controlan las vibraciones de los ejes. Otras medidas dinámicas más específicas que también se pueden emplear son las medidas de las variaciones de presión y las vibraciones a torsión.

Medidas con un carácter más estático son las de temperatura, velocidad de giro, flujo de fluidos o presiones, este tipo de datos en ocasiones se anotan manualmente, a diferencia de los datos dinámicos, donde es necesario emplear un registrador y/o un analizador para su procesado. Así mismo, es interesante registrar información sobre las condiciones de carga como, por ejemplo, la corriente consumida por los motores eléctricos durante el ensayo.

La información adicional que hay que guardar en cada medida es:

- Código de identificación de la máquina
- Tipo de máquina (motor, bomba, prensa, …)
- Velocidad de régimen
- Potencia nominal
- Tipo de apoyos (rígidos o flexibles)
- Fecha y hora de la medida
- Condiciones de funcionamiento (velocidad, potencia, temperatura, presión, …)
- Tipo de transductor (acelerómetro, sonda de proximidad, …)

- Modelo y número de serie del transductor
- Tipo de montaje del transductor (imán, pegado, roscado, …)
- Situación y orientación del transductor
- Unidades de la medida (g´s, m/s^2, mm/s, …)
- Amplitud medida (valor pico, pico-pico, rms, …)
- Datos de la FFT (frecuencia de filtrado, número de líneas, promedios, …)

3.6.1.1. Datos de vibraciones

Generalmente son tres los parámetros de la vibración a examinar, amplitud, frecuencia y desfase. La magnitud de la amplitud caracteriza el estado de deterioro de la máquina, la frecuencia permite determinar la causa del fallo, y el desfase permite analizar los modos de vibración (forma de vibrar).

En las medidas realizadas con transductores sísmicos (acelerómetros o transductores de velocidad) situados sobre la carcasa de la máquina es necesario tener en cuenta que, a causa de las variaciones de rigidez y amortiguamiento que se producen en los cojinetes con la velocidad y la carga, no hay una relación constante entre la amplitud de la vibración de un eje y la amplitud de la vibración de la carcasa de la máquina. Para poder controlar con precisión la vibración de un eje soportado por cojinetes de aceite se desarrollaron las sondas de proximidad al principio de los años 70 del siglo XX.

En cojinetes radiales se emplean dos sondas de proximidad situadas a 90º para controlar el movimiento del eje, y en cojinetes de empuje axial también suelen emplearse un par de sondas situadas a distinto radio del centro del eje. Además, se emplea una sonda que de un pulso por revolución del eje para referencia del ángulo de fase. Las sondas de proximidad no sólo dan información de la amplitud de la vibración del eje, sino que también proporcionan, mediante el nivel de continua, el dato del posicionado del centro del eje dentro del cojinete, esta información y su análisis con la velocidad es de gran utilidad a la hora de comprobar el estado de la máquina.

3.6.1.2. Temperaturas en cojinetes

La utilización de termopares o RTDs es necesaria en las grandes máquinas que emplean cojinetes de aceite. La localización de los sensores de temperatura depende de la configuración de la máquina, pero suele emplearse uno en cada cojinete radial y dos en cada uno de los cojinetes de empuje. La situación de este tipo de transductores se recoge en algunas normas por ejemplo la API-670 "Vibration, Axial Position, and Bearing Temperature Monitoring Systems" (American Petroleum Institute, 1993).

Figura 3.3. RTDs en cojinete de empuje axial

El termopar debe instalarse solamente dentro del metal base del cojinete, normalmente debe quedar a una distancia entre 0.75 y 1.25 mm del metal antifricción. El sensor ha de situarse en la zona de máxima carga. Así mismo es deseable controlar otras temperaturas como la del ambiente y la de entrada del aceite.

3.7. Análisis de datos

En muchas ocasiones no bastará con una revisión de las medidas realizadas en una de las condiciones de funcionamiento para resolver el problema y será necesario comparar el comportamiento de la máquina bajo las distintas condiciones de trabajo.

En esta fase se establecerá una sistemática definitiva para la toma de medidas, simplificando en lo posible el proceso, de tal modo que se realicen sólo aquellas que aporten información válida para el mantenimiento.

Existen programas informáticos capaces de realizar el análisis de los datos, estos Sistemas Expertos son capaces de identificar los problemas más comunes, sin embargo, hay que tener en cuenta que estos programas están limitados por los conocimientos de aquel que creó su base de datos y las reglas para identificar un problema. Una herramienta muy poderosa a la hora de abordar la identificación de un nuevo problema es la realización de análisis de tendencias.

3.7.1. Análisis de tendencias

Han de realizarse y almacenarse medidas periódicas de rendimiento y vibraciones realizadas con idénticas condiciones de carga. La periodicidad con que se realice este tipo de análisis depende del tipo de máquina, de la severidad de su trabajo y de la posible aparición de algún tipo de problema en su funcionamiento. Como regla general puede decirse que cuando el tiempo que necesita un fallo para progresar hasta el final es conocido, la frecuencia de muestreo ha de ser al menos cuatro veces superior a la frecuencia de fallos, de forma que se hayan realizado cuatro o cinco muestreos que permitan trazar una tendencia durante el progreso del fallo, mientras que, si el tiempo de progreso del fallo no es conocido, entonces la frecuencia de muestreo ha de asegurar que se tomen al menos 20 lecturas entre fallos. Por ejemplo, si un rodamiento ha fallado a los dos años de trabajo, sería suficiente con medir su estado una vez al mes y cuando se detecte que se está desarrollando un fallo se puede aumentar la frecuencia a un control semanal o incluso diario hasta que el problema se resuelva.

En la Figura 3.4 se muestra la evolución de la vibración (rms en mm/s entre 10 Hz y 1000 Hz) medida con un acelerómetro situado en la carcasa de un motor eléctrico de 0,55 kW, junto a uno de los rodamientos. Se aprecia un incremento aproximadamente lineal desde las 1200 horas de funcionamiento, este tipo de variación en la vibración permite programar el momento adecuado para realizar las correcciones oportunas. La línea roja marca la frontera entre una vibración "normal" y una vibración excesiva para este tipo de máquina.

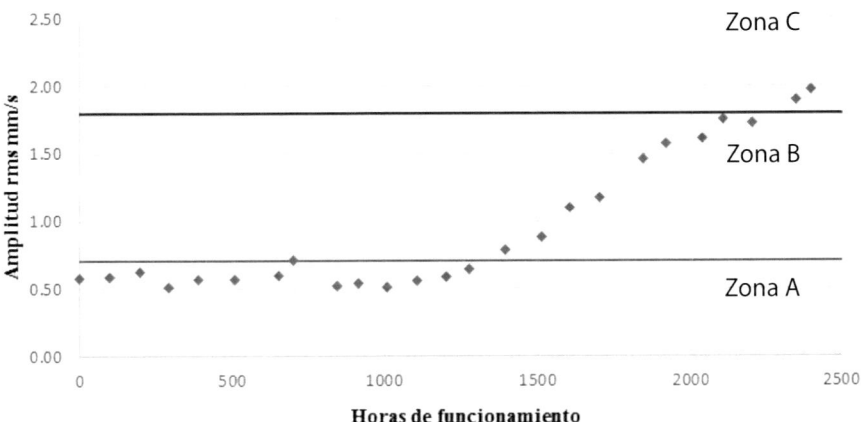

Figura 3.4. Evolución de la vibración en un rodamiento de un motor eléctrico

3.8. Conclusiones y recomendaciones

Las conclusiones deben ser un resumen de los conocimientos adquiridos con las actividades desarrolladas a lo largo de las secciones anteriores. Se deben recoger todos los problemas detectados, si bien en ocasiones las conclusiones finales no pueden ser definitivas a causa de la naturaleza del fallo y/o a causa de no disponer de suficientes datos, o a la falta de precisión en los que se poseen. En estos casos hay que ser honrado y no intentar esconder un ensayo defectuoso en una montaña de resultados y datos técnicos triviales o no significativos.

Las recomendaciones deben ir orientadas a indicar lo que se puede hacer para mejorar el estado de la máquina. Esto puede ser tan simple como "cambiar el rodamiento de bolas del eje de entrada". O bien ser más complejas y requerir una serie de pasos para llevarlas a cabo. El primer grupo de recomendaciones debe ser las acciones que puede ser necesario realizar inmediatamente para poder mantener la máquina en funcionamiento. El segundo consiste en acciones que se podrán realizar en la próxima parada programada de la máquina y en tercer lugar aquellas acciones a largo plazo que requieren investigaciones adicionales, realizar simulaciones o rediseños para aumentar la seguridad, el rendimiento o el tiempo entre paradas de mantenimiento.

3.8.1. Tratamiento de la documentación

Para poder realizar un buen análisis de la situación y extraer las conclusiones correctas es necesario llevar de forma ordenada y completa el historial de mantenimiento de la máquina. Este debe incluir el "Espectro base" obtenido cuando la máquina opera en buen estado, el registro de las averías de la máquina, y los espectros de vibración antes y después de cada reparación. Estas anotaciones forman un archivo de defectos y vibraciones asociadas de gran utilidad a la hora de detectar un nuevo problema.

La documentación asociada a la máquina también debe incluir los datos técnicos sobre los componentes de la máquina (cojinetes, engranajes, rodamientos, ...) que permitan conocer sus frecuencias características, también resultan útiles los datos de severidad de vibración correspondientes al tipo de máquina extraídos de las normas (Capítulo 5), y si están disponibles, los datos del fabricante sobre niveles "normales" de vibración de su máquina.

3.8.2. Presentación de resultados

En ocasiones el ingeniero que realiza el diagnóstico de la máquina debe realizar un informe escrito, pero en otros casos es necesario realizar una presentación formal además de la redacción del correspondiente informe.

El informe debe empezar con una introducción que identifique la máquina, el problema encontrado y cualquier detalle o acontecimiento pasado que sea relevante. A continuación de la introducción debe ir el punto de resultados y conclusiones, hay que tener en cuenta que las personas con capacidad de tomar decisiones dentro de la empresa suelen tener mucha información que revisar y posiblemente estos dos puntos sean los únicos que lean de nuestro informe.

3.9. Plan de acciones correctivas

En esta fase se repasan las recomendaciones, se estudia la influencia económica que pueden tener y finalmente se traza un plan de acción. Este plan puede apartarse de las recomendaciones debido a factores como los requerimientos de producción, o situaciones donde los costes de las modificaciones a llevar a cabo en la máquina excedan los costes de reparación durante un determinado período de tiempo.

Ejemplos de medidas correctoras son:

- Cambiar la velocidad de servicio de la máquina
- Rigidizar la estructura que soporta la máquina
- Modificar el diseño de un cojinete o de su sistema de lubricación

4

Medida de señal

4.1. Introducción

La cadena de medida empleada en la toma de los datos necesarios para controlar el funcionamiento de la máquina se muestra en la Figura 4.1.

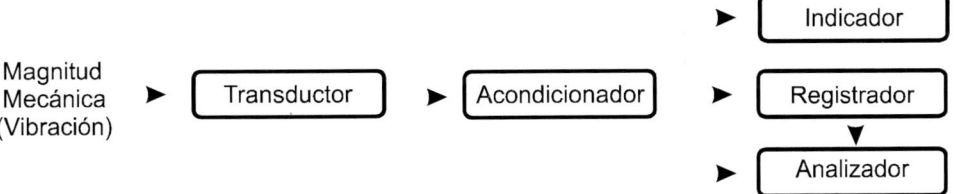

Figura 4.1. Cadena de medida

El primer paso es transformar el movimiento (vibración) en señal eléctrica, para esto se emplean los transductores (acelerómetros, sensores de velocidad y sensores de desplazamiento). Algunos transductores requieren una alimentación eléctrica para poder trabajar, además la amplitud de la señal que generan dichos transductores suele ser reducida, luego es necesario acondicionarla. Una vez que la señal ha sido amplificada ya puede ser visualizada, registrada y/o analizada.

4.2. Transductores

4.2.1. Características de un transductor

Las características que definen a un transductor son las siguientes:

- **Sensibilidad:** relación entre la magnitud de salida (señal eléctrica) y la de entrada (vibración). Por ejemplo, en el caso de los acelerómetros: mV/g o pC/g (siendo g la aceleración de la gravedad).

- **Sensibilidad transversal:** influencia sobre la medida de fuentes de excitación aplicadas en direcciones en las cuales no se desea medir (normalmente en % de señal generada respecto a la magnitud aplicada en dirección transversal).

- **Respuesta en frecuencia:** nos indica cual es el rango de frecuencia de empleo del transductor donde su comportamiento es lineal. En la Figura 4.2 se muestra la gráfica típica de respuesta de un acelerómetro, con una frecuencia natural de 900 Hz y un rango de uso hasta 260 Hz.

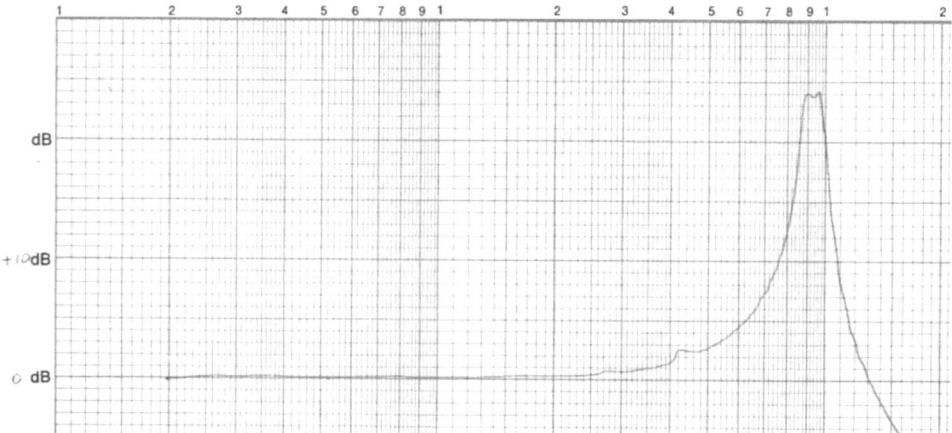

Figura 4.2. Respuesta de un acelerómetro en función de la frecuencia de trabajo

- **Influencia de efectos ambientales:** temperatura de trabajo, humedad, etc. pueden afectar a la señal que proporciona el transductor.

- **Nivel de ruido del transductor:** amplitud de señal "no deseada" generada por el propio transductor y que contamina la medida. Para lograr datos válidos el nivel de ruido asociado a la cadena de medida ha de ser al menos 10 dB (un tercio) inferior a la menor señal que se haya de registrar.

4.2.2. Clasificación de transductores

Los transductores pueden clasificarse de diferentes formas, algunas de las cuales se citan a continuación.

4.2.2.1. Según el tipo de magnitud que miden

Acelerómetros, sensores de velocidad, sensores de desplazamiento, transductores de presión y de fuerza. Los acelerómetros presentan una buena sensibilidad, amplio rango de respuesta en frecuencia y masa reducida. Los sensores de velocidad al igual que los acelerómetros miden la magnitud absoluta, son más pesados que estos y presentan un margen de frecuencias más restringido. Los sensores de desplazamiento; miden la magnitud relativa, su respuesta en frecuencia es limitada y el montaje es más costoso. En la Figura 4.3 se muestra una comparativa entre los tres tipos de transductores en términos de amplitud de respuesta y frecuencia.

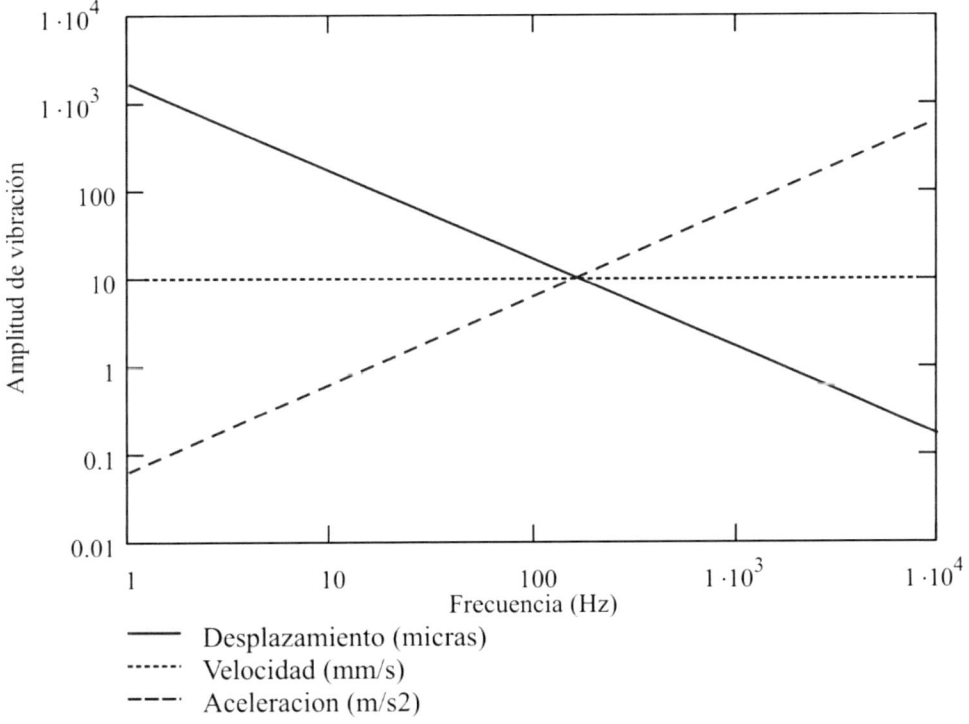

Figura 4.3. Relación entre desplazamiento, velocidad y aceleración.
Amplitud de velocidad constante igual a 10 mm/s

4.2.2.2. De referencia fija y sísmico

Los transductores de referencia fija se montan sobre la carcasa de la máquina y la parte activa del transductor sigue el movimiento del objeto, por ejemplo, una sonda de desplazamiento que controla la vibración de un eje. Mientras que los transductores sísmicos emplean una masa sísmica auxiliar cuya dinámica genera la señal eléctrica proporcional a la magnitud que se desea medir, un ejemplo de este tipo de transductor son los acelerómetros piezoeléctricos.

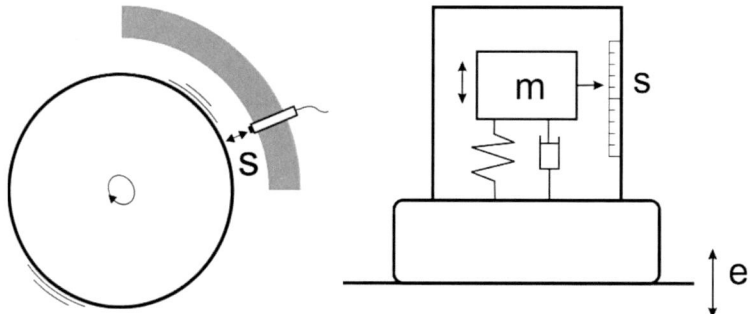

Figura 4.4. Transductor de referencia fija (izquierda) y sísmico (derecha)

4.2.3. Transductor de inductancia mutua

Es un transductor de referencia fija que mide desplazamientos sin contacto físico entre la superficie y el transductor. Consta de un núcleo no conductor con una bobina excitada mediante una señal portadora de alta frecuencia que genera un campo magnético, al acercarse a una superficie conductora, aparecen corrientes de Foucault que absorben una cantidad de energía del circuito oscilante LC del sensor proporcional a la distancia entre la superficie y el transductor. Se emplean mucho en la medida de posición de los ejes de grandes máquinas rotativas, como por ejemplo los ejes de las turbinas de las centrales eléctricas. Poseen sensibilidades del orden de 4 a 8 mV/micra, variando la sensibilidad con el material del eje.

Los más habituales son los de diámetro 5 y 8 mm, y suelen alimentarse con 24 voltios DC, con un rango de medida de 0.2 a 2.8 mm aproximadamente.

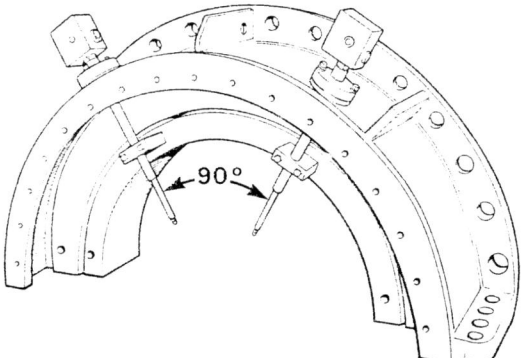

Figura 4.5. Sondas de proximidad montadas en la tapa superior de un cojinete

Para poder dibujar la órbita descrita por el eje de rotación se suelen emplear dos sondas de proximidad montadas a 90º, tal y como se muestra en la figura anterior. Permiten realizar medidas desde 0 a 1500 Hz (90.000 rpm), y suelen emplearse para monitorizar de forma continua ejes montados sobre cojinetes de aceite.

Inconvenientes: es muy sensible al material sobre el que se mide, a los defectos superficiales, a la temperatura de trabajo y a la presión.

4.2.4. Transformador diferencial o LDVT

Consta de una bobina primaria alimentada por una portadora, dos bobinas secundarias y un núcleo. Si el núcleo está centrado las dos bobinas secundarias dan la misma tensión, desequilibrándose sus voltajes con el desplazamiento del núcleo. Se emplea para medir desplazamientos, y también los hay que se comportan como un transductor sísmico si el núcleo va montado con un resorte y un cierto amortiguamiento.

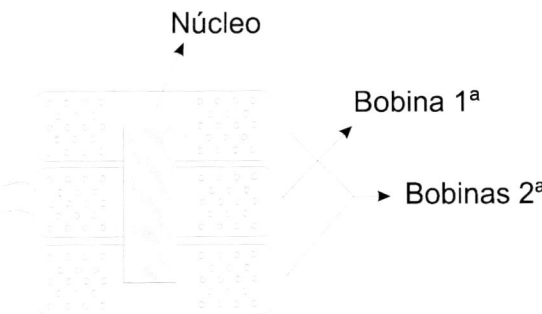

Núcleo

Bobina 1ª

► Bobinas 2ª

Figura 4.6. Transformador diferencial o LDVT

4.2.5. Transductor electrodinámico

Transductor de tipo sísmico que consiste en una bobina fija que envuelve un núcleo magnético soportado por muelles de baja rigidez, lo que conforma un sistema de 1 gdl con una frecuencia natural muy baja. Si se miden oscilaciones por encima de esa frecuencia natural se comporta como un sensor de velocidad. El inconveniente es que el rango de frecuencias en el que se puede emplear es limitado, de 10 Hz a 1500 Hz aproximadamente, y además al poseer partes móviles pueden terminar desarrollando un fallo por fatiga, por estos motivos han sido sustituidos por transductores de tipo piezoeléctrico.

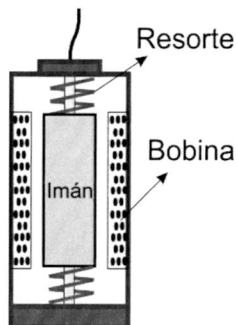

Figura 4.7. Transductor electrodinámico

4.2.6. Transductores piezoeléctricos

Su funcionamiento se basa en materiales que generan una carga eléctrica al ser sometidos a la acción de una fuerza (cerámicas ferroeléctricas polarizadas artificialmente). En muchos casos se hace trabajar al material a esfuerzo cortante para disminuir la influencia de la temperatura en la señal generada.

Este tipo de transductor es activo dado que genera su propia señal sin necesidad de alimentación, si bien su salida posee una elevada impedancia, lo que hace necesario un acondicionamiento intermedio de la señal mediante un circuito electrónico que, en algunos casos, se encuentra en el interior del propio transductor. Estos transductores de electrónica incorporada tienen limitada su temperatura de trabajo a unos 125 °C por la resistencia del circuito electrónico. Aquellos que no llevan la electrónica incorporada pueden trabajar a temperaturas más elevadas, si bien estos últimos necesitan para su conexión cables de alta calidad para que no aparezca un nivel de ruido elevado en las medidas.

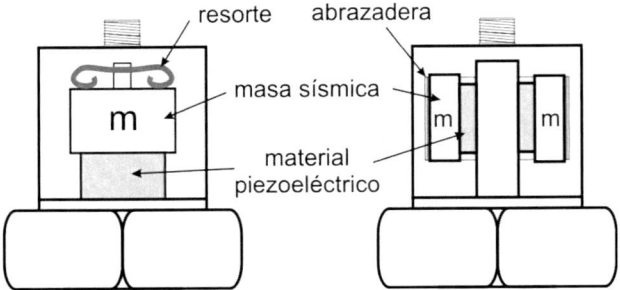

Figura 4.8. Acelerómetros piezoeléctricos. En el de la derecha
el material piezoeléctrico trabaja a cortante

La electrónica transforma las variaciones de carga eléctrica que genera el transductor (pC) en milivoltios. Esta electrónica necesita de una corriente continua de alimentación, normalmente a una tensión de 18 a 30 Voltios y de 2 a 20 mA de corriente. En la Figura 4.9 se muestra el esquema de uno de estos transductores.

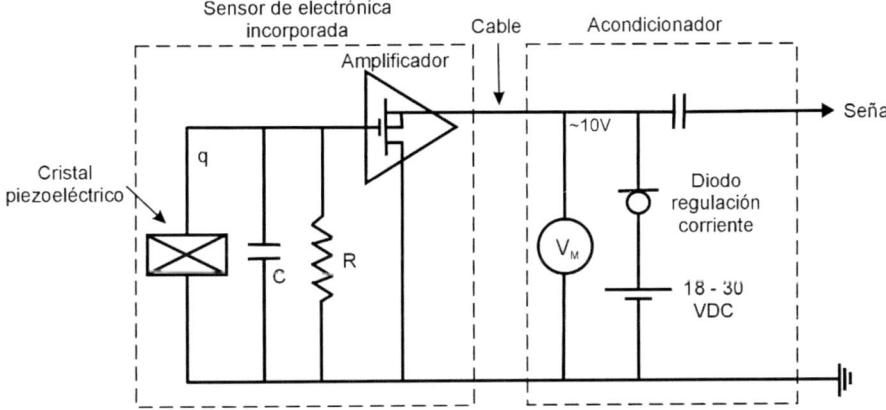

Figura 4.9. Esquema de un transductor piezoeléctrico de electrónica
incorporada junto con la fuente de alimentación

Las variaciones de carga generadas en el cristal piezoeléctrico son convertidas en variaciones de tensión mediante el condensador C, según la ecuación $\Delta V = \Delta q/C$. El acondicionador de señal consiste en una fuente de tensión continua de 18 a 30 voltios, un diodo para regular la corriente, un voltímetro para controlar la tensión de alimentación y que permite detectar problemas en el sensor, cables o conexiones, y un condensador para eliminar de la señal la tensión continua introducida por la alimentación.

Los hay para un amplio rango de frecuencias, desde aceleraciones casi constantes (0,4 Hz) hasta señales de más de 10 kHz, y con sensibilidades que oscilan entre 1mV/g en los más pequeños a 10V/g en los más pesados.

Un acelerómetro sísmico debe trabajar con frecuencias de vibración inferiores a su frecuencia natural, a esas frecuencias el movimiento de la masa sísmica y el de la base del acelerómetro tienen la misma amplitud y la aceleración de la masa produce una fuerza de inercia proporcional a la aceleración. Utilizando un amortiguamiento en el sistema igual al 70% del amortiguamiento crítico se logra aumentar la zona de comportamiento lineal del transductor.

Hay que tener en cuenta que el rango de frecuencia no sólo depende de la frecuencia natural del transductor, sino también de la frecuencia de resonancia de la unión del mismo con el punto de medida, siendo esta última función del procedimiento de montaje que se emplee. En la Tabla 4.1 se muestran las máximas frecuencias de medida que se pueden alcanzar en función del sistema de montaje. En el caso de sujetarse manualmente el transductor o cuando se emplea un imán, una amplitud de vibración elevada puede originar rebotes entre en transductor y la superficie de medida invalidando los datos adquiridos.

Tabla 4.1. Frecuencia máxima de medida en función
del tipo de montaje del acelerómetro

Sistema de montaje	Máxima frecuencia
Roscado	15.000 a 20.000 Hz
Pegado	8.000 a 16.000 Hz
Imán	3.000 a 5.000 Hz
Manual	250 a 1.000 Hz

4.2.7. Transductores de capacitancia variable

Acelerómetros basados en micro-condensadores de silicona de capacidad variable. Tienen la ventaja de poder alimentarse con cualquier fuente de tensión continua y de poseer una alta sensibilidad. Pueden medir aceleraciones constantes como la de la gravedad y su resistencia a los impactos es muy alta. Su configuración consiste en una masa sísmica muy pequeña suspendida entre dos placas que actúan como electrodos, formando dos condensadores, cuya capacidad varía con el movimiento de la placa central (masa sísmica). La electrónica que incorpora el acelerómetro consiste en un generador de señal de excitación senoidal y un demodulador de amplitud sincronizado con la excitación.

4.2.8. Transductores piezorresistivos

Acelerómetros basados en una masa sísmica conectada a un material deformable sobre el cual hay situadas galgas piezorresistivas. Esto les permite medir aceleraciones constantes como la de la gravedad. Para su empleo se conectan formando un circuito de puente de Wheastone completo igual que las galgas extensométricas.

4.3. Transmisión de señales

4.3.1. Sistemas de transmisión

Una parte que no hay que descuidar en un sistema de medida es la transmisión eficiente de los datos. Dicha transmisión debe realizarse con la menor atenuación o degradación posible. En ocasiones es necesario situar los instrumentos lejanos unos de otros, para transmitir las señales puede emplearse un simple cable coaxial, donde la pantalla que rodea al cable de señal evita la contaminación de los datos con el ruido eléctrico presente en ambientes industriales.

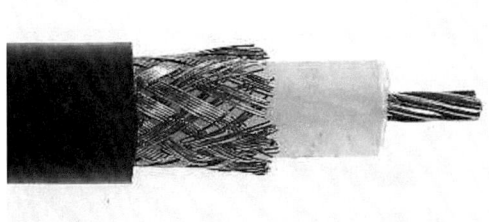

Figura 4.10. Cable coaxial

Hay que tener en cuenta que los cables y conectores tienen su propia resistencia, inductancia y capacidad distribuida, que pueden alterar las señales medidas, sobre todo si se trabaja con transductores de alta impedancia, como los que emplean cristales piezoeléctricos sin electrónica incorporada que transforme las variaciones de carga en voltajes. En este caso es crítico el cable que conecta el transductor y el amplificador de carga. Es conveniente sujetar el cable a la superficie de la máquina (por ejemplo, con cinta adhesiva) pues si se mueve puede introducir efectos capacitivos que distorsionen las medidas.

4.3.2. Apantallado y ruido

Las principales fuentes de interferencias y contaminación de las señales con ruido son los campos magnéticos y electrostáticos. La fuente más común de problemas es la propia red eléctrica, así como la conexión y desconexión de equipamiento pesado, la presencia de emisoras de radio locales capaces de generar ruido de alta frecuencia, ordenadores y otros equipos electrónicos que pueden generar ruido en un amplio rango de frecuencias. Para evitar problemas es conveniente disponer de una única toma de tierra común para todos los instrumentos de la cadena de medida, para evitar la aparición de corrientes erráticas o lazos de tierra. Un ejemplo típico son varios instrumentos conectados en tomas de corriente diferentes. Frecuentemente hay una pequeña diferencia en el potencial entre los puntos de tierra. Esta diferencia de potencial origina corrientes que generan caídas de tensión en los cables causando errores en la medida.

Otra medida para evitar la aparición de corrientes erráticas es el empleo de transductores aislados eléctricamente de la superficie de la máquina sobre la que se esté midiendo.

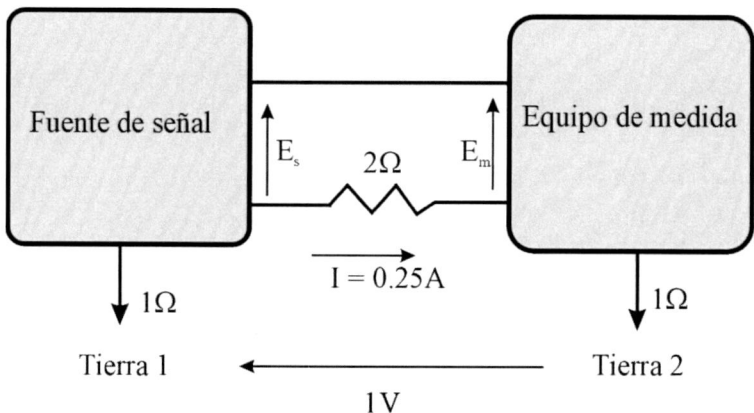

Figura 4.11. Formación de lazos de tierra

Otra forma de reducir las interferencias es emplear canales de entrada diferenciales, de forma que en vez de utilizar una masa común como referencia para las señales medidas, se emplean amplificadores de entrada diferenciales, donde la medida resultante es la diferencia entre los voltajes de los dos cables que transportan la señal de cada transductor.

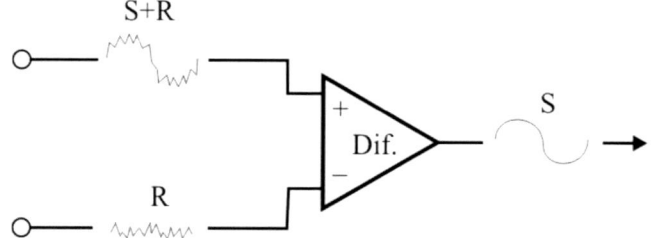

Figura 4.12. Canal de medida diferencial

Por otro lado, para evitar la influencia de los campos magnéticos sobre los circuitos de los instrumentos, se montan estos dentro de cajas metálicas. Por último, para reducir el ruido es recomendable evitar el empleo de cables de mayor longitud de la necesaria.

4.3.3. Monitorización remota

En la actualidad, los avances tecnológicos que ha experimentado el campo de las telecomunicaciones han hecho posible la existencia de dispositivos que permiten realizar un control a distancia de los equipos y procesos industriales. Se puede aprovechar el acceso a internet, si está disponible en la empresa, para enviar los datos ya sea conectando el equipo de monitorización de forma inalámbrica o mediante cable de red Ethernet. Para aquellos casos en los que no hay conexión a internet, hay disponibles equipos con conexión 4G para poder transmitir los datos directamente. Algunos fabricantes de equipos de monitorización ofrecen el servicio de almacenamiento de datos en una "nube" de alta seguridad accesible al cliente desde cualquier lugar del mundo a través de cualquier dispositivo dotado de navegador web.

Este tipo de equipo se puede configurar de forma que si se produce una alarma en la máquina se envíe una notificación por email o sms junto con los datos de la medida para asegurar una rápida respuesta.

4.4. Características de los equipos de registro

4.4.1. Resolución

Los equipos de medida trabajan convirtiendo las señales analógicas que generan los distintos transductores en señales digitales mediante el empleo de un convertidor A/D (analógico/digital). La digitalización de una señal implica la representación de la misma mediante un número finito de cifras significativas, con lo que hay siempre una pérdida de resolución. Siendo la resolución, la porción más pequeña de señal que puede ser observada. Esta pérdida de resolución depende del número de bits del convertidor A/D y de la relación entre el valor máximo de la señal y el rango del convertidor. Así por ejemplo con 12 bits se dispone de $2^{12} = 4096$ divisiones en el rango de señal, si dicho rango de entrada fuera de 2 Voltios, se podrían detectar cambios de voltaje de 2/4096 = 0,49 mV. En la actualidad es usual el empleo de convertidores A/D de 16 o más bits ($2^{16} = 65536$ divisiones en el rango de señal).

También se suele emplear el concepto de rango dinámico, que sería la relación entre la máxima señal y la mínima señal que se pueden registrar de forma simultánea en un equipo. Se puede calcular en teoría en función del número de bits N del equipo cómo $6 \cdot (N-1)$. Se resta la unidad por utilizarse un bit para el signo. Así en un equipo de 16 bits su rango dinámico teórico sería $6 \cdot (16-1) = 90$ dB.

4.4.2. Precisión absoluta y relativa

La precisión absoluta indica la proximidad entre el resultado de una medida y su valor verdadero comparado con un valor patrón aceptado. Laboratorios acreditados por el NIST (National Institute of Standards and Technology) en EE.UU. o por ENAC (Entidad Nacional de Acreditación) en España mantienen valores patrón para muchos valores medidos. El CEM (Centro Español de Metrología) unifica la actividad metrológica en España, realizando la custodia y conservación de los patrones nacionales de las unidades de medida y estableciendo las cadenas oficiales de calibración.

La precisión relativa expresa la proximidad entre un valor medido y un valor de referencia establecido localmente.

4.4.3. Capacidad de medida y procesado en tiempo real

El tiempo que se necesita para realizar una medida y obtener su contenido en frecuencia está influenciado por dos factores: la resolución en frecuencia que se desea lograr y el tiempo de cálculo de la transformada rápida de Fourier. Para lograr resoluciones en frecuencia elevadas se requieren tiempos de medida altos, tal y como se verá en el siguiente capítulo, mientras que el tiempo de cálculo depende de la potencia del equipo empleado y normalmente se expresa en términos de ancho de banda alcanzable en tiempo real (frecuencia de señal a la que el tiempo de muestreo y de procesado son iguales), a frecuencias de muestreo más altas no le da ya tiempo al sistema a procesar todos los datos que se van digitalizando y parte de la información se pierde.

Una forma de evitar la pérdida de datos es dirigir la señal temporal directamente una vez digitalizada a memoria RAM o a un sistema de almacenamiento masivo como un disco externo (a la máxima velocidad de almacenamiento se le conoce como "throughput"), para luego poder procesarla sin que exista ya riesgo de pérdida de datos.

4.5. Ejercicios

4.5.1. Selección de un acelerómetro

Se desean medir las vibraciones en el soporte de uno de los rodamientos de un eje, para detectar un posible desequilibrio. La velocidad del eje es 12.000 rpm, la máxima aceleración esperada en el punto de medida 5 m/s^2, la fuente de alimentación del acelerómetro amplifica la señal (x10) y el equipo de medida empleado para registrar los datos admite señales entre ± 1 Voltios. Seleccionar el acelerómetro más adecuado de los disponibles. (Suponer 1g = 10 m/s^2).

Tabla 4.2. Características de los acelerómetros disponibles

	Sensibilidad (mV/g)	Rango de frecuencia (Hz)	Rango de amplitud ($\pm$g pk)
1	1000	0.2 – 1200 Hz	5
2	100	0.5 – 6000 Hz	50
3	1	1 – 15000 Hz	5000
4	100	0 – 120 Hz	50

Solución

El primer paso es el cálculo de la frecuencia de la señal a medir. Al tratarse de un desequilibrio, la frecuencia de la vibración coincide con la frecuencia de giro del eje:

ω = 12000 rpm = 12000/60 rev/s = 200 Hz.

Así pues, el cuarto no sería adecuado pues sólo puede medir aceleraciones hasta 120 Hz.

El segundo paso es seleccionar la sensibilidad más adecuada, de forma que se logre máxima amplitud de señal, pero sin llegar a saturar el equipo de medida (en este caso la señal resultante deberá ser inferior a 1 V) y sin exceder el rango de amplitud del transductor.

Amplitud señal = **S**ensibilidad x **Ac**eleración x **G**anancia amplificador < 1V.

$$S < \frac{1V}{Ac \cdot G} = \frac{1V}{0{,}5g \; {}'s \cdot 10} = 0{,}2\frac{V}{g} = 200\frac{mV}{g}$$

Se obtiene que el acelerómetro debería tener una sensibilidad inferior a 200 mV/g para no sobrepasar el rango de lectura del equipo de medida (1V), así pues, el primer acelerómetro no sería adecuado. Se deduce que el más adecuado sería el segundo, ya que el tercero proporcionaría 100 veces menos señal.

5
Análisis de señal

5.1. Introducción

El análisis de las señales registradas puede ir desde lo más elemental (medida directa en el dominio del tiempo de la amplitud y del período en el caso de una señal de amplitud y frecuencia constantes) a la aplicación de sofisticados métodos matemáticos de análisis a señales aleatorias en los dominios del tiempo y de la frecuencia. El tipo de análisis necesario depende de las características de las vibraciones a analizar.

Las señales que se pueden medir son aceleraciones, velocidades o desplazamientos, pudiéndose obtener velocidades o desplazamientos a partir de las aceleraciones mediante un circuito de integración simple o doble. El espectro de velocidades tiene una buena sensibilidad a bajas frecuencias (inferiores a 2 kHz), mientras que el de aceleraciones es más apropiado para trabajar con altas frecuencias (superiores a 500 Hz).

El valor cuadrático medio de la velocidad es útil para monitorizar las frecuencias correspondientes a las velocidades de giro y sus primeros armónicos (fruto de desequilibrios, desalineaciones, ...) mientras que el valor cuadrático medio de la aceleración puede ser útil para controlar rodamientos, engranajes, y otros componentes que generan señal de alta frecuencia.

5.2. Análisis básico de señal

Medir la vibración supone la medida de aceleración, velocidad o desplazamiento de un movimiento en una dirección determinada. Para poder caracterizar estas magnitudes, que son funciones del tiempo, $y(t)$ se puede recurrir a

Valor pico o pico-pico

Valor medio

$$y_m = \frac{1}{T}\int_0^T |y(t)| dt \text{ o } y_m = \frac{1}{n}\sum_{i=1}^n |y_i| \qquad \textbf{Ecuación 5.1}$$

Valor eficaz o rms

$$y_{ef} = \sqrt{\frac{1}{T_{i+1}-T_i}\int_{T_i}^{T_{i+1}} y^2(t)dt} \text{ o } y_{ef} = \sqrt{\frac{1}{n}\sum_{i=1}^n y_i^2} \qquad \textbf{Ecuación 5.2}$$

Kurtosis: medida del "aspecto" de una señal (relación entre la cantidad de "picos" de la señal respecto a su valor cuadrático medio). Se emplea en el control del estado de rodamientos.

$$C_k = \frac{n\cdot\sum_{i=1}^n (y_i-y_m)^4}{\left(\sum_{i=1}^n (y_i-y_m)^2\right)^2} \qquad \textbf{Ecuación 5.3}$$

Como ejemplo de análisis de señal, en la Figura 5.1 se muestra un registro correspondiente a una medida de aceleraciones en la traviesa de una vía de ferrocarril de cercanías al paso de una composición de tres coches (12 ejes en total). La medida consta de 8192 datos medidos a 2000 puntos por segundo, y para su análisis se ha recurrido a calcular el valor eficaz de cada 150 puntos, basándose en esta técnica se puede identificar aquellas ruedas que presentan mayores irregularidades en la superficie de rodadura para programar de forma más eficiente las tareas de retorneado.

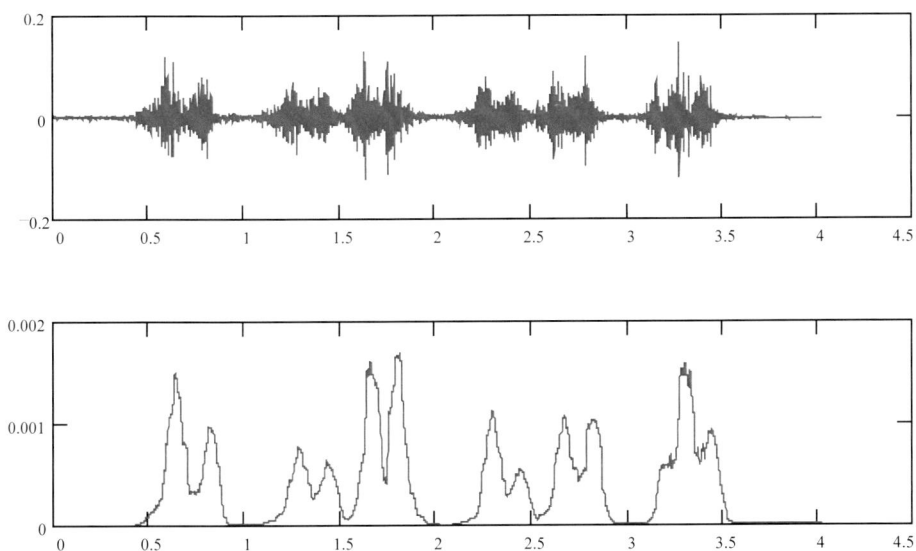

Figura 5.1. Aceleración medida en la traviesa y valor cuadrático medio de la misma

Es frecuente la representación logarítmica de valores efectivos divididos por uno de referencia y multiplicados por 20, denominándose dB (decibelios). La norma ISO 1683:2015 recomienda para la aceleración, a_{eff}, el valor de referencia 10^{-6} (m s^{-2}), siendo

$$L_a = 20 \, log \frac{a_{eff}}{10^{-6}} \, \text{dB} \qquad \textbf{Ecuación 5.4}$$

Para las medidas en unidades de velocidad la referencia es 10^{-9} m/s y para las medidas de desplazamiento 10^{-12} m.

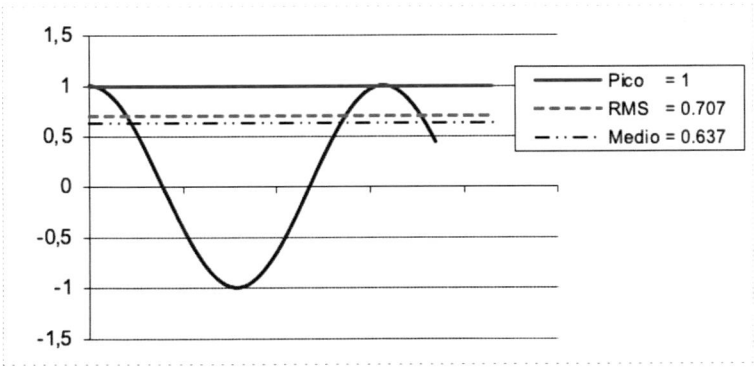

Figura 5.2. Comparación entre el valor pico, rms y medio de una señal senoidal

Suele considerarse que amplitudes altas de vibración implican un mal funcionamiento, esta creencia ha llevado a diversos intentos de definir un índice o nivel de vibración que indique que se ha producido un fallo, pero en realidad la única regla válida es: *"No existe un límite universal de severidad de vibración"*. Así pues, analizando solamente los valores medios de la vibración definidos anteriormente no se obtendrá una buena información sobre el estado de la máquina. Por ejemplo, la variación de amplitud de vibración a determinadas frecuencias no modifica considerablemente el resultado del valor medio, tal y como puede verse en la Figura 5.3. De modo que se debe analizar el espectro de frecuencia con el fin de localizar los posibles fallos, ya que los componentes deteriorados producen vibraciones con frecuencias características.

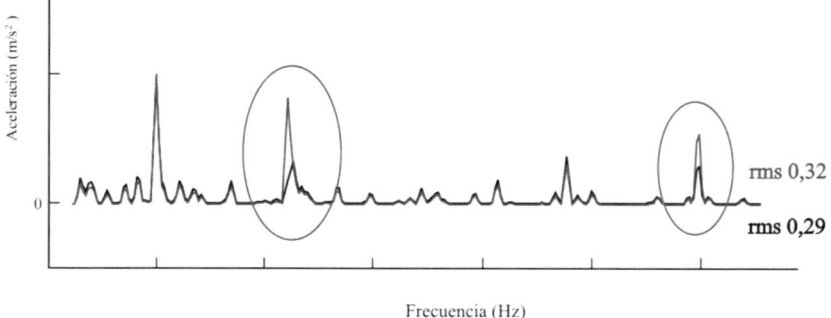

Figura 5.3. Comparación de los espectros y sus valores medios asociados

Además, las medidas de vibraciones suelen realizarse en la carcasa de la máquina, luego están directamente influenciadas por las características de la misma (rigidez, amortiguamiento, ...), lo que dificulta de forma importante la definición de límites de vibración inaceptables adecuados a cualquier tipo de máquina, y en general obliga a analizar en cada máquina la evolución del nivel de vibraciones a lo largo del tiempo.

Así pues, las tablas de severidad de vibración sólo se deben emplear como mera orientación para conocer el nivel de vibración esperado en función del estado de una máquina rotativa, tal y como se indica en las Normas ISO relativas a la evaluación del estado de máquinas mediante medidas de vibraciones.

5.3. Severidad de vibración según norma ISO

La distintas partes del grupo de normas ISO 20816 "Vibraciones mecánicas – Medida y evaluación de la vibración de máquinas", que han sustituido a los grupos de normas ISO 7919 y 10816, se emplean para evaluar la vibración de las máquinas, por medio de las amplitudes de desplazamiento de los ejes, medidas con sondas de proximidad situadas en o junto a los cojinetes, o utilizando las amplitudes de vibración registradas sobre los apoyos de los cojinetes o sobre la carcasa de la máquina, medidas con una sonda de velocidad o con un acelerómetro. En 2023 ya han sido publicadas las siguientes partes de la ISO 20816:

- Parte 1 - Disposiciones generales en el año 2016.
- Parte 2 - Turbinas de gas, de vapor y generadores de más de 40 MW, sobre cojinetes de aceite y con velocidades usuales de trabajo de 1500 rpm, 1800 rpm, 3000 rpm y 3600 rpm, publicada en el 2017.
- Parte 3 - Máquinas industriales de más de 15 kW y velocidad entre 120 y 30000 rpm.
- Parte 4 - Turbinas de gas de más de 3 MW (2018).
- Parte 5 - Grupos en plantas de energía hidráulica y estaciones de bombeo (2018).
- Parte 8 - Compresores alternativos (2018).
- Parte 9 - Cajas de engranajes (2020).
- Parte 21 - Aerogeneradores de eje horizontal con caja de engranajes (próxima a publicarse).

En la norma se plantean dos tipos de criterio para evaluar las vibraciones. El primero está basado en la medida de la amplitud de la vibración en condiciones normales de trabajo. El otro criterio de evaluación utiliza los cambios producidos en la amplitud de la vibración durante el funcionamiento en condiciones estables de carga y velocidad.

5.3.1. Criterio basado en la amplitud de vibración

Se mide la vibración de la carcasa de la máquina y/o el desplazamiento de los ejes en los cojinetes de aceite. Las medidas en la carcasa han de realizarse con transductores inerciales (acelerómetros o sondas de velocidad) situados junto a cada apoyo de los ejes, en dos direcciones radiales a 90º y en dirección axial en el caso del cojinete de empuje. Las medidas de desplazamiento de los ejes se realizan con dos sondas de proximidad situadas a 90º junto al cojinete de aceite. Las normas definen cuatro zonas para evaluar el estado de una máquina:

- Zona A: es donde deberían encontrarse las vibraciones en una máquina nueva.
- Zona B: las máquinas que se encuentren dentro de esta zona pueden seguir trabajando sin restricciones.
- Zona C: se considera que la máquina no debe continuar trabajando dentro de esta zona durante un tiempo prolongado. Se puede continuar trabajando durante un tiempo limitado hasta que se lleve a cabo una acción correctora.
- Zona D: las vibraciones dentro de esta zona pueden dañar gravemente la máquina.

Por ejemplo, para el caso de conjuntos turbina de vapor – generador la Tabla 5.1, extraída de la norma ISO 20816-2, proporciona los valores límites entre las cuatro zonas anteriores. En este caso se trata de medidas de desplazamiento relativo pico-pico (del eje respecto a la carcasa del cojinete) realizadas con sondas de proximidad situadas junto a los cojinetes de aceite.

Tabla 5.1. Valores de desplazamiento relativo para ejes de turbinas de vapor y generadores

Límites entre zonas	Velocidad de giro en rpm			
	1500	1800	3000	3600
	Amplitud pico-pico relativa al soporte del cojinete en micras			
A/B	100	95	90	80
B/C	200	185	165	150
C/D	320	290	240	220

Los valores límites entre estas zonas pueden ser inadecuados bajo ciertas condiciones. Por ejemplo, cuando se emplean cojinetes con holguras reducidas, en ese caso se pueden tomar los siguientes límites (aproximados) entre zonas:

- A/B 0,4 veces la holgura diametral del cojinete
- B/C 0,6 veces dicha holgura
- C/D 0,7 veces dicha holgura

Como ejemplo para las medidas realizadas con transductores inerciales situados sobre la carcasa para el mismo tipo de máquina, en la Tabla 5.2 se muestran los valores límites del rms de la vibración entre 10 Hz y 1000 Hz en mm/s.

Tabla 5.2. Valores de vibración rms en mm/s para turbinas de vapor y generadores

Límites entre zonas	Velocidad de giro en rpm	
	1500 ó 1800	3000 ó 3600
	Vibración rms en mm/s en los soportes de los cojinetes	
A/B	2,8	3,8
B/C	5,3	7,5
C/D	8,5	11,8

En otros tipos de máquina los límites entre las zonas A, B, C y D se fijan como una función de la velocidad de giro del eje. En aquellas máquinas cuya velocidad sea inferior a 600 rpm los valores del rms de la vibración se calcularán entre 2 Hz y 1000 Hz.

En algunos casos, es necesario clasificar el tipo de soporte de los ejes para poder definir correctamente el límite entre las zonas. De tal modo que se distingue entre soportes rígidos y flexibles. Si la frecuencia natural más baja del conjunto máquina y soporte en la dirección de la medida es superior a 1,25 veces la excitación principal (usualmente la velocidad de giro del eje) el sistema puede considerarse como rígido en esa dirección. La obtención de esa frecuencia natural más baja puede hacerse mediante un ensayo de respuesta a impacto.

Como ejemplo, en la Tabla 5.3. se muestran los valores de severidad de vibración asignados en la norma 20816-3 para máquinas de tamaño medio (Grupo 2), potencia entre 15 kW y 300 kW. En estas tablas deben emplearse los valores en desplazamiento (micras) si se aprecia un contenido de vibración importante a baja frecuencia.

Tabla 5.3. ISO 20816-3. Valores de severidad de vibración para el Grupo 2

Tipo de soporte	Limites entre zonas	Desplazamiento rms (micras)	Velocidad rms (mm/seg)
Rígidos	A/B	22	1,4
	B/C	45	2,8
	C/D	71	4,5
Flexibles	A/B	37	2,3
	B/C	71	4,5
	C/D	113	7,1

5.3.1.1. Niveles de alarma y disparo

Es recomendable, sobre todo en el caso de equipos críticos o importantes para el proceso productivo de la empresa, el fijar límites máximos de vibración. Estos límites se suelen fijar bajo el nombre de nivel de alarma y nivel de disparo.

■ Alarma: si se alcanza ese nivel de vibración, la máquina puede continuar su trabajo mientras se realiza la investigación de las causas que han producido ese incremento en la vibración y se evalúan las medidas a adoptar para reducir dicha vibración.

■ Disparo: es un nivel de vibración que puede dañar la máquina, si se alcanza ese nivel se debe detener la máquina y adoptar una medida correctora de forma inmediata.

El nivel de alarma se puede fijar en el nivel de vibraciones de referencia (nivel registrado con la máquina nueva) más un 25% del nivel límite entre las zonas B/C. Además, dicho nivel de alarma no debería superar en el caso de una máquina nueva 1,25 veces el nivel límite entre dichas zonas B/C. En el caso de un equipo nuevo, donde no se cuente con un nivel de referencia, puede utilizarse inicialmente el valor de un equipo similar para ajustar su valor posteriormente.

En cuanto al nivel de disparo, es difícil fijar su nivel, en general este se encontrará dentro de las zonas C o D. Se recomienda que no supere 1,25 veces el límite entre dichas zonas C/D. En el caso de que la máquina utilice cojinetes de holgura reducida el nivel de disparo deberá ser más bajo que el obtenido con estas recomendaciones.

Durante los transitorios de arranque o parada se pueden exceder los límites anteriores, al pasar a través de alguna de las frecuencias naturales del eje, en este caso se puede aplicar la siguiente recomendación para el nivel de alarma:

■ Para velocidades superiores al 90% de la de régimen no superar el valor límite entre las zonas C/D.

■ Para velocidades inferiores al 90% de la de régimen no superar 1,5 veces el límite entre las zonas C/D en el caso de medidas con sondas de desplazamiento o el valor límite entre C/D en el caso de medidas de vibración de la carcasa.

En el caso del nivel de disparo durante los transitorios de arranque o parada, como orientación, se puede incrementar el nivel especificado en la misma proporción que se haya incrementado el nivel de alarma.

5.3.2. Criterio basado en los cambios de la amplitud de vibración

Un cambio significativo en el nivel de vibración registrado en condiciones estables de trabajo (carga y velocidad constantes) puede hacer aconsejable una intervención sobre la máquina, aun cuando el nivel alcanzado no entre dentro de la zona C vista en el criterio anterior. Si no se tiene experiencia con un equipo concreto, se puede considerar significativos cambios de amplitud superiores a un 25% del límite entre las zonas B/C.

Caso 5. Evaluación de las vibraciones según norma ISO en un conjunto motor-bomba

En enero de 2003 contactó con nosotros una ingeniería para que evaluásemos las vibraciones producidas en una estación de bombeo situada en la comarca de la Terra Alta (Tarragona). Había un conjunto de dos bombas de 3 megavatios dispuestas en paralelo. Cada bomba era accionada por un motor eléctrico de inducción trabajando a una velocidad de 1488 rpm. Siguiendo las indicaciones de las normas ISO 20816 para la evaluación de las vibraciones en máquinas, situamos acelerómetros en las carcasas de las máquinas, próximos a los apoyos de los ejes. En la siguiente imagen se muestra la disposición de los puntos de medida empleados.

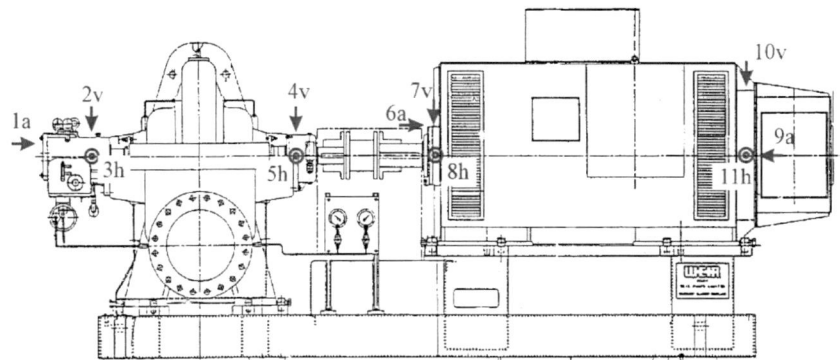

Figura 5.4. Conjunto motor-bomba. Puntos y direcciones de medida

El eje de la bomba se apoya a la izquierda en un cojinete de aceite radial y a la derecha (lado del motor) en un rodamiento de rodillos cilíndricos. En dirección axial el eje de la bomba es sujetado por un cojinete axial situado a la izquierda del cojinete radial. El motor se apoya en dos rodamientos, uno rígido de bolas y el otro de rodillos cilíndricos.

Tanto el motor como la bomba quedan dentro de la norma ISO 20816-3. El motor estaría dentro del Grupo 1 (motores de 300 kW a 50 MW y altura de eje H > 315 mm) mientras que la bomba se encuentra dentro del Grupo 3 (bombas de más de 15 kW sin accionamiento directo). Para ambos grupos de máquinas los límites entre las zonas A, B, C y D coinciden y serían los indicados en la siguiente tabla:

Tabla 5.4. ISO 20816-3. Valores de severidad de vibración para los Grupos 1 y 3

Tipo de soporte	Limites entre zonas	Velocidad r.m.s. (mm/seg)
Rígidos	A/B	2,3
	B/C	4,5
	C/D	7,1
Flexibles	A/B	3,5
	B/C	7,1
	C/D	11,0

Siguiendo las indicaciones de la norma ISO se calculó el valor cuadrático medio (rms) de la vibración registrada en unidades de velocidad (mm/s) en la banda de 10 Hz a 1000 Hz. En la siguiente tabla se muestra el resultado de las medidas realizadas sobre los dos equipos disponibles en la estación de bombeo, indicándose para cada punto de medida en qué zona según la norma se encontraría el nivel de vibraciones registrado. Se consideró que los apoyos de los ejes eran flexibles al detectarse una resonancia dentro del rango de la velocidad de giro.

Tabla 5.5. Resultados de las medidas según ISO 20816-3

Punto	Bomba 1		Bomba 2	
	mm/s	zona	mm/s	zona
2 v	2.5	A	1,9	A
3 h	2.1	A	1.7	A
4 v	2.3	A	2.3	A
5 h	1.9	A	2.0	A
6 a	1.9	A	3.2	A
7 v	1.2	A	4.4	B
8 h	5.7	B	14.6	D
9 a	1.6	A	1.6	A
10 v	3.1	A	5.1	B
11 h	6.2	B	11.3	D

En el caso de la segundo grupo motor-bomba se aprecia que la vibración es excesiva en el motor en dirección radial horizontal, alcanzando valores que ponían en riesgo la integridad de la máquina (zona D). Ante estos resultados, los responsables de la instalación nos solicitaron un análisis de las causas de esa elevada vibración de ese grupo, este estudio se analizará dentro del Capítulo 6.

5.4. Dominio Temporal–Frecuencial

5.4.1. Tratamiento digital de señal

En la actualidad, el procesamiento de las señales obtenidas en la medida de vibraciones se hace de forma digital, es decir, se muestrea la señal temporal en una serie de instantes consecutivos de tiempo y estos datos se procesan digitalmente para obtener las características de la señal medida. En vibraciones, gran parte del análisis de señal se realiza en el dominio de la frecuencia, mediante una estimación de la Transformada de Fourier de las señales temporales.

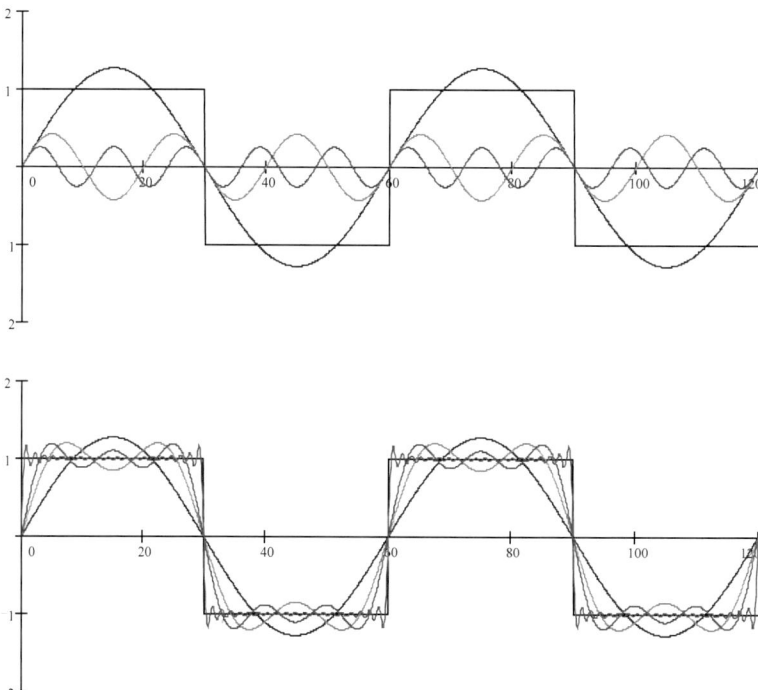

Figura 5.5. Desarrollo en serie de Fourier de una onda cuadrada

Si la señal es periódica, de periodo $T = 2\pi/\omega_1$, puede descomponerse en suma de senos y cosenos mediante desarrollo en serie de Fourier:

$$f(t) = \frac{a_0}{2} + \sum_{p=1}^{\infty} a_p \cos\omega_p t + \sum_{p=1}^{\infty} b_p sen\omega_p t$$

$$con: \begin{vmatrix} a_p = \frac{2}{T}\int_0^T f(t)\cos\omega_p t\, dt \\ b_p = \frac{2}{T}\int_0^T f(t)sen\omega_p t dt \end{vmatrix} ; \quad \omega_p = p\omega_1$$

Ecuación 5.5

Que contiene el término constante $a_0/2$ y los armónicos asociados a las frecuencias $\omega_p = p \cdot \omega_1$. Así por ejemplo en la Figura 5.5 se muestra una onda cuadrada y sus tres primeros términos no nulos del desarrollo en serie de Fourier mostrándose a continuación como el desarrollo se va acercando a la onda al ir sumando cada vez más términos.

El análisis mediante series de Fourier para funciones periódicas puede extenderse a funciones cualesquiera considerando que el periodo es infinito. En el desarrollo por serie de Fourier, si la función es periódica de periodo T, los armónicos correspondientes ω_p están separados entre sí por un incremento de frecuencia:

$$\Delta\omega = \omega_1 = \frac{2\pi}{T}$$

Ecuación 5.6

Cuando $T \rightarrow \infty$, $\Delta\omega \rightarrow d\omega$ y ω_p (secuencia discreta de frecuencias) tiende a ser la variable ω. De esta forma, obtenemos:

$$f(t) = \int_{-\infty}^{\infty} F(\omega)e^{i\omega t}d\omega$$
$$F(\omega) = \frac{1}{2\pi}\int_{-\infty}^{\infty} f(t)e^{-i\omega t}dt$$

Ecuación 5.7

Denominándose $F(\omega)$ la transformada de Fourier de la señal temporal $f(t)$, y $f(t)$ la transformada inversa de Fourier de $F(\omega)$. $F(\omega)$ es una función que describe el contenido en frecuencia de la función $f(t)$. Por ejemplo si $f(t)$ es una fuerza, $F(\omega)$ es la fuerza por unidad de frecuencia.

Cuando se analiza una señal, en primer lugar, hay que indicar que sólo se considera una parte de la señal, es decir dispondremos de una señal temporal de longitud finita. En segundo lugar, si se digitaliza, lo que hacemos es muestrear la señal en una secuencia de instantes de tiempo. Como consecuencia, la Transformada de Fourier de la señal muestreada no coincide con la correspondiente a la de la señal original y deberemos tomar las precauciones necesarias para que estas discrepancias sean pequeñas. En los siguientes apartados analizaremos estas influencias y las técnicas básicas que se utilizan para corregir los defectos introducidos.

5.4.2. Efecto de la longitud finita. Ventanas temporales

Si de una señal solo consideramos un registro de longitud temporal finita T, se puede considerar la señal resultante periódica de periodo esa longitud T. Pero, el disponer de un registro temporal finito sólo permitirá describir la señal en un conjunto de frecuencias discretas, separadas por $\Delta\omega = 2\pi/T$. Esto se representa gráficamente en la Figura 5.6, donde de una señal temporal muestreada a 500 muestras/seg se han calculado las transformadas de Fourier de 128 puntos y de 8192 puntos (0,256 y 16,384 segundos de señal).

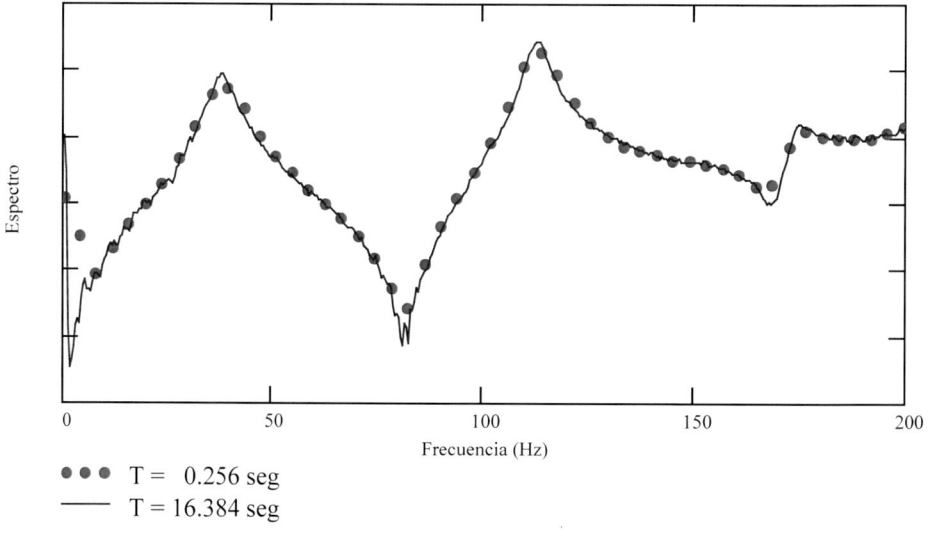

Espectro

Frecuencia (Hz)

● ● ● T = 0.256 seg
—— T = 16.384 seg

Figura 5.6. Influencia de registro de longitud finita
(*T*=0.256 seg => $\Delta\omega$ = 3.906 Hz, *T*=16.384 seg => $\Delta\omega$ = 0.061 Hz)

Por el hecho de considerar la señal temporal periódica de periodo *T*, introducimos un error en la Transformada de Fourier que se denomina error de leakage. Intuitivamente podemos considerar que este error está asociado a que no coincide la señal al inicio y final del tiempo de medida y se está considerando periódica de periodo *T*. Si la señal original es periódica de periodo *T* o es una señal transitoria que es nula tanto al inicio como al final del tiempo de medida, el error de leakage será nulo. Para reducir el error de leakage se utilizan ventanas temporales. Dependiendo del tipo de señal original, deben utilizarse ventanas temporales diferentes.

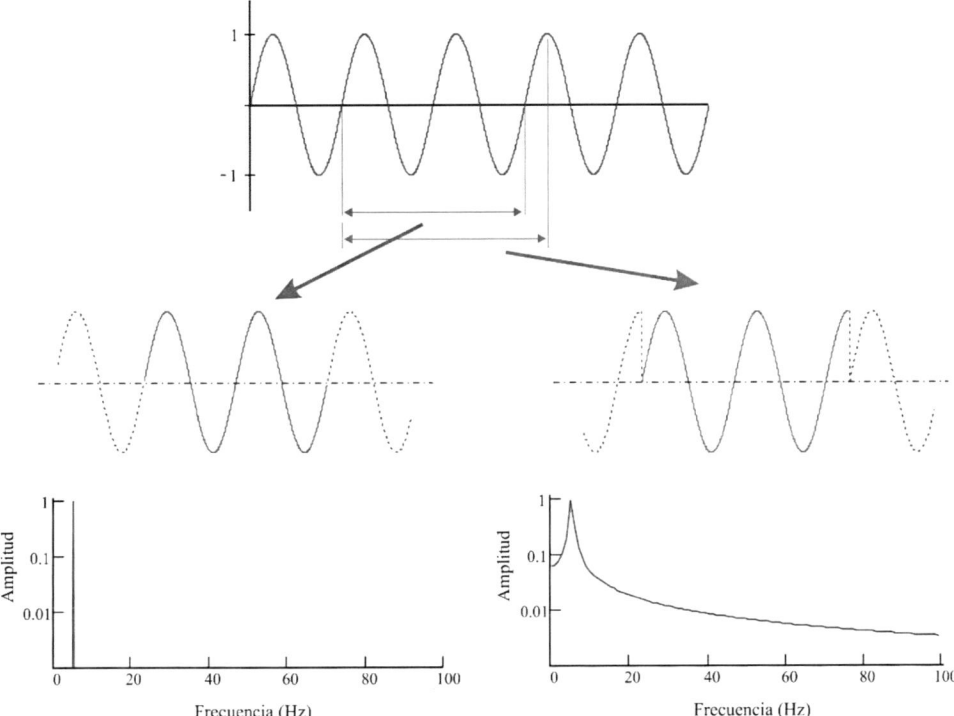

Figura 5.7. Aparición del leakage

Consideremos una señal transitoria que es nula al principio del intervalo y no nula al final del mismo. En la siguiente figura se representa un ejemplo de este tipo de señal, que podría corresponder a la respuesta de un sistema subamortiguado en vibraciones libres. En este caso se utilizan ventanas denominadas exponenciales, de forma que anulen la señal al final del intervalo de medida. En otras ocasiones, al final del intervalo la señal no es nula por causas diferentes a la vibración que se pretende medir. En este caso se utilizan ventanas denominadas de fuerza, que anulan la señal antes de finalizar el tiempo total registrado.

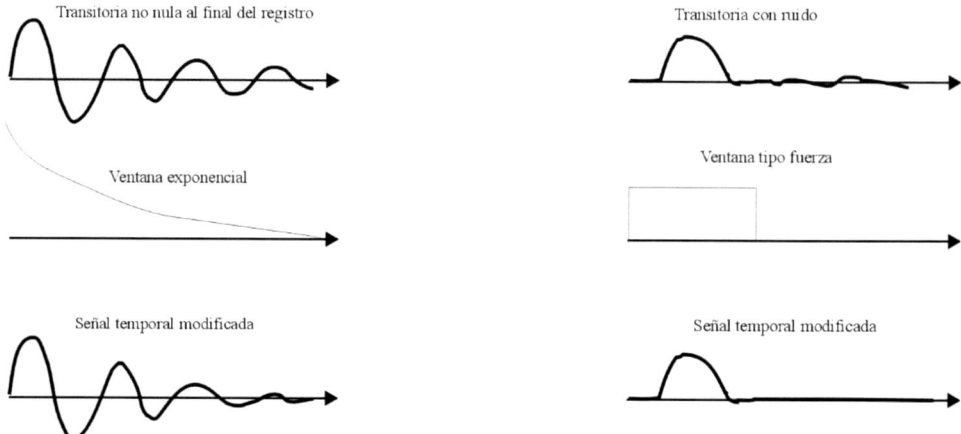

Figura 5.8. Ventanas exponenciales y de fuerza

Para otro tipo de señales, como aleatorias o periódicas de periodo distinto al tiempo de registro, se utilizan ventanas temporales como Hanning, Hamming, Flat Top, etc. Estas ventanas tienen valor cero al inicio y final del tiempo de medida, de forma que fuerzan la continuidad de la señal en estos puntos. Características importantes de las ventanas son el error en amplitud que introducen y la resolución en frecuencia. Así por ejemplo la Flat Top es la más adecuada cuando se desea una alta precisión en la amplitud, mientras que la Hanning da una alta resolución en frecuencia a costa de una pérdida de precisión en la amplitud.

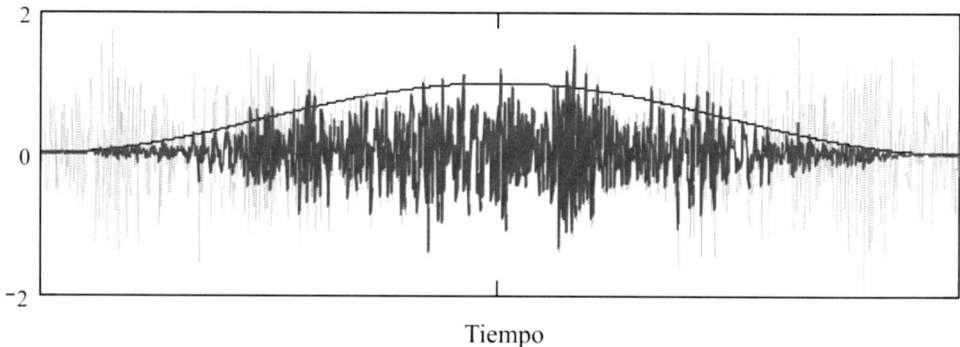

Figura 5.9. Efecto de una ventana temporal

5.4.3. Efecto de la digitalización de la señal temporal

Cuando digitalizamos una señal, es como si la multiplicáramos por una función tipo peine, que toma valor unidad en los instantes de muestreo y cero en los restantes. En la Figura 5.10 se representa una señal *x(t)* y una secuencia de escalones que podemos considerar corresponde a la digitalización de la señal. Si en el tiempo total de registro T suponemos que se han realizado N muestras, el tiempo entre muestras (Δt) y la frecuencia de muestreo (ω_s) serán:

$$\Delta t = \frac{T}{N} seg; \ \omega_s = \frac{1}{\Delta t} muestras/seg$$

Ecuación 5.8

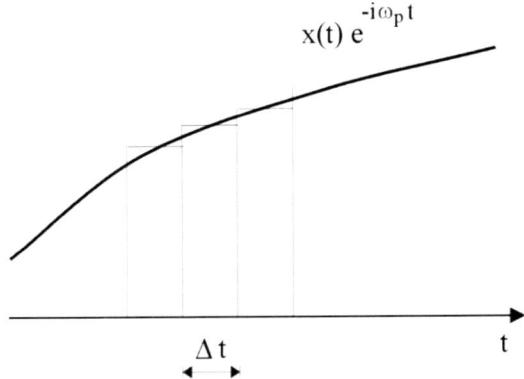

Figura 5.10. Señal temporal y digitalizada

Como aproximación de la Transformada de Fourier de la señal original $x(t)$, podemos calcular la transformada de Fourier considerando la secuencia de escalones de anchura Δt:

$$X_p = \frac{1}{T}\int_0^T x(t)e^{-i\omega_p t}dt \quad con: \ \omega_p = p\frac{2\pi}{T}; \ \ p = 0,\pm1,..\rightarrow$$

Ecuación 5.9

$$X_p = \frac{\Delta t}{T}\sum_{n=0}^{N-1} x(n\Delta t)e^{-i\omega_p n\Delta t} \rightarrow X_p = \frac{1}{N}\sum_{n=0}^{N-1} x(n\Delta t)e^{-i2\pi p\frac{n}{N}}$$

A esta última expresión se le denomina Transformada Discreta de Fourier (TDF). Si $x(t)$ es real y N par, tenemos las siguientes características:

$$\begin{vmatrix} X_{p+N} = X_p & p = 0,1,..,N-1 \\ X_{\frac{N}{2}-p} = X_{\frac{N}{2}+p} & p = 0,1,..,N/2 \end{vmatrix}$$

Ecuación 5.10

De forma que sólo son útiles $N/2$ componentes complejas de la TDF correspondiente. El término X_p nos proporciona la información del contenido en frecuencia de la señal temporal para la frecuencia ω_p.

La separación entre las componentes en frecuencia es:

$$\Delta\omega = \frac{1}{T}Hz$$

Ecuación 5.11

La frecuencia máxima analizable es:

$$\omega_{max} = \frac{N}{2}\Delta\omega = \frac{N}{2}\frac{1}{T}Hz$$

Ecuación 5.12

Y como la separación entre muestras temporales es $\Delta t = (T/N)$:

$$\omega_{max} = \frac{N}{2}\frac{1}{T} = \frac{1}{2}\omega_s$$

Ecuación 5.13

Es decir, la frecuencia máxima analizable mediante la TDF es la mitad de la frecuencia de muestreo. Esto implica que, si la señal tiene contenido en frecuencia superior a esta frecuencia máxima de análisis, la TDF puede ser incorrecta. Esto se representa gráficamente en la Figura 5.11, donde se muestra una señal armónica de frecuencia ω digitalizada mediante diferentes frecuencias de muestreo. Para $\omega \le 0.5\omega_s$ es posible interpretar la frecuencia correcta de la señal original a partir de la señal muestreada. Sin embargo, para frecuencias de muestreo menores, interpretamos una frecuencia de la señal muestreada menor que la real. En el caso límite de $\omega = \omega_s$, interpretaríamos que la señal es continua, es decir de frecuencia nula. Este problema se conoce como aliasing.

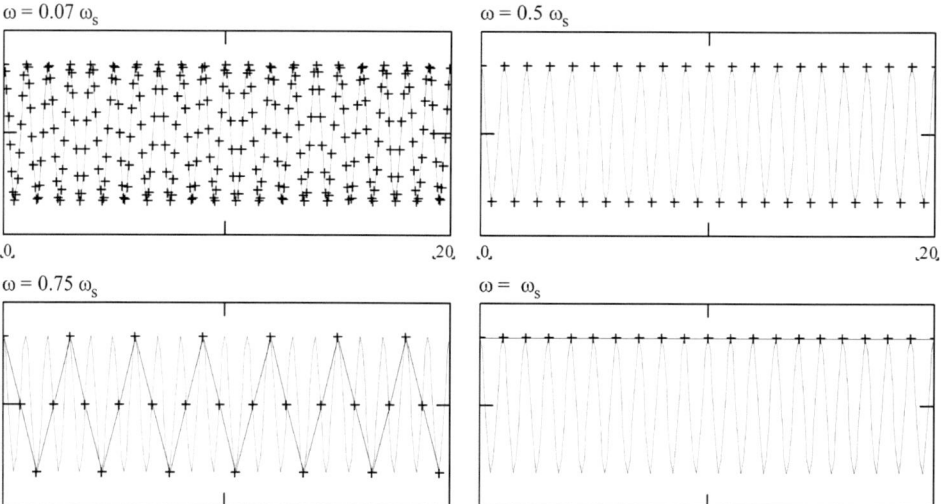

Figura 5.11. Efecto de la frecuencia de muestreo en la interpretación de la señal original

En la Figura 5.12 se muestra el efecto de aliasing en el dominio de la frecuencia. Si la frecuencia de la señal (ω_1) es mayor que la frecuencia máxima del análisis ($\omega_{max} = 0.5\ \omega_s$), en la TDF esto aparecerá como una componente de frecuencia no real (frecuencia alias $= 2\omega_{max} - \omega_1$). Este defecto no puede corregirse digitalmente, por lo que debe solucionarse antes de la digitalización, filtrando analógicamente la señal real (filtro anti-aliasing).

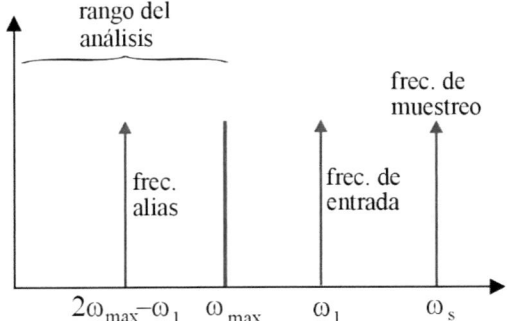

Figura 5.12.- Efecto de aliasing

El filtro ideal sería un filtro pasobajo que eliminara todas las componentes en frecuencia de la señal a partir de ω_{max}, dejando invariables componentes de frecuencias inferiores. En la realidad, el filtro tiene una atenuación progresiva de la señal, y por lo tanto el análisis de Fourier en una pequeña zona cercana a ω_{max} sigue siendo no correcto.

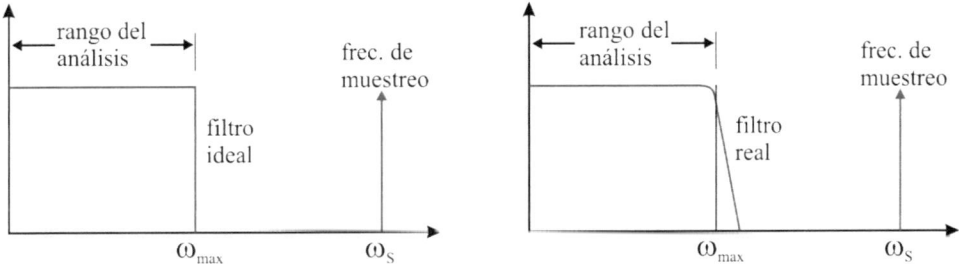

Figura 5.13. Filtro anti-aliasing ideal y real

5.4.4. Otras consideraciones

Para poder realizar una correcta identificación del estado de los componentes de una máquina a partir del estudio del espectro en frecuencia, el equipo de medida debe ser capaz de registrar correctamente una banda de frecuencia desde 0,2 veces la frecuencia mínima de excitación hasta al menos 3,5 veces la máxima frecuencia de excitación. Esa frecuencia máxima de excitación puede ser desde un armónico de la velocidad de un eje (2° o 3°), al producto del número de dientes o álabes de un engranaje o rodete por la velocidad del eje, o alguna de las frecuencias de paso de elementos rodantes si hay rodamientos. Normalmente es suficiente con poder registrar correctamente señales de 10 kHz, aunque para aplicar técnicas como el análisis de la envolvente será necesario alcanzar frecuencias más altas.

Si el estudio de la señal se va a realizar directamente en el dominio del tiempo la frecuencia de muestreo empleada debería ser 10 veces superior a la frecuencia de la señal que se desea analizar.

Al realizar una medida de vibraciones siempre tendremos ruido añadido a la señal que realmente queremos medir. Como en general, el ruido puede considerarse como una señal aleatoria de media nula, para eliminarlo podemos utilizar el promediado de diversas medidas. Hay que indicar, no obstante, que este promediado puede también tender a anular la señal que nos interesa si no se realiza correctamente. Por ejemplo, si promediamos en el tiempo una señal determinista a partir de varias medidas, el resultado final tenderá a anularse si no garantizamos que las diferentes muestras están sincronizadas mediante el empleo de una señal de disparo o trigger (por ejemplo, el paso de una chaveta para marcar el giro de un eje y poder promediar las señales temporales correspondientes a cada revolución). Lo mismo ocurriría si promediamos la TDF, ya que la fase en cada muestra depende de la señal temporal correspondiente. Sin embargo, sí podremos promediar el módulo de la TDF.

Por último, indicar que existe un algoritmo para realizar la TDF de forma muy eficaz que se denomina Transformada Rápida de Fourier (FFT), que exige que el número de muestras sea potencia de 2. Este algoritmo es el que se implementa en los analizadores digitales de Fourier, y fue publicado por J.W. Cooley y J.W. Tukey en el año 1965.

5.4.5. Combinaciones de señales

Cuando se realizan medidas de vibraciones en la industria, es normal encontrarse con múltiples fuentes de vibraciones que se combinan, siendo importante diferenciar entre aquellas que son significativas y las que no lo son. Para ello hay que conocer los tipos más comunes de interacciones entre señales, estas son: suma de señales, modulación de amplitud y modulación de frecuencia.

5.4.5.1. Suma de señales

La suma de señales es habitual en todo tipo de máquinas, una situación particular, que se ilustra en la Figura 5.14, es la que se produce cuando aparecen dos señales de frecuencias similares, como por ejemplo si tenemos dos motores girando a velocidades similares. En la señal temporal suma de las dos señales la amplitud crece y luego disminuye según un patrón regular. No hay que confundir este fenómeno con el batimiento, que aparece al excitarse un sistema con una fuerza de frecuencia similar a su frecuencia natural (ver punto 6.1 del Anexo), ni con la amplitud modulada que se verá a continuación.

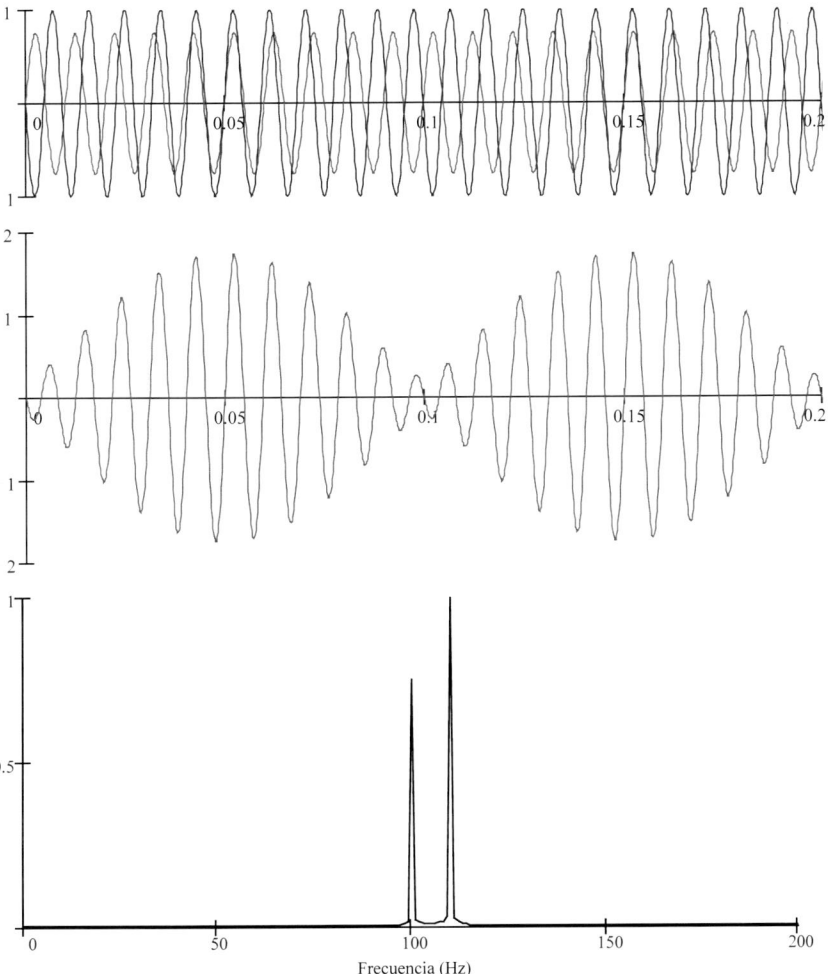

Figura 5.14. Suma de señales, señal temporal y contenido en frecuencia

En la Figura 5.14 se muestra la suma de dos señales de frecuencias similares (100 Hz y 110 Hz). Se puede apreciar como aparece una envolvente de la señal temporal con una frecuencia igual a la diferencia de las frecuencias de las dos señales, es decir de 10 Hz (10 ciclos por segundo o lo que es lo mismo una oscilación en 0.1 segundos).

La ecuación que describe el fenómeno es:

$$u(t) = u_1 \, cos(\omega_1 t) + u_2 \, cos(\omega_2 t) \qquad \text{**Ecuación 5.14**}$$

Y la frecuencia del batimiento: $\omega = \omega_2 - \omega_1$. En el contenido en frecuencia de la señal resultante tan sólo aparecen las frecuencias de las dos ondas.

Caso 6. Suma de vibraciones

En este caso nos llamaron porque los propietarios de una vivienda se quejaban por el ruido causado cuando se bombeaba agua desde una balsa de riego próxima a su propiedad. Lo primero que comprobamos es que el ruido no se transmitía por vía aérea, además la distancia desde las bombas hasta la vivienda era tan alta que resultaba imposible que el ruido del bombeo llegase por el aire. El problema se producía porque la tubería de distribución del agua discurría enterrada bajo un camino próximo a la vivienda.

Las ondas de presión generadas en el agua por los rodetes de las bombas se transmitían desde la tubería al terreno y por este a la cimentación de la vivienda. Esa vibración de la vivienda causaba el ruido, superando este ruido los 40 dB(A). En la siguiente imagen se muestra la disposición de las dos bombas.

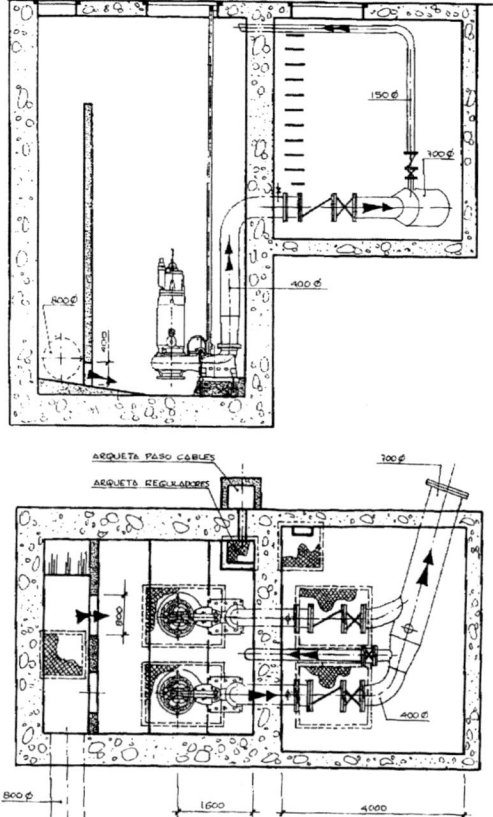

Figura 5.15. Bombas impulsando a la misma tubería

Se registró la vibración en la vivienda mediante un acelerómetro con cada una de las bombas funcionando de forma individual. En la siguiente imagen se muestra la vibración con una de las bombas en funcionamiento. Se aprecia que es de tipo senoidal de frecuencia 49,3Hz. Con la otra bomba se obtenía el mismo tipo de señal, pero con una amplitud ligeramente inferior.

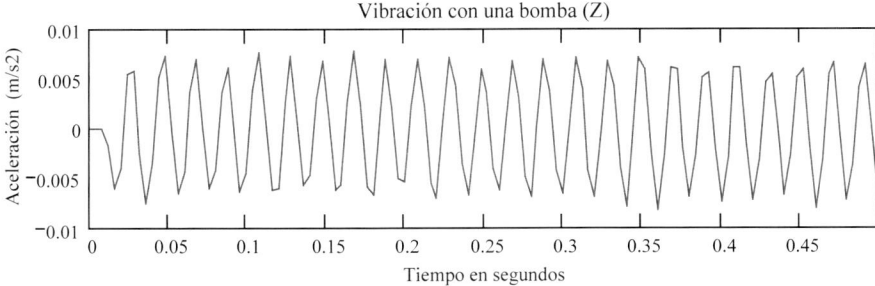

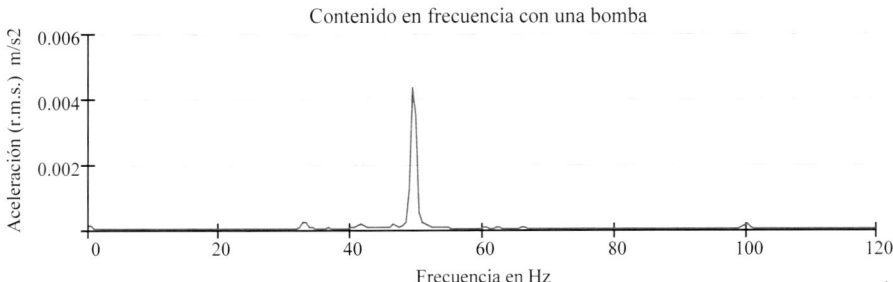

Figura 5.16. Vibración en la vivienda con una bomba en funcionamiento

Las bombas giraban aproximadamente a 985 rpm y su impulsor o rodete tenía tres álabes. La frecuencia de la vibración medida coincide con la frecuencia de paso de álabe del rodete de la bomba:

$$f = \frac{985\,rpm}{60} \cdot 3 = 49,25\,Hz$$

Al conectarse de forma simultánea las dos bombas, se produce el efecto de suma de dos señales de frecuencia similar, tal y como se aprecia en la siguiente figura correspondiente a la vibración registrada en ese momento.

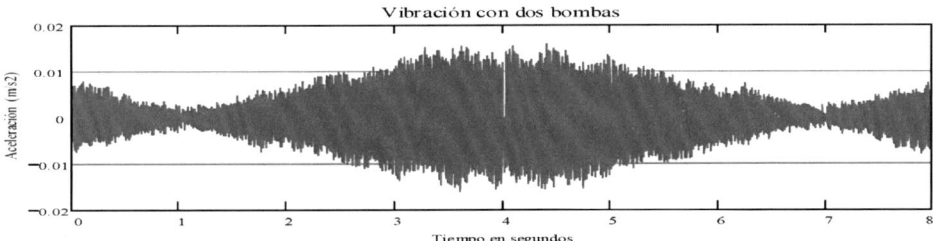

Figura 5.17. Vibración en la vivienda con dos bombas en funcionamiento

En la gráfica anterior se observa una modulación en la amplitud con una duración de la onda de 5,9 segundos. A los 1,1 segundos las señales de las dos bombas estarán en oposición de fase y se restan sus amplitudes, mientras que a los 4 segundos las dos señales estarían en fase y se suman sus amplitudes.

Para comprobar si el problema de la vibración de la vivienda lo causaba alguna frecuencia natural de la misma, se hizo un ensayo de impacto sobre el forjado con el siguiente resultado:

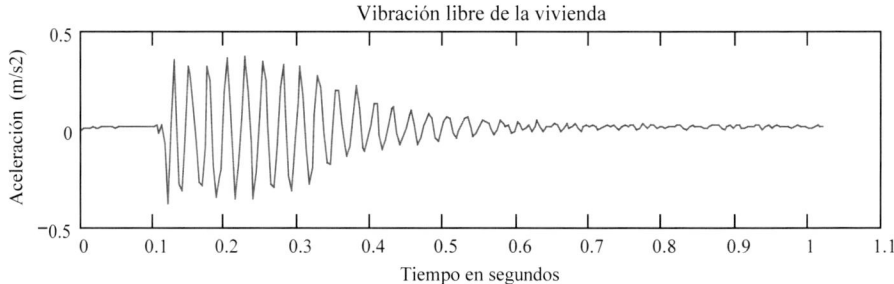

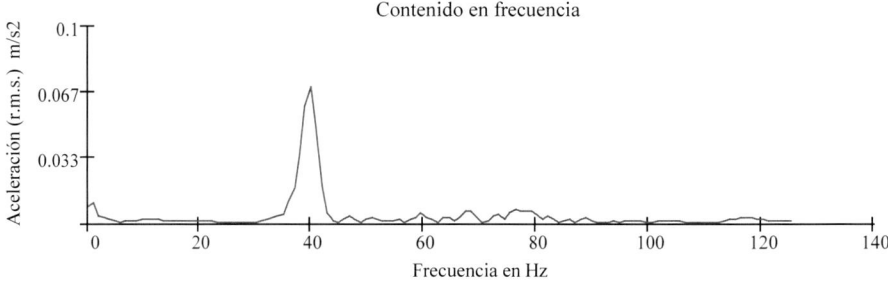

Figura 5.18. Vibración de la vivienda frente a un impacto

En las gráficas anteriores se aprecia que la frecuencia natural del forjado era de 40 Hz, luego la causa de la vibración registrada durante el funcionamiento de las bombas probablemente no era la entrada en resonancia de la vivienda.

Una forma de paliar el problema sería aumentar el número de álabes del impulsor de las bombas. Esto reduciría la diferencia entre la presión máxima y mínima generada a la salida de la bomba y aumentaría la frecuencia de la vibración. Otra alternativa sería aislar la tubería del terreno en la zona próxima a la vivienda para intentar cortar la transmisión de la vibración.

5.4.5.2. Modulación de amplitud (AM)

Consiste en la aparición de cambios en la amplitud de una señal ocasionados por la amplitud de una segunda señal o señal de modulación. La siguiente ecuación puede describir matemáticamente esta situación:

$$u_{AM}(t) = u_0 \cdot cos(\omega_m t) \cdot cos(\omega_p t)$$

Ecuación 5.15

Siendo ω_m la frecuencia de la onda modulada y ω_p la frecuencia de la onda portadora. La modulación de amplitud está asociada normalmente con elementos giratorios que están en contacto físico, como por ejemplo en trenes de engranajes, mientras que la suma de señales se da normalmente cuando hay dos fuentes de vibración distintas.

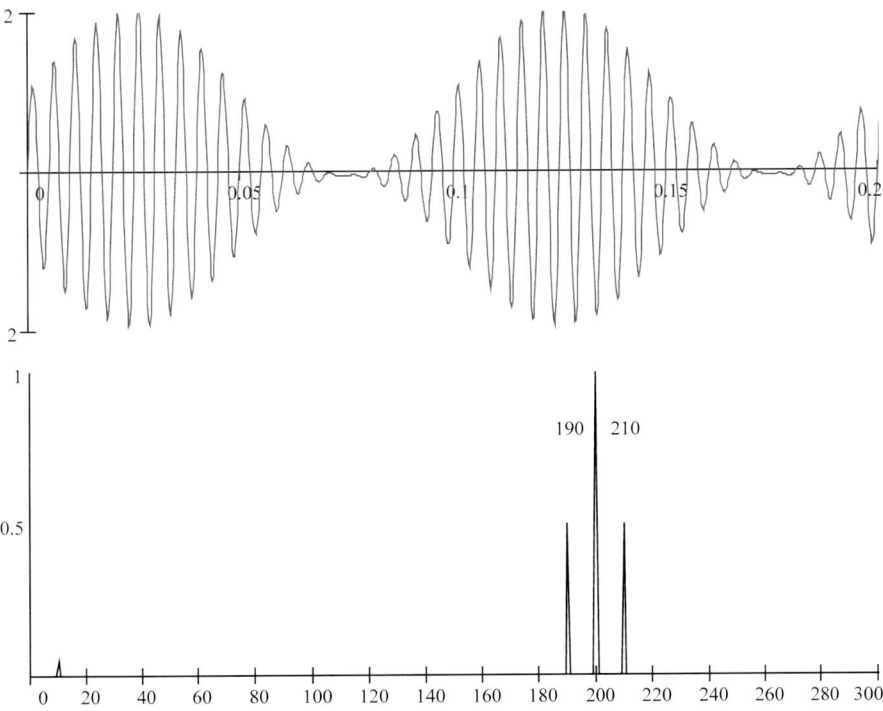

Figura 5.19. Señal temporal y contenido en frecuencia de una modulación de amplitud

Las similitud entre la señal temporal resultante de una suma de señales y la que se obtiene con una modulación de amplitud hace que sea imposible distinguir entre ambos fenómenos, siendo necesario recurrir al estudio del contenido en frecuencia, donde en el caso de la modulación de amplitud aparecen junto a las frecuencias de la onda modulada y de la portadora la suma de ambas y la diferencia entre la portadora y la modulada, tal y como se muestra en la Figura 5.19, donde se tiene una onda portadora de 200 Hz amplitud 1 y una moduladora de 10 Hz y 0,05 de amplitud.

5.4.5.3. Modulación de frecuencia (FM)

Las señales de frecuencia modulada se generan mediante una onda portadora de amplitud constante y alta frecuencia modulada por una señal de baja frecuencia. La siguiente ecuación describe matemáticamente esta situación:

$$u_{FM}(t) = u_0 \cdot cos\left(\omega_p t + sen(\omega_m t)\right)$$ **Ecuación 5.16**

Donde u_0 es la amplitud de la onda portadora. En el contenido en frecuencia de la señal resultante aparece la frecuencia portadora y una serie de bandas laterales a más y menos múltiplos de la señal moduladora. Además, la señal temporal aparece con amplitud constante. No aparece el contenido en frecuencia de la señal moduladora. En la Figura 5.20 se muestra la señal temporal y el contenido en frecuencia de una señal de 500 Hz modulada por una de 100 Hz.

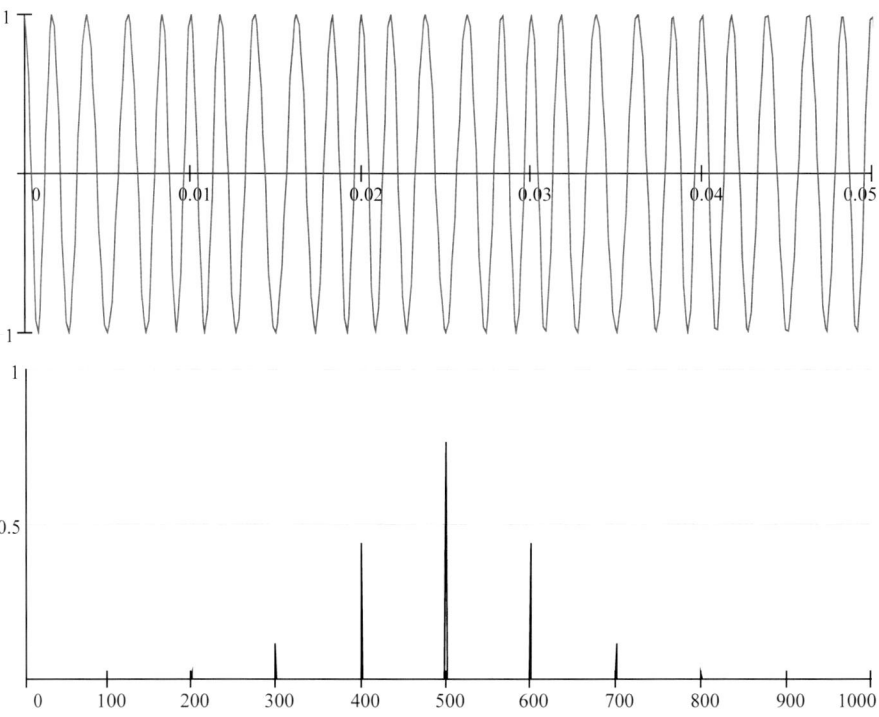

Figura 5.20. Frecuencia modulada, señal de 500Hz modulada por una de 100Hz

Una aplicación de este tipo de señales es para la medida de vibraciones de torsión en ejes mediante una rueda dentada y un sensor de proximidad que genera un pulso de tensión al detectar el paso de un diente, las variaciones en la frecuencia de paso de los dientes pueden ser demoduladas obteniéndose los datos de desplazamientos a torsión. Por otra parte, este tipo de señales se generan en cajas de engranajes, generadores y motores eléctricos y turbomáquinas, donde varias excitaciones tienen el origen en el giro de un eje o en el giro de varios ejes acoplados.

5.5. Técnicas basadas en la detección de impactos

Los rodamientos y los engranajes suelen están fabricados con aceros de elevada dureza. La aparición de un defecto en una pista de rodadura o en la superficie de un diente de un engranaje ocasiona la aparición de impactos que generan vibración de alta frecuencia. Esos impactos pueden excitar las resonancias de las pistas de rodadura del rodamiento o las resonancias de los engranajes. Los valores de esas resonancias están usualmente situados en la banda entre 1 kHz y 5 kHz.

El problema es que no es sencillo conocer a priori el valor exacto de esas frecuencias de resonancia, lo que puede dificultar su identificación.

5.5.1. Revisión de la señal temporal

El primer análisis que se puede realizar es el de la señal temporal. Dada la naturaleza de los impactos que se pretenden detectar será necesario emplear una frecuencia de muestreo suficientemente elevada. Para ilustrarlo se muestra a continuación la señal temporal registrada en un reductor de velocidad donde hay daño en la superficie de uno de los dientes del piñón de entrada. En la Figura 5.21 (a) se ha medido a una frecuencia de 4800 muestras/segundo, no apreciándose los impactos, mientras que en la Figura 5.21 (b) la frecuencia de medida ha sido de 48000 muestras/seg y se observa con claridad una sucesión de impactos distantes unos de otros un incremento de tiempo de 0,041 segundos. Ese incremento coincide con el tiempo de una vuelta completa del piñón (1/0,041 = 24,2 Hz = 1450 rpm).

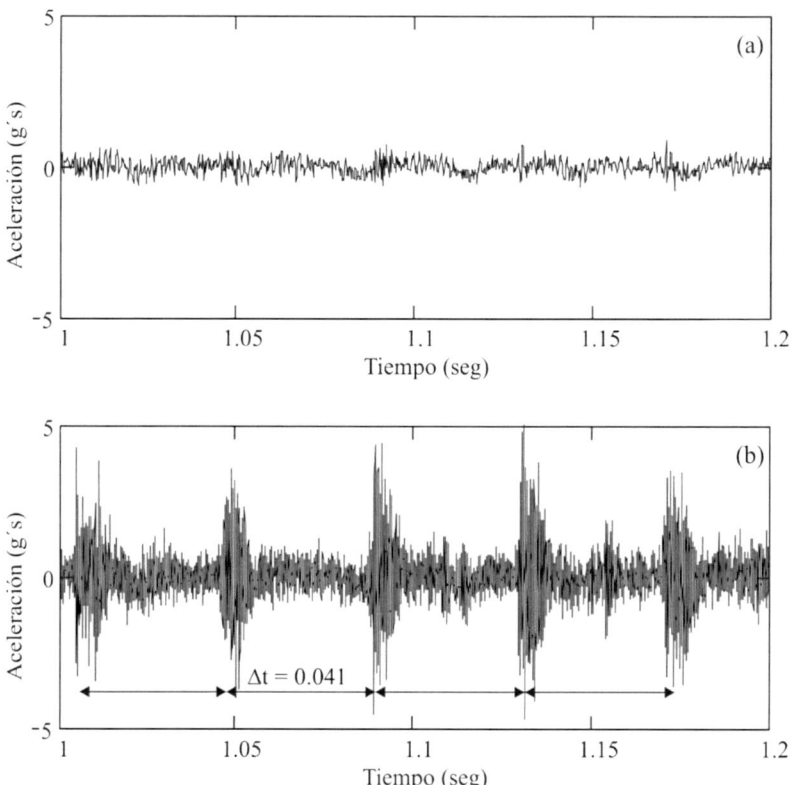

Figura 5.21. Señal temporal. Frecuencia de la medida: (a)
4800 muestras/seg (b) 48000 muestras/seg

5.5.2. Amplitud pico (PeakVue) y método de envolvente

En ambos métodos de análisis se persigue evitar el enmascaramiento que sufren frecuencias de fallo como las de paso de elemento rodante en rodamientos o las de contacto de diente en engranajes en las etapas iniciales de fallo. Estas frecuencias que se sitúan en la banda de las decenas o centenas de hercios, pueden quedar ocultas o confundidas por otras vibraciones causadas por el funcionamiento normal del equipo, como pueden ser las causadas por pequeños desequilibrios, desalineamientos, resonancias de carcasa o ejes, etc.

En el reductor de velocidad en el que se han medido las señales de vibración ya vistas en la Figura 5.21 el motor gira a 1450 rpm (24,2Hz) accionando el piñón de entrada que tiene 12 dientes. En la Figura 5.22 se muestra el contenido en frecuencia de la señal registrada en la zona de baja frecuencia en unidades de velocidad (mm/s). Se aprecia un pico a la velocidad de giro del motor con una amplitud de 0,24 mm/s que no resulta alarmante para un motor de 4 kW y que se podría justificar con un pequeño desequilibrio en el eje del motor. Además, el rms entre 10 Hz y 1000 Hz resulta un valor comprendido dentro de la zona A correspondiente a una máquina nueva según la norma ISO 20816.

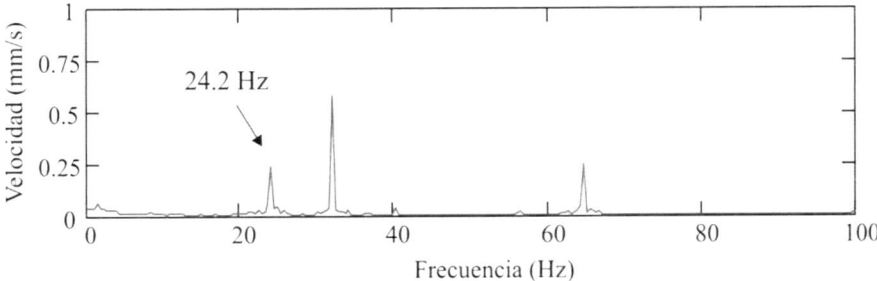

Figura 5.22. Espectro en la zona de baja frecuencia de un motorreductor

Tal y como se ha indicado anteriormente, para aplicar las técnicas basadas en las vibraciones de alta frecuencia que pueden causar los impactos en rodamientos y engranajes, en primer lugar, es necesario medir con una frecuencia de muestreo elevada. Esta debe ser al menos 2,5 veces superior a las resonancias de esos elementos, esto obliga a medir por encima de 12000 muestras/seg. En el ejemplo que se está analizando se emplearon 48000 muestras/seg.

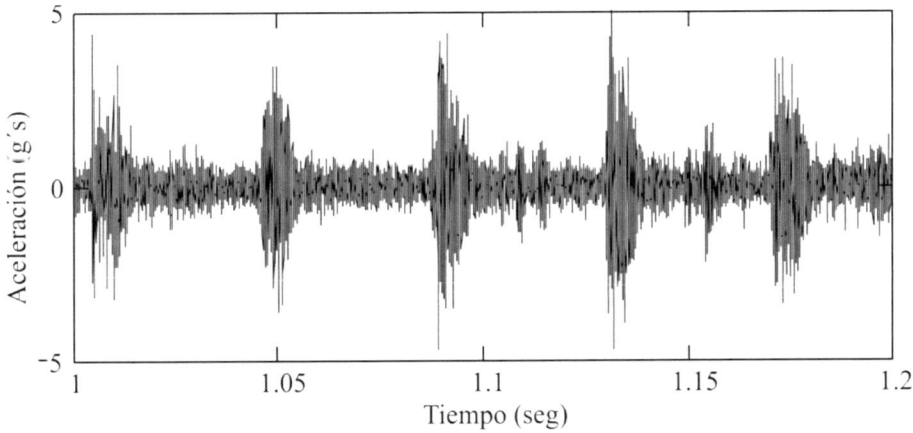

Figura 5.23. Señal temporal una vez aplicado el filtro paso alto a 1200 Hz

En segundo lugar, hay que aplicar un filtro paso alto a la señal, para eliminar todo el contenido de baja frecuencia. La frecuencia de corte de este filtro ha de situarse por debajo de las resonancias de los aros de los rodamientos o de los engranajes para no eliminar esas señales, pero por encima de frecuencias como las causadas por desalineamientos, holguras, desequilibrios, etc. Para el caso que se está empleando como ejemplo la frecuencia de engrane del piñón sería de 12·24,2Hz = 290 Hz y su tercer armónico alrededor de 871 Hz. Por ello se ha decidido filtrar las señales dejando sólo las frecuencias superiores a 1200 Hz.

El tercer paso es diferente según el método que se emplee, en el caso de la envolvente se trata de generar la señal envolvente de la temporal obtenida tras el filtrado, en el caso del PeakVue se remuestrea la señal quedándose con el valor pico (en valor absoluto) de la misma en un cierto intervalo de tiempo Δt. Ese intervalo de tiempo se debe fijar de modo que su inversa, que sería la nueva frecuencia de medida de la señal resultante, sea superior a dos veces la frecuencia que se busca identificar.

En la señal de la Figura 5.23 se decide tomar un $\Delta t = 0,001$ seg lo que permitirá detectar periodicidades en los impactos de alta frecuencia hasta 500 Hz. En la Figura 5.24 se muestra el resultado sobre la señal anterior.

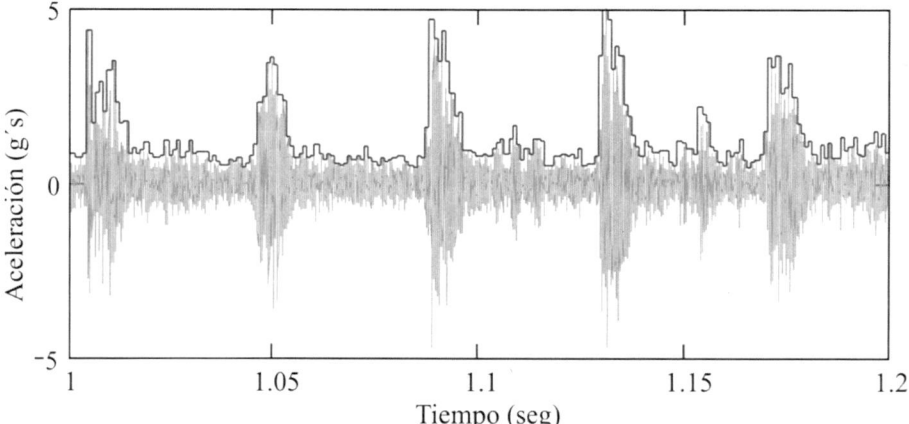

Figura 5.24. Señal temporal filtrada y resultado de aplicar la selección de picos

Calculando la transformada de Fourier de la envolvente obtenida, se logra pasar al dominio de la frecuencia y descubrir la periodicidad de los impactos registrados. El resultado de dicha transformada se muestra en la Figura 5.25, donde se aprecia que los impactos se suceden con una periodicidad igual a la frecuencia de giro del eje del motor (piñón). Los otros picos que aparecen en el espectro obtenido son armónicos de esa frecuencia. La causa puede ser el deterioro de uno de los dientes del piñón.

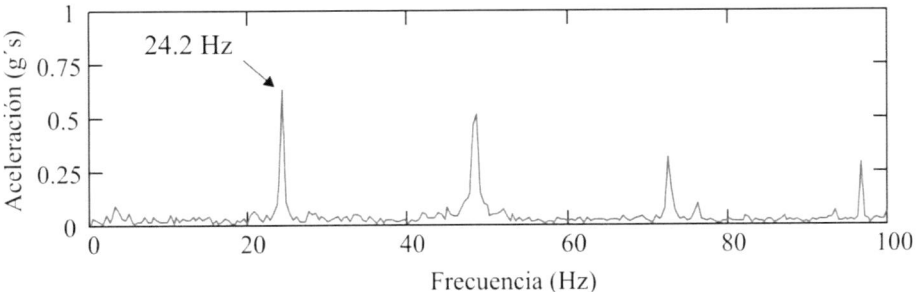

Figura 5.25. Frecuencia de los impactos registrados

5.6. Dominio de la Quefrencia. Cepstrum

El análisis del Cepstrum se emplea para identificar armónicos o bandas laterales en el espectro e identificar su importancia relativa. Se define el Cepstrum real como la transformada inversa de Fourier del logaritmo del módulo de la transformada de Fourier de la señal temporal.

$$F^{-1}[log|F[x(t)]|]$$ **Ecuación 5.17**

El Cepstrum se emplea para la detección de frecuencias ocasionadas por fallos en cajas de engranajes y en sistemas expertos para diagnosticar fallos en rodamientos. Hay que destacar que, al aplicar la transformada inversa de Fourier sobre el espectro en frecuencia, se "retorna" al dominio del tiempo. El Cepstrum sirve para localizar periodicidades en el espectro de frecuencia como las generadas por un fallo en engranajes o las que se producen en algunos fallos de máquinas eléctricas. Como ejemplo en la Figura 5.26 se muestra el espectro en frecuencia y el Cepstrum correspondientes a un motor eléctrico que presenta un descentrado dinámico en su rotor.

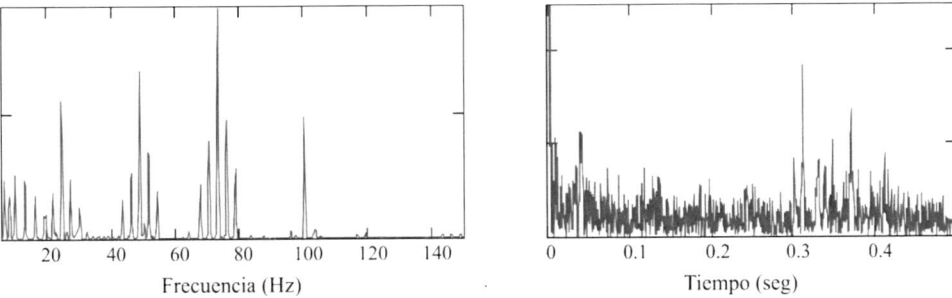

Figura 5.26. Espectro y Cepstrum correspondiente

En el Cepstrum, la componente de 311 ms se corresponde con una modulación de la velocidad de rotación del motor (1/0.311 = 3,215 Hz), se debe a las bandas laterales alrededor de la frecuencia de rotación del motor (24,4Hz) y de sus armónicos 2x y 3x, bandas que distan un $\Delta\omega$ = 3,215 Hz.

Una forma alternativa de cálculo es el Cepstrum complejo, calculado directamente a partir de la transformada de Fourier (número complejo) de la señal:

$$F^{-1}\big[logF[x(t)]\big]$$ **Ecuación 5.18**

5.7. Dominio Temporal – Orbital

Las perturbaciones que aparecen en maquinaria rotativa usualmente siguen la rotación del eje, luego el análisis temporal puede ser fundamental en este tipo de maquinaria. Para ilustrarlo sigamos el siguiente ejemplo donde se muestra un eje con un desequilibrio.

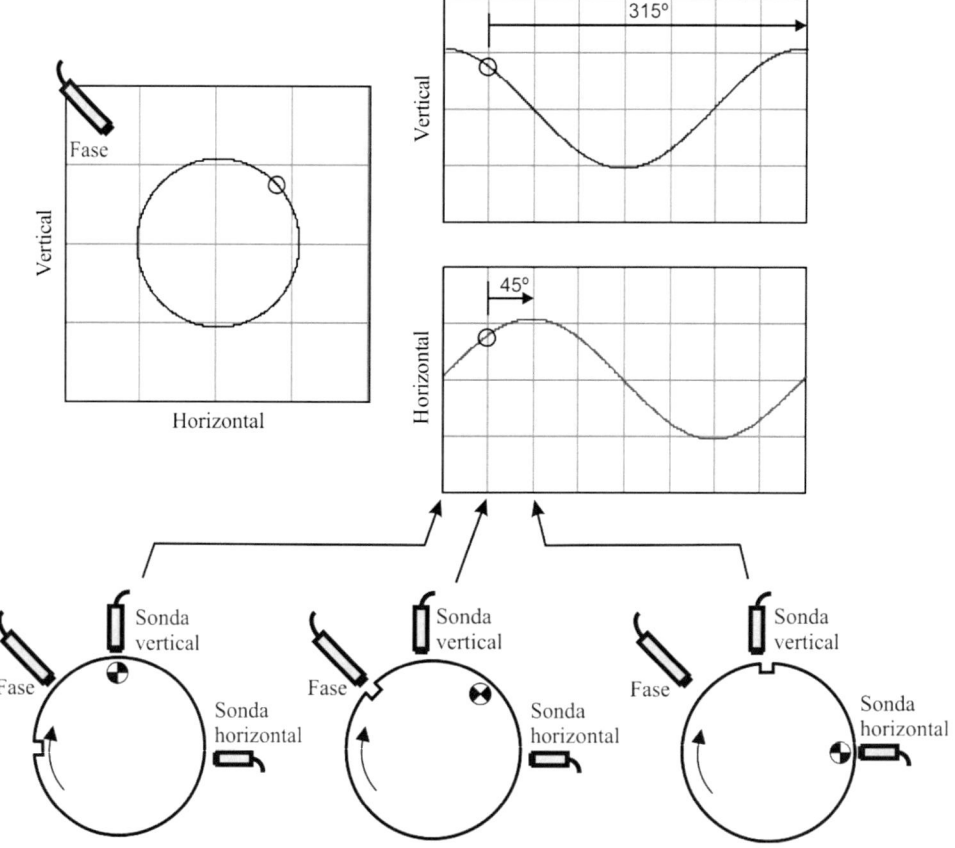

Figura 5.27. Obtención de la trayectoria (órbita) seguida por el centro del eje en su rotación

Se han montado dos transductores inductivos de proximidad, junto con un sensor de posición que da un pulso de señal cuando detecta el paso del chavetero. Si el eje gira a velocidades inferiores a su frecuencia natural, la fuerza centrífuga originada lo deformará en la dirección de la masa de desequilibrio, y esta deformación es registrada por las dos sondas de proximidad situadas a 90°.

La órbita obtenida en este caso es circular al existir una única fuente de excitación y suponiendo que las rigideces de los apoyos del eje en dirección horizontal y vertical son iguales. Por desgracia el funcionamiento real de las máquinas no es tan "ideal". Así por ejemplo una desalineación podría originar una sobrecarga horizontal dando lugar a una órbita elíptica cuyo eje más largo sería el vertical, una mayor rigidez en dirección vertical en los apoyos daría lugar al efecto contrario. Con fuentes de excitación más complejas las señales vertical y horizontal pueden ir sufriendo cambios de fase lo que va generando cambios en la forma de las órbitas.

Para poder observar claramente la vibración del eje a la frecuencia de giro del mismo eliminando la influencia de otras excitaciones o de los defectos superficiales del eje se puede recurrir a filtrar las señales de las sondas con un filtro pasobanda centrado a la frecuencia de rotación.

Otra información que puede extraerse es la variación de la posición del eje de giro del rotor en función de la velocidad respecto a la holgura radial del cojinete durante el proceso de arranque de la máquina. En la Figura 5.28 se muestra este proceso en un caso normal de funcionamiento. Cuando el rotor no gira está apoyado en la parte inferior del cojinete luego la excentricidad coincide con la holgura radial. Al ir ganando velocidad se va acentuando el efecto hidrodinámico aumentando la presión en el aceite lo que irá elevando la posición del rotor.

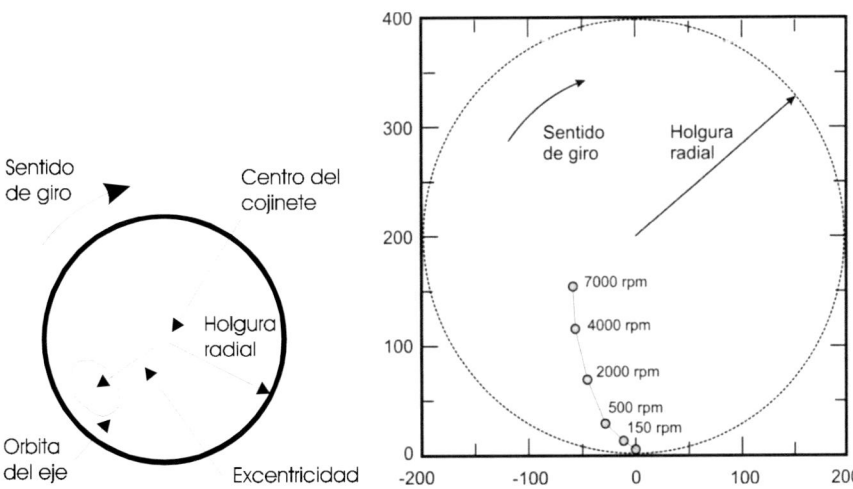

Figura 5.28. Posicionado del eje de rotación respecto a la holgura radial del cojinete en el arranque de la máquina (Holguras en micras)

5.8. Ejercicios

5.8.1. Efecto del aliasing

Se desean medir las vibraciones generadas por el desequilibrio de un eje. La velocidad es 12.000 rpm, la frecuencia de muestreo empleada es de 300 muestras por segundo y el equipo de medida no tiene filtro anti-aliasing. Calcular cuál sería la frecuencia de la señal mostrada por el equipo de medida.

Solución

Si el eje gira a 12000 rpm y está desequilibrado generará vibración senoidal a esa misma frecuencia. Se divide la velocidad por los 60 segundos que forman un minuto para obtener la frecuencia en ciclos (revoluciones) por segundo, es decir Hercios.

$$f = \frac{12000}{60} = 200 Hz$$

Como se muestrea la señal a 300 muestras por segundo, la máxima frecuencia que se podría analizar correctamente sería de 300/2 = 150 Hz. Pero la señal medida es superior en 50 Hz, luego aparece el fenómeno del aliasing. Como resultado la frecuencia mostrada por el equipo sería igual a 150 Hz – 50 Hz = 100 Hz.

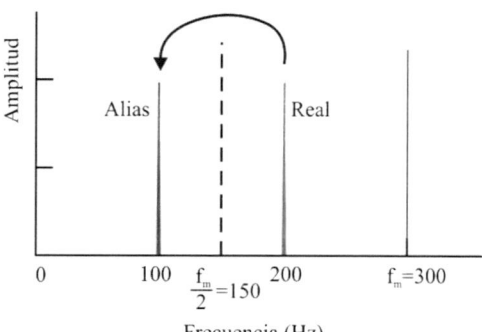

Figura 5.29. Efecto del aliasing

5.8.2. Resolución en frecuencia

Se va a digitalizar una señal empleando una frecuencia de 1024 muestras por segundo, si se desea obtener una resolución en frecuencia de la transformada de Fourier de 0,1 Hz, calcular el número de muestras que hay que procesar.

Solución

La resolución obtenida en la FFT es igual a la inversa del tiempo de medida de la señal, así pues, para obtener una resolución de 0,1 Hz es necesario medir señal durante 1/0,1 = 10 segundos. En ese tiempo dado que la frecuencia de toma de datos es de 1024 muestras por segundo se habrán almacenado 10240 muestras.

5.8.3. Aplicación norma ISO 20816-2

En un conjunto turbina de vapor – generador de 55 MW, el grupo gira a 3000 rpm. En uno de los cojinetes el eje tiene 375 mm de diámetro, siendo la holgura diametral 450 μm. En ese cojinete se ha registrado una amplitud pico-pico máxima durante el proceso de arranque de 170 μm durante el paso por la primera resonancia de la turbina (1814 rpm), mientras que la amplitud alcanzada a la velocidad de régimen es 68 μm. Cuantificar las amplitudes registradas según la norma ISO.

Solución

En este tipo de máquina, los límites de desplazamiento pico-pico en micras según la citada norma correspondientes a las zonas A, B, C y D son los siguientes; A/B 90, B/C 165 y C/D 240, así pues, la amplitud registrada a la velocidad de régimen (68 μm) se sitúa dentro de la zona A, correspondiente a una máquina nueva.

Durante el arranque dado que la resonancia se alcanza a una velocidad de 1814 rpm, que es inferior al 90% de la de régimen (0,9·3000 = 2700 rpm) se permitiría alcanzar una amplitud igual a 1,5 veces el límite entre las zonas C/D: 1,5·240 = 360 μm antes de disparar la alarma, si bien en este caso ese valor es un excesivamente elevado en comparación con la holgura de 450 μm que presenta el cojinete (80%).

A la velocidad de régimen, el valor de alarma que se fijaría para este cojinete sería inferior a 1,25 veces el límite entre B y C, es decir inferior a 1,25·165 = 206 μm. En el transitorio de arranque para no superar el 70% de la holgura del cojinete se limitaría a 0.7·450 = 315 μm. Así pues, la amplitud de 170 μm que se alcanza en el paso por la resonancia no resulta problemática.

El valor de disparo (parada automática) a la velocidad de régimen debería ser inferior a 1,25 veces el límite entre C y D, así pues, inferior a 1,25·260 = 325 μm.

6
Detección de fallos

6.1. Introducción

En este tema se analizarán los problemas que pueden aparecen en los elementos de máquinas y el tipo de vibraciones que originan. El objetivo será lograr detectar esos problemas a partir de las señales registradas, mediante el análisis del contenido en frecuencia y de la amplitud de dichas señales. Para poder realizar una correcta identificación, es necesario asegurar que se van a cubrir las frecuencias que generan los componentes que se van a monitorizar, por ejemplo:

Velocidades de rotación: normalmente de 750 a 4500 rpm (12,5 – 75 Hz), pudiendo aparecer vibraciones de hasta el quinto armónico (375 Hz para 4500 rpm).

Frecuencias específicas de los distintos componentes: como engranajes, frecuencia de paso de álabe en bombas, frecuencias propias de los rodamientos. En estos casos las frecuencias de interés suelen ser múltiplos de la velocidad de giro del eje en el cual van montados, ocupando normalmente la zona de alta frecuencia del espectro.

De un primer análisis en frecuencia de una señal puede extraerse la siguiente información:

Si la señal es un ruido con un contenido en frecuencia amplio, puede deberse a un problema de lubricación, rozamiento o desgaste.

Si aparecen una o varias frecuencias claramente marcadas hay que investigar su relación con la velocidad de giro e identificar a los componentes que pueden estar generándolas.

Si al variar la velocidad de la máquina la frecuencia de la vibración no cambia y sólo se modifica la amplitud de esa frecuencia, probablemente se trate de una frecuencia natural (resonancia) del sistema.

6.2. Acciones en ejes

6.2.1. Desequilibrios

Los desequilibrios pueden ser consecuencia de masas soportadas cuyo centro de gravedad no coincide con el eje de giro o ser ocasionados por ejes deformados. Se originan normalmente en defectos en el dimensionado, fabricación, montaje o mantenimiento. Una deformación de tipo térmico o incluso el propio peso del eje (si este es horizontal) es capaz de generar una deformación elástica que origina una cierta excentricidad desde el centro de gravedad al eje de rotación. Generalmente ocasionan vibraciones radiales (perpendiculares al eje de rotación), pero también pueden aparecer axiales. La dirección de la fuerza debida al desequilibrio de una masa giratoria varía con la rotación y tiende a deformar el eje sobrecargando los cojinetes. La frecuencia f (Hz) de las vibraciones producidas por los desequilibrios está determinada por la velocidad de rotación n (rpm), de modo que

$$f = \frac{n}{60} \, \text{Hz}$$

Ecuación 6.1

La amplitud de la señal debida al desequilibrio aumenta con la velocidad si nos estamos moviendo por debajo de la frecuencia natural del eje, tal y como se muestra en el gráfico de Bode de la Figura 6.1.

Si estando en funcionamiento la máquina por encima de su velocidad crítica (frecuencia natural) aparece un desequilibrio (por ejemplo, por la rotura de un álabe de una turbina) es conveniente realizar la parada lo más rápidamente para minimizar el tiempo que esté girando el rotor en torno a su frecuencia natural (por ejemplo, se puede acelerar el proceso de parada si no se desconecta la carga).

Por debajo de la frecuencia natural, el desplazamiento del sistema lleva el misma sentido que la fuerza de desequilibrio (con un pequeño retraso que es función del amortiguamiento y de la distancia a la resonancia), pero una vez superada la frecuencia natural, el desplazamiento se retrasa tendiendo a situarse en sentido opuesto al de la fuerza de desequilibrio (retraso de 90º a 180º).

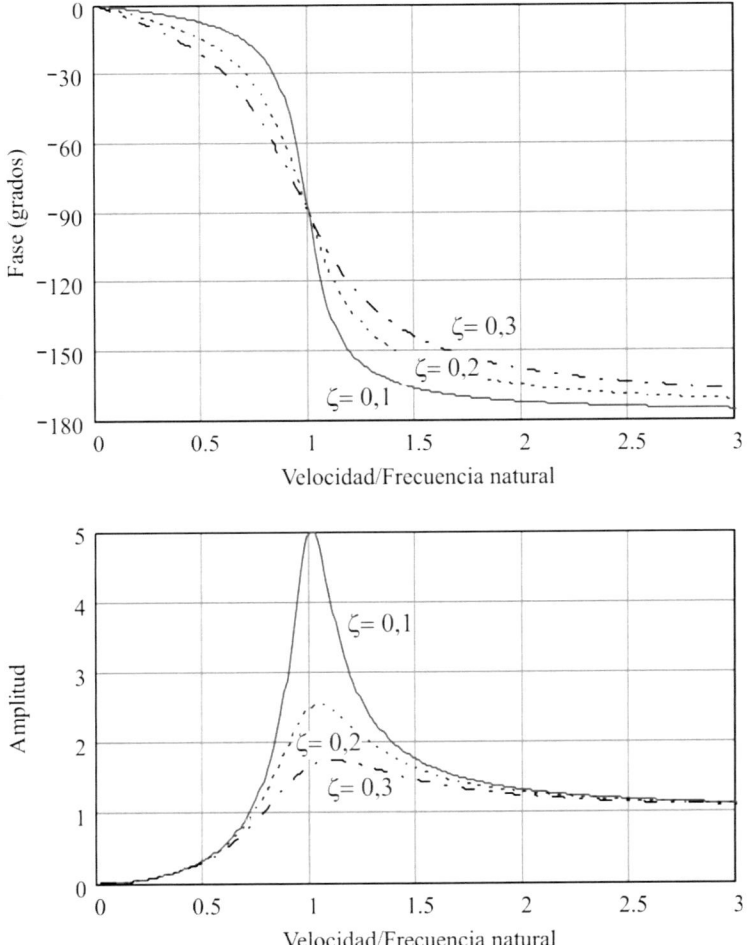

Figura 6.1. Típica respuesta de un rotor con un desequilibrio con respecto a la velocidad de giro

El desequilibrio se puede clasificar en estático (cuando el centro de gravedad está desplazado del eje de rotación) y dinámico (cuando el eje de rotación no es el eje principal de inercia del rotor).

Figura 6.2. Desequilibrio dinámico (izquierda) y estático (derecha)

En el desequilibrio estático las vibraciones radiales en ambos extremos del eje estarán en fase, mientras que en el desequilibrio dinámico el desfase tiende a ser de 180º. Otra característica de la vibración que produce un desequilibrio es, que la vibración medida en dirección horizontal, y la medida en dirección vertical, en un mismo soporte presentan diferencias de fase de aproximadamente 90º (±30º).

Existen defectos que se pueden confundir con el desequilibrio, como: desalineación, variación de carga, holguras, resonancias, juego radial excesivo en cojinetes hidrodinámicos. El estudio específico de estos defectos permitirá su diferenciación.

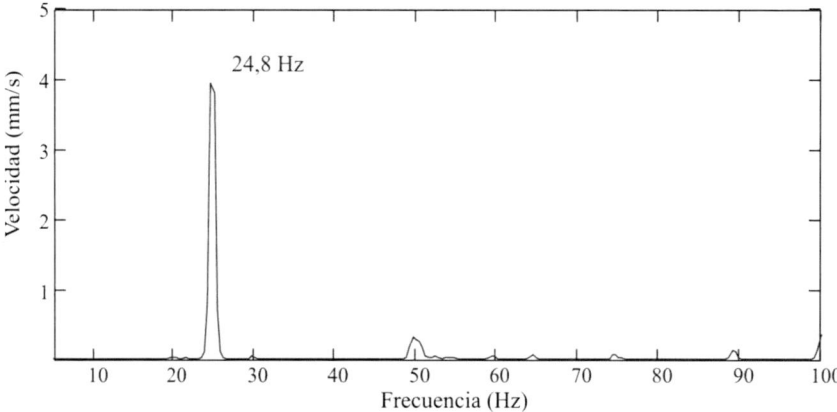

Figura 6.3. Vibración radial causada por un desequilibrio en una motobomba que gira a 1485 rpm

6.2.2. Desalineación

6.2.2.1. Descripción

Un alto porcentaje de los fallos en maquinaria rotativa (aproximadamente un 50%) se producen a causa de desalineaciones en los ejes, ya sea entre los cojinetes en los que se apoya el eje o en el acoplamiento entre dos ejes. Las vibraciones que ocasiona se caracterizan principalmente por tener una frecuencia igual a la de giro del rotor y amplitud importante en dirección axial (superior al 50% de las amplitudes radiales). Además, existe una componente de frecuencia doble de la de giro.

6.2.2.2. Tipos de desalineación

- **Desalineación angular.** Los ejes de las dos máquinas acopladas se cortan formando un ángulo no previsto inicialmente. Está caracterizada por una alta vibración en dirección axial con un desfase de 180º a ambos lados del acoplamiento.

- **Desalineación radial.** Los ejes de las dos máquinas son paralelos, estando separados una determinada distancia. Genera alta vibración radial con un desfase importante (teóricamente 180º) entre los dos lados del acoplamiento. Además, la diferencia de fase entre las lecturas horizontales es diferente a la existente entre las lecturas verticales. El segundo armónico 2*f* suele ser superior al primero 1*f*, pudiendo aparecer también amplitudes importantes a armónicos superiores (3*f*, 4*f*, …).

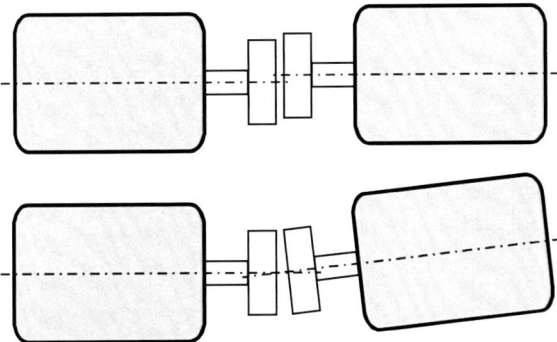

Figura 6.4. Desalineación radial y desalineación angular

- **Desalineación mixta**. Combinación de los dos casos anteriores. Es el tipo de desalineación que aparece habitualmente.

- **Desalineación en soportes del eje**. Se sobrecargan los rodamientos. Las señales de vibración en dirección axial en los dos extremos del eje suelen tener un desfase de aproximadamente 180º. Las vibraciones pueden aparecer al primer, segundo y tercero armónicos e incluso a algún armónico más alto.

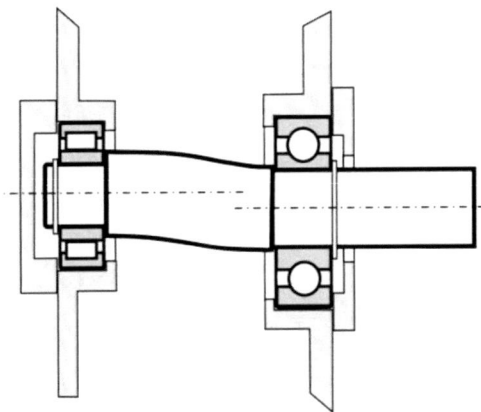

Figura 6.5. Desalineación en los rodamientos de un eje

Hay que tener en cuenta que la dinámica de la propia máquina puede afectar a las medidas de la fase, de forma que el desfase axial medido puede ser de 150º o de 200º en vez de los teóricos 180º. Además, esos desfases son válidos para el caso de ejes rígidos, en el diagnóstico de ejes flexibles es necesario conocer la dinámica del eje.

Caso 7. Posible caso de desalineación en un conjunto motor-bomba

Después del análisis de las amplitudes de vibración relatado en el Caso 5, en mayo de 2003 los responsables de la instalación de bombeo nos solicitaron un estudio de las posibles causas que motivaban la elevada vibración del motor. Se trataba de un motor eléctrico de inducción de rotor devanado de dos pares de polos, trabajando a una velocidad de 1488 rpm (24,8 Hz). Los puntos utilizados para medir la vibración fueron los mismos que se emplearon en la anterior visita a la instalación.

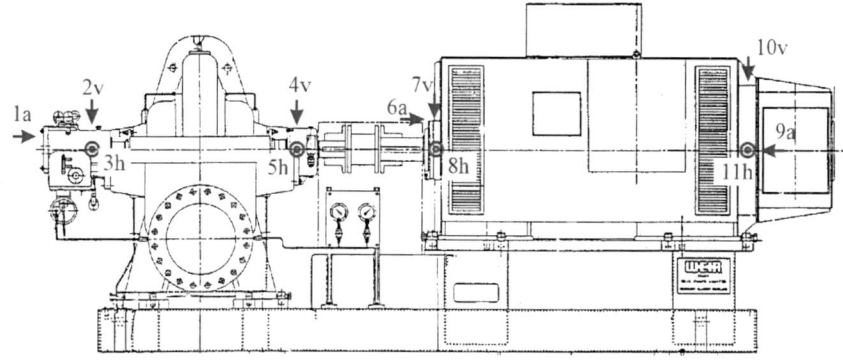

Figura 6.6. Conjunto motor-bomba. Puntos y direcciones de medida

En la siguiente figura se muestra el contenido en frecuencia de la vibración registrada en el punto más crítico (punto 8h)

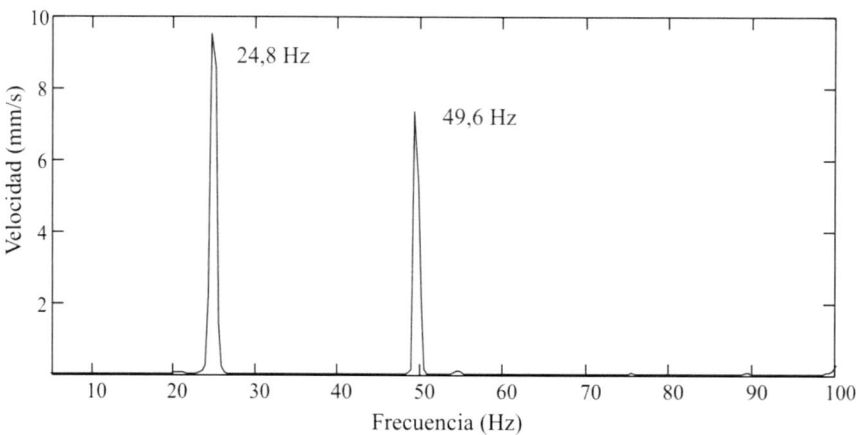

Figura 6.7. Posible desalineación en la motobomba. Su frecuencia de giro es 1488 rpm, 24,8 Hz y presenta una amplitud de vibración elevada en el 2º armónico: 49,6 Hz

En este contenido en frecuencia destaca la amplitud registrada a la velocidad de giro 1488 rpm = 24,8 Hz y a su segundo armónico 49,6 Hz. En esa misma zona del motor, en dirección axial, el contenido en frecuencia de la señal correspondiente al punto 6a presentaba mayor amplitud en el segundo armónico de la velocidad de giro que a la frecuencia de giro del eje.

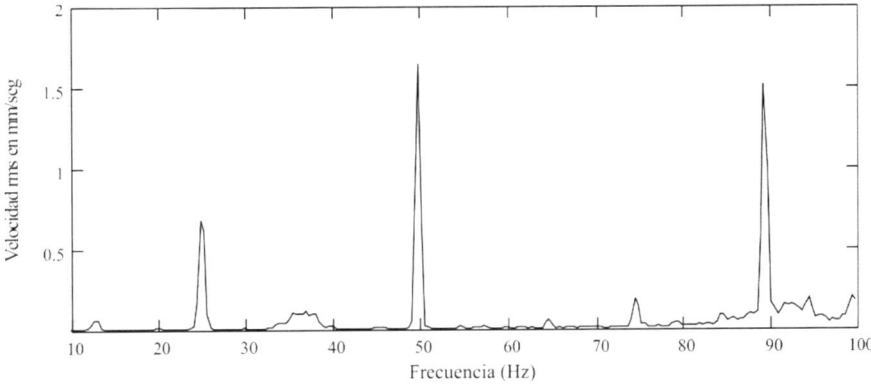

Figura 6.8. Posible desalineación en la motobomba. Punto 6 axial

De estos resultados se dedujo que la causa más probable de la alta vibración era la desalineación entre el motor y la bomba, basándonos en la elevada amplitud a la frecuencia de giro y al doble de la frecuencia de giro, así como en la presencia de vibración a esas frecuencias con amplitud significativa en dirección axial. En ese momento el personal responsable de la instalación decidió alinear las dos máquinas con un equipo de alineación láser, tal y como se muestra en la siguiente fotografía

Figura 6.9. Equipo de medida de desalineación montado a ambos lados del acoplamiento utilizado entre el eje del motor y de la bomba

Pero al medir en las máquinas tras finalizar el procedimiento de alineación, se comprobó que se había incrementado en la mayoría de puntos la vibración registrada. Para analizar la causa se realizó un ensayo de impacto con martillo instrumentado obteniéndose una frecuencia natural correspondiente al desplazamiento lateral del motor sobre su bancada de 24,2 Hz una segunda resonancia de 40,1 Hz correspondiente al desplazamiento en dirección axial del motor y una tercer frecuencia natural correspondiente a la rotación del motor respecto a un eje vertical a 52,2 Hz. A partir de las vibraciones medidas durante el bombeo, se representó el movimiento del conjunto motor y bomba en el plano horizontal a las frecuencias de 24,8 Hz y 49,6 Hz, coincidiendo esos movimientos con los modos de vibración asociados a dos de las resonancias detectadas en el ensayo con el martillo instrumentado.

Ante estos resultados se aconsejó a los responsables de la instalación que modificasen la bancada del motor para aumentar su rigidez y de este modo alejar las dos frecuencias de resonancia identificadas de la frecuencia de rotación del eje y de su segundo armónico.

Figura 6.10. Bancada antes (izquierda) y después (derecha) de la modificación realizada

Una vez realizadas las modificaciones propuestas regresamos a la instalación de bombeo en diciembre para comprobar el efecto de las modificaciones.

Tabla 6.1. Resultados de las medidas según ISO 20816-3

Punto medido	Previa Posterior			
	mm/s	Zona	mm/s	Zona
2 v	3.0	A	1.3	A
3 h	2.4	A	1.4	A
4 v	2.4	A	1.9	A
5 h	2.1	A	1.6	A
6 a	2.7	A	1.6	A
7 v	4.1	B	2.1	A
8 h	18.4	D	4.5	B
9 a	2.8	A	1.1	A
10 v	1.3	A	1.0	A
11 h	14.6	D	3.6	B

Se comprueba que con la actuación realizada sobre la bancada las amplitudes registradas en todos los puntos se redujeron a valores adecuados para este tipo de máquina. Se repitió el ensayo con excitación mediante martillo para obtener las nuevas resonancias del motor con el resultado mostrado en la Figura 6.11. Se aprecia que con la actuación sobre la bancada las frecuencias naturales se han incrementado de 24,2 Hz a 34 Hz, de 40,1 Hz a 60 Hz y de 52,2 Hz a 72 Hz.

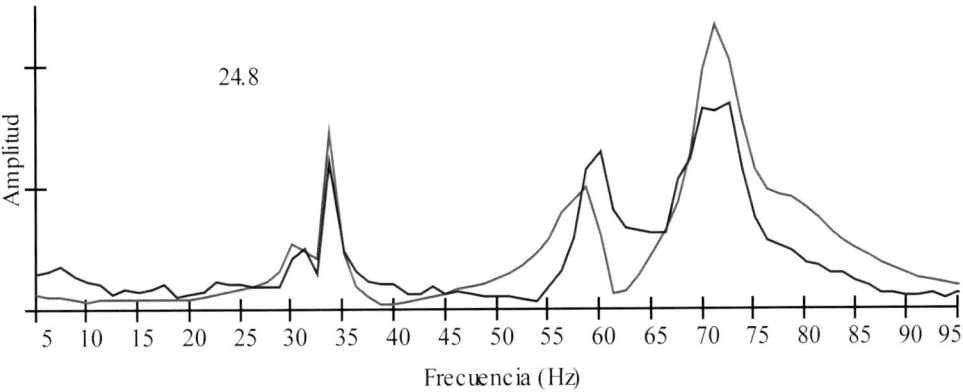

Figura 6.11 Aceleración respuesta en los puntos 8h y 11h frente a excitación mediante martillo

6.2.3. Holguras

Las holguras mecánicas se producen por lo general en los soportes o en las tapas de cojinetes y rodamientos, si bien también se pueden dar en forma de grietas en la carcasa o bancada de la máquina o estar causada por un tornillo suelto. Este tipo de defecto da lugar a vibraciones con un elevado número de armónicos de la frecuencia de giro, tales como $2f$, $3f$, $4f$, etc. Esto es debido a que las vibraciones producidas por otros defectos tales como desequilibrio o desalineación se ven truncadas y amplificadas, dando lugar a esos armónicos de la frecuencia de giro.

Las vibraciones generadas por las holguras tienen las siguientes características: el ángulo de fase va cambiando a lo largo del tiempo, la amplitud de vibración en un mismo punto y dirección suele variar de un ensayo a otro, la señal en el dominio del tiempo presenta impactos y truncamientos que pueden excitar las frecuencias naturales de la máquina, la vibración es direccional, aumentando la amplitud con la proximidad a la holgura. En esta última característica se basa una técnica que da resultados a la hora de detectar holguras, consiste en realizar medidas de vibración en varios puntos de la máquina (los transductores de velocidad son los más adecuados en este caso). Por último, en este tipo de defecto se origina tanto vibración radial como axial.

En ejes flexibles que trabajan a velocidades superiores a alguna de sus frecuencias naturales, una holgura en un apoyo combinada con una fuerza de desequilibrio puede generar vibraciones de frecuencia inferior a la de la rotación del eje ($1/2f$, $1/3f$, $1/4f$).

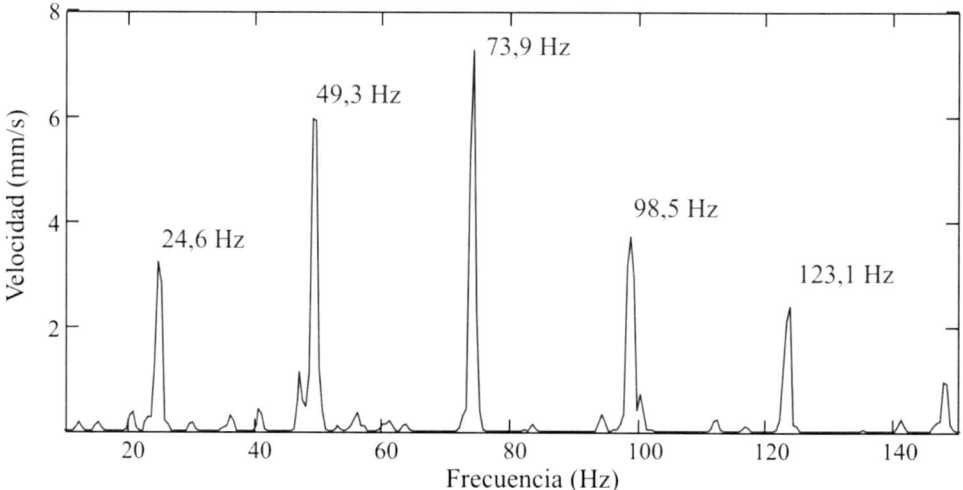

Figura 6.12. Vibración causada por un tornillo suelto en una de las patas de apoyo en la bancada de una motobomba. Su frecuencia de giro es 1478 rpm, 24,6Hz y presenta una amplitud de vibración elevada en el 2° y 3er armónicos: 49,3 Hz y 73,9 Hz

6.2.4. Rozamientos

En el movimiento de los ejes de una máquina pueden aparecer diversos tipos de rozamientos, si bien tan sólo algunos de ellos tienen suficiente duración e intensidad como para poder ser estudiados. Un ejemplo de rozamiento ligero sería el que aparece entre el eje y el aluminio de los sellos laberínticos de los cojinetes de aceite hasta que el funcionamiento del eje acaba por ajustar la holgura entre ambos.

Un rozamiento elevado puede aparecer como consecuencia de la entrada de un cuerpo extraño en el interior de la máquina, de la rotura de un álabe, o del fallo de un rodamiento. Este tipo de rozamiento genera fuerzas de frecuencia igual a la de giro del eje obligando a una parada rápida de la máquina.

La aparición de un rozamiento puede originar un incremento en la rigidez del eje, al actuar el punto donde se produce ese rozamiento como una especie de cojinete seco, lo que puede originar un incremento en la frecuencia natural del eje, tal y como se muestra en la Figura 6.13.

El desplazamiento de la frecuencia de resonancia no depende del coeficiente de rozamiento, pero la amplitud de la vibración resultante si se ve influenciada (al variar la disipación de energía).

Por otro lado, los efectos térmicos que acompañan a los roces pueden provocar la deformación del eje, afectar al equilibrado del mismo y causar fluctuaciones en la amplitud de la respuesta síncrona, además de alteraciones en el ángulo de fase a lo largo del tiempo.

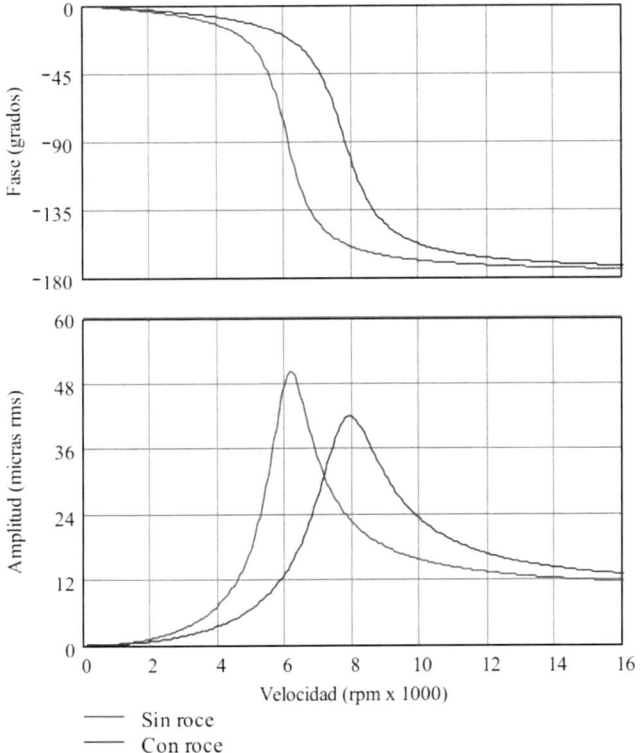

Figura 6.13. Variación de la frecuencia natural originada por un
rozamiento de una sección central del eje con la carcasa

Relacionado con lo visto en el epígrafe de holguras, si en un eje flexible (trabajando por encima de su primera frecuencia natural), aparece un rozamiento, se pueden originar vibraciones subsíncronas (1/2f, 1/3f, 1/4f).

Contactos puntuales o impactos del eje originan alteraciones en su órbita (generan el truncado de la misma), pudiendo ocasionar la aparición de armónicos de la velocidad de giro en las frecuencias de vibración medidas (2f, 3f, ⋯, nf), así como vibraciones a las frecuencias de resonancia del sistema (eje o carcasa) no relacionadas con la frecuencia de rotación.

6.2.5. Grietas en ejes

La rotura de un eje es uno de los fallos más catastróficos que se puede dar en una máquina rotativa, la potencia que se estaba transmitiendo a través del eje se ve liberada de golpe, pudiendo ocasionar daños muy graves, no sólo a la propia máquina, sino también a las instalaciones o el personal cercanos.

Figura 6.14. Rotura de un eje por fatiga originada en los chaveteros

Las máquinas que están sometidas a continuas arrancadas y paradas son más susceptibles de sufrir problemas de roturas de ejes, dado que éstos pasan con más frecuencia por las velocidades críticas (si poseen alguna inferior a la velocidad de régimen), además de sufrir la fatiga térmica ocasionada por los períodos de calentamiento y enfriamiento. Las grietas normalmente se generan en concentradores de tensiones como el fondo de un chavetero o en un cambio de diámetro, y se ven ayudadas por procesos de ataque químico como la corrosión.

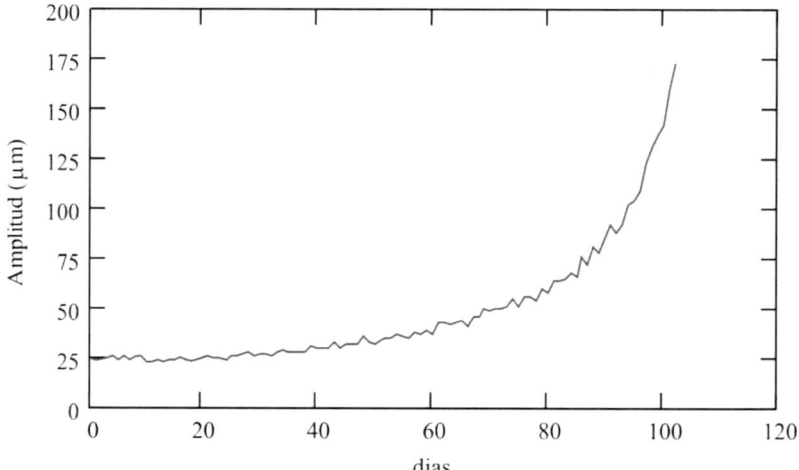

Figura 6.15. Cambio en la amplitud de vibración de un eje
originado por el crecimiento de una grieta

La detección del crecimiento de una grieta en el interior de un eje por medio de la medida de vibraciones se basa en que la grieta reduce la rigidez del mismo, lo que se traduce en un cambio en la amplitud de la vibración a la frecuencia de rotación del eje.

Así mismo, se originan cambios en los modos de vibración y las frecuencias de resonancia del eje (decrecen) y variaciones en los factores de amplificación (aumentan), que pueden detectarse durante las arrancadas o paradas. Los cambios en la respuesta del eje también son importantes en el segundo armónico 2*f*.

En la Figura 6.15 se muestra la variación en la amplitud de vibración registrada a la velocidad de régimen causada por el crecimiento de una grieta en el eje de una bomba vertical de 6 MW con el paso de los días.

6.2.6. Otras fuerzas sobre el eje

Por ejemplo, la acción radial del agua en una bomba centrífuga sobre el eje del rodete, o las fuerzas de engrane en engranajes. Este tipo de acciones someterán a los cojinetes a una carga radial importante en comparación con la generada por el peso propio. Estas acciones afectan al posicionado del eje en el interior del cojinete y a su órbita como se muestra en la Figura 6.16.

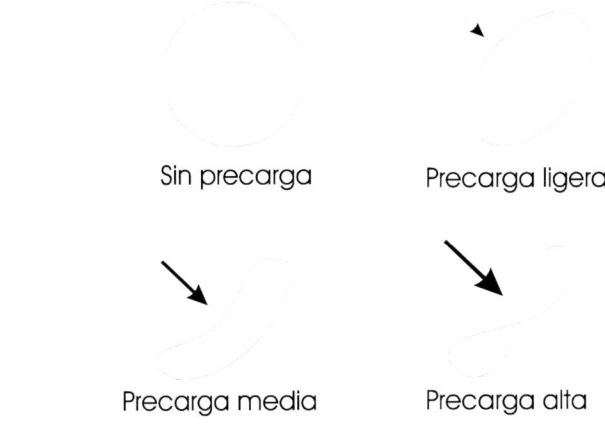

Figura 6.16. Cambios en la órbita del eje con el aumento de la precarga radial

6.3. Cojinetes de aceite

6.3.1. Causas de vibración anormal en cojinetes de aceite

■ *Juego radial excesivo*: puede generar un posicionado incorrecto del eje quedando este desalineado, esto genera la frecuencia característica 2*f* (siendo *f* la frecuencia de giro del eje). Además, el cojinete pierde capacidad de absorber las fuerzas ocasionadas por desequilibrios dinámicos, apareciendo vibraciones de frecuencias 2*f*, 3*f*, y en algunos casos armónicos superiores. En otros casos el juego excesivo puede ocasionar que contacte el eje con el metal antifricción del cojinete apareciendo frecuencias de vibración desde 0.5*f* hasta altas frecuencias.

- *Lubricación deficiente*: se puede llegar a un rozamiento seco entre el eje y el cojinete, esto origina una vibración tangencial de alta frecuencia, no relacionada con la velocidad de rotación.

- *Remolino de aceite*: vibración auto-excitada que suele aparecer a alta velocidad, su frecuencia característica se sitúa entre 0,40*f* y 0,48*f*. Normalmente las fuerzas asociadas a este fenómeno son reducidas en comparación con las cargas soportadas por el cojinete, pero este problema se puede presentar al ser excitado por una frecuencia exterior coincidente o próxima a la característica de este fenómeno (frecuencia natural del eje o de la bancada). Las fuerzas que ocasionan el remolino de aceite están causadas por la diferencia de presión en el aceite entre la zona de alta y de baja presión, que introduce un esfuerzo tangencial sobre el eje. La frecuencia de la excitación es aproximadamente la mitad de la velocidad de giro dado que esa es la velocidad media del flujo de aceite, pues el aceite en contacto con el eje tiene su misma velocidad y el que está en contacto con la pared del cojinete tiene velocidad nula. Si se alcanzan velocidades de giro que dupliquen la frecuencia natural del eje el remolino de aceite puede degenerar en el *latigazo de aceite*, apareciendo vibraciones de amplitud elevada al excitarse la resonancia del eje, en este caso, aunque aumente la velocidad de giro, no desaparece la vibración, puesto que la propia inestabilidad del cojinete re-excita la resonancia y el movimiento del eje a su vez desestabiliza al cojinete.

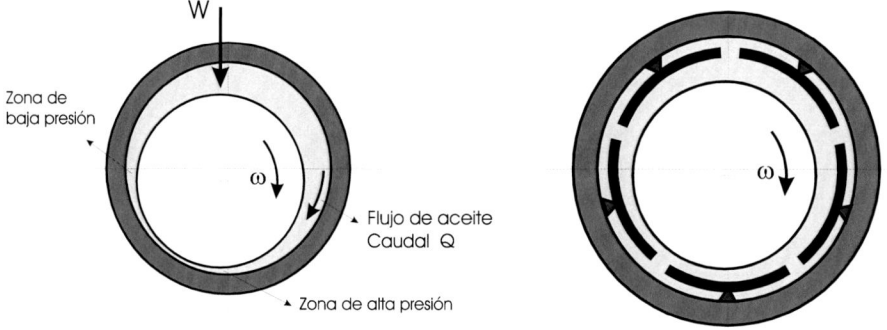

Figura 6.17. Esquema de un cojinete de aceite

Figura 6.18. Cojinete con patines pivotantes

Este proceso se muestra en la Figura 6.19, donde se ha ido obteniendo el contenido en frecuencia de la vibración del eje para distintas velocidades de giro durante el proceso de arranque de la máquina.

En ocasiones el remolino de aceite se puede atribuir a un diseño inadecuado del cojinete, por ejemplo, una carga unitaria muy baja, un desgaste excesivo o un aumento de la presión o de la viscosidad del aceite.

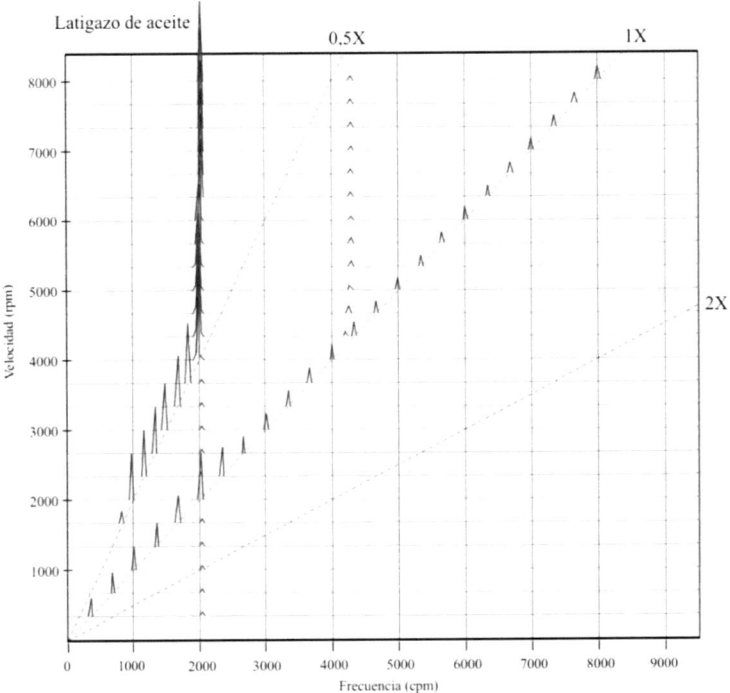

Figura 6.19. Inestabilidad en el cojinete de aceite. Se inicia a 2000
rpm, apareciendo el latigazo de aceite al llegar a 4000 rpm

En la Figura 6.20 se muestra el movimiento normal del eje de rotación respecto a la
holgura radial del cojinete para tres tipos distintos de cojinetes. El de la izquierda se trata
de un cojinete cilíndrico, el cojinete central es de patines pivotantes con la carga situada
sobre uno de los patines, y el de la derecha es un cojinete elíptico, en el cual la holgura
horizontal es mayor que el vertical (de 1,5:1 a 2:1).

Figura 6.20. Posicionado del centro del eje en tres tipos distintos de cojinetes

6.3.2. Monitorizado del cojinete

En los ejes de máquinas de grandes dimensiones, donde se emplean cojinetes de aceite, se utilizan, como ya se ha comentado, sondas de proximidad para controlar el posicionado del eje dentro del cojinete. De la comparación entre la amplitud de la vibración pico-pico del eje y la holgura diametral del cojinete puede detectarse un problema de funcionamiento en la máquina (ver Tabla 6.2).

Tabla 6.2. Vibraciones de ejes dentro de los cojinetes

Situación	Vibración pico-pico del eje	Acción correctora
Normal	Menor del 20% de la holgura diametral	Monitorizado en continuo
Alerta	Entre el 40% y el 60% de la holgura diametral	Emprender acciones correctoras
Peligro	Mayor del 70% de la holgura diametral	Parar la máquina

6.3.3. Medida de la rigidez del cojinete

El control de la rigidez del cojinete puede ser útil tanto para tareas de mantenimiento como para la modelización numérica del comportamiento dinámico del eje. Para obtener la rigidez del apoyo puede realizarse un test de impacto, mediante un martillo instrumentado con un captador de fuerza y un acelerómetro, midiendo la fuerza de excitación y la aceleración de respuesta. El cociente de ambas es la FRF (Función de Respuesta en Frecuencia) que proporciona el dato de las frecuencias naturales. Además, integrando dos veces la señal de aceleración puede calcularse la rigidez estructural del sistema (mostrándose la variación de la rigidez con la frecuencia). Para medir la rigidez estática puede aplicarse una fuerza y medir la deformación generada mediante un reloj comparador.

6.4. Rodamientos

6.4.1. Introducción

Se estima que un 20% de los fallos que se producen en máquinas se originan en los rodamientos. Un método para evaluar su estado es la medida de la temperatura de funcionamiento, sin embargo, se ha demostrado insuficiente para determinar el grado de deterioro. También las vibraciones captadas por el individuo a través del tacto o el oído indican el mal estado de los rodamientos. Estos exámenes, así como los primeros ensayos instrumentales, estaban basados en la observación de las vibraciones de baja frecuencia, que son características de las vibraciones de la máquina completa. Pero solamente los fallos muy avanzados en los rodamientos pueden ser detectables a bajas frecuencias, ya que solo en estos casos el fallo es suficientemente importante para que se produzcan vibraciones elevadas en toda la máquina.

6.4.2. Control en el dominio del tiempo

6.4.2.1. Medida del nivel global de vibración

Para controlar el estado de un rodamiento puede emplearse la medida de valores cuadráticos medios de vibración (rms), pero hay que asegurarse de que no se estén produciendo interferencias en las medidas ocasionadas por otros elementos de la máquina como engranajes, cadenas, o resonancias. Para limitar el efecto de esas interferencias y mejorar el diagnóstico del estado del rodamiento se puede filtrar previamente la señal con un filtro paso alto que elimine todo contenido en frecuencia inferior a 2 kHz. Aun así, la fiabilidad de la detección efectuada puede ser bastante baja. Por ejemplo, la Ecuación 6.2 permite calcular en función de la velocidad del rodamiento *n*, en rpm, el valor rms de aceleración en m/s² entre 2 kHz y 15 kHz que, en caso de superarse, indicaría una situación de peligro para el rodamiento, y en la Ecuación 6.3 el valor que indica el límite entre una situación buena y una situación de alerta.

$$A_{peligro} = 3{,}0 + 0{,}006 \cdot n \ m/s^2 \ (n \le 7000 \ \text{rpm})$$ **Ecuación 6.2**

$$A_{alerta} = 1{,}5 + 0{,}003 \cdot n \ m/s^2 \ (n \le 7000 \ \text{rpm})$$ **Ecuación 6.3**

6.4.2.2. Factor de cresta

La forma de la señal temporal de vibración originada por un rodamiento en buen estado es fundamentalmente aleat1oria. Cuando se origina un primer daño en la pista de rodadura se generan pequeños impulsos de vibración en forma de picos causados por impactos de los elementos rodantes, estos primeros picos apenas si modifican el valor cuadrático medio (rms) de las vibraciones registradas, pero si ocasiona un claro aumento del nivel máximo de la señal (valor pico). La aparición con el tiempo de más defectos en el rodamiento aumenta el valor cuadrático medio de las vibraciones sin que aumente de forma significativa el valor de pico. Finalmente, cuando el deterioro sea importante aumentarán ambos valores.

Se define el factor de cresta (FC) como la relación entre el valor pico y el valor cuadrático medio de las aceleraciones registradas:

$$FC = \frac{Valor \ pico}{rms}$$ **Ecuación 6.4**

La Tabla 6.3 proporciona una orientación sobre el nivel de daño del rodamiento según este parámetro:

Tabla 6.3. Control del estado de rodamientos basado en el factor de cresta

	Estado del rodamiento		
	Normal	**Daño ligero**	**Daño severo**
Factor de cresta	3 a 5	5 a 10	Superior a 10

Hay que tener en cuenta que en las últimas fases del deterioro el factor de cresta puede llegar a decrecer. En la siguiente secuencia de imágenes se puede ver la evolución de la señal temporal registrada en un rodamiento con el progreso del daño. Se trata de un rodamiento pequeño girando a 1025 rpm.

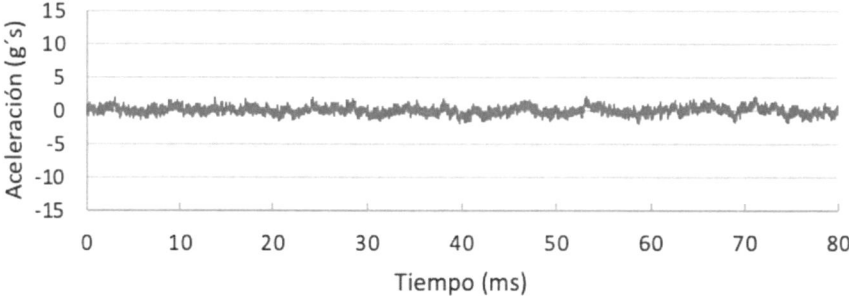

Figura 6.21. Aceleración medida con el rodamiento en buen estado

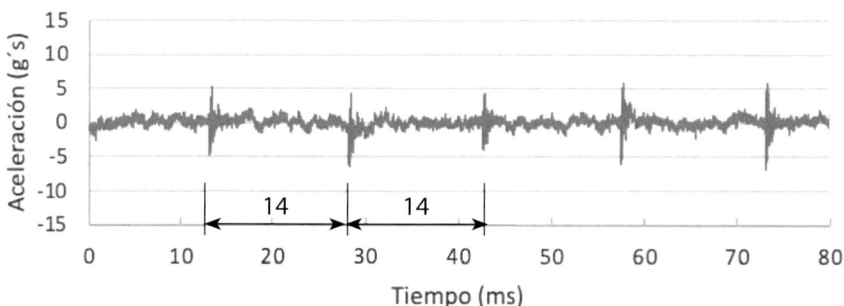

Figura 6.22. Aceleración medida con un defecto en la pista exterior

Tras la aparición de un defecto en la pista exterior, aparece una sucesión de impactos en la señal temporal a la frecuencia de paso de bola (1/14ms ≈ 71 Hz) y el valor cuadrático medio de la señal sube de 6 m/s^2 a 8 m/s^2, mientras que se pasa de un factor de cresta antes del fallo de 3,5 a 7,5 tras producirse el defecto.

Cuando aumenta el grado de deterioro del rodamiento aparecen nuevos impactos entre los elementos rodantes y las pistas de rodadura, tal y como se muestra en la Figura 6.23, esto ocasiona un nuevo incremento en el valor cuadrático medio, que sube a 21 m/s^2 y se reduce el factor de cresta a 5,3. Esta reducción del factor de cresta acompañada del incremento en el rms indica un deterioro importante dentro del rodamiento.

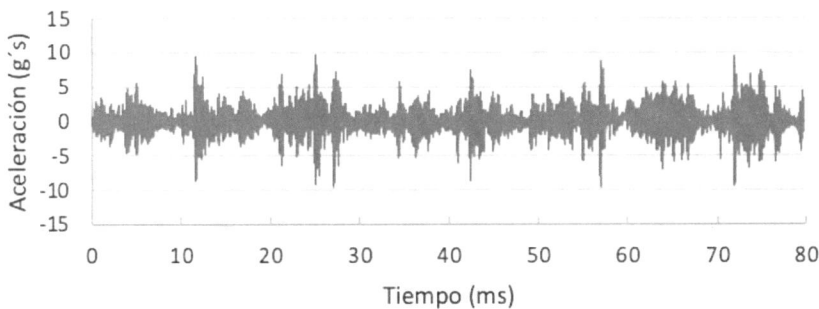

Figura 6.23. Aceleración medida con múltiples defectos en el rodamiento

6.4.2.3. Kurtosis

Otro parámetro que se emplea en ocasiones para detectar el fallo en rodamientos sin realizar un análisis en frecuencia es la kurtosis (definida en el Capítulo 5 dedicado al análisis de señales). Este parámetro toma un valor aproximado de 3 para un rodamiento en buen estado, cuando empieza a generarse un fallo los picos que aparecen en la señal aumentan el valor de la kurtosis por encima de 6, pero al ir progresando este fallo aumentan las vibraciones y su carácter aleatorio, disminuyendo la kurtosis nuevamente a 3. Así pues, es necesario evaluar para poder determinar la condición de fallo no sólo la evolución de la kurtosis sino también la del valor cuadrático medio de la señal.

6.4.3. Método del Pulso de Choque

Este método se basa en detectar las ondas de choque producidas por los impactos de los elementos rodantes contra las pistas de rodadura. Estas ondas excitan la vibración del transductor empleado a su frecuencia natural (32 kHz), de este modo se elimina la influencia de otras fuentes de vibraciones de la máquina al ser sus frecuencias muy inferiores a la de resonancia del transductor empleado. La magnitud de los impactos generados depende del tamaño del rodamiento y de la velocidad de trabajo, datos estos que hay que introducir en el analizador. Para que funcione correctamente es necesario situar el sensor lo más próximo que sea posible del rodamiento a controlar.

En la Figura 6.24 se muestra que cuando aparece un problema de lubricación en el rodamiento el nivel medio de los pulsos generados aumenta, mientras que la presencia de un defecto sobre la pista de rodadura origina la aparición de una serie de pulsos claramente superiores al nivel medio registrado, originados por el paso de los elementos rodantes por ese defecto.

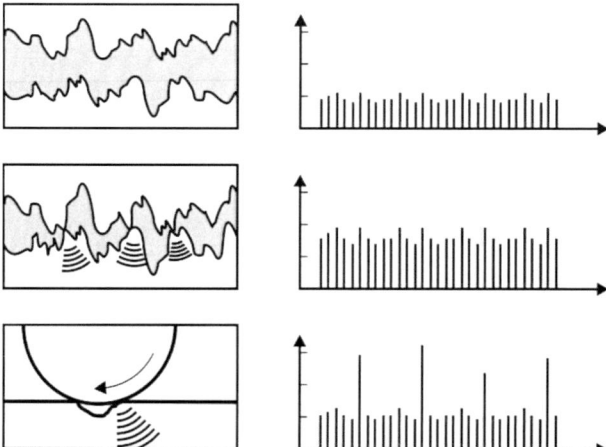

Figura 6.24. Señal generada con lubricación adecuada, fallo de lubricación y deterioro de la pista de rodadura

6.4.4. Control en el dominio de la frecuencia

Durante el funcionamiento del rodamiento irá deteriorándose el estado de las superficies de rodadura, lo que ocasiona un incremento en las vibraciones producidas. En una primera fase se genera vibración de muy alta frecuencia (20 kHz a 60 kHz), sólo detectable con métodos como el del Pulso de Choque. En este estado el rodamiento podrá seguir funcionando sin problemas por un tiempo prolongado.

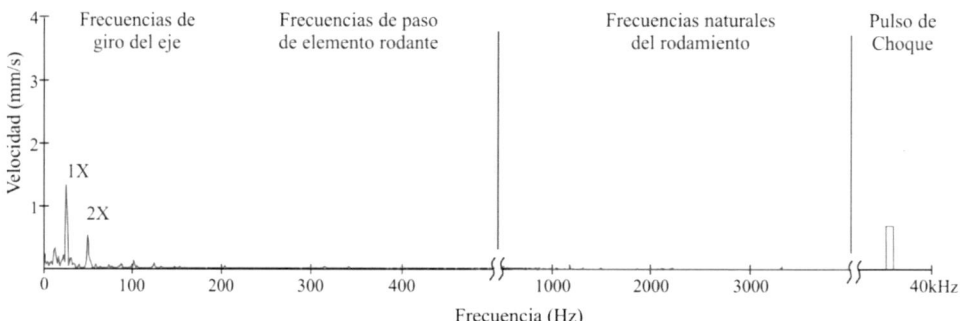

Figura 6.25. Primera fase del fallo de un rodamiento. Vibración medida

En una segunda fase los pequeños impactos sobre los defectos superficiales causan ya vibración a las frecuencias naturales de los aros del rodamiento.

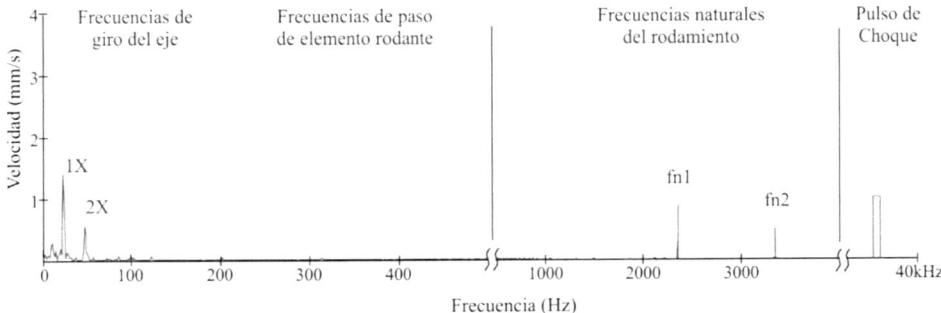

Figura 6.26. Fase 2 del fallo de un rodamiento. Frecuencias naturales

En la tercera fase del deterioro los defectos alcanzan un tamaño tal que aparecen las frecuencias de paso de los elementos rodantes por esos defectos, los armónicos de esas frecuencias de paso y en ocasiones bandas laterales. También se puede ver afectada ya la amplitud de la vibración a la frecuencia de giro del eje. Algunos expertos consideran que es más significativa la presencia de un número elevado de armónicos de las frecuencias de paso de los elementos rodantes que la amplitud que se alcanza a esas frecuencias. Normalmente este sería el momento adecuado para sustituir el rodamiento.

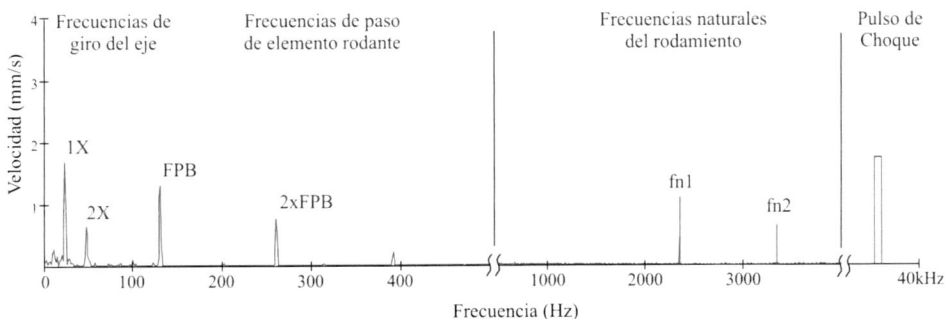

Figura 6.27. Fase 3 del fallo de un rodamiento. Frecuencias de Paso de Bola

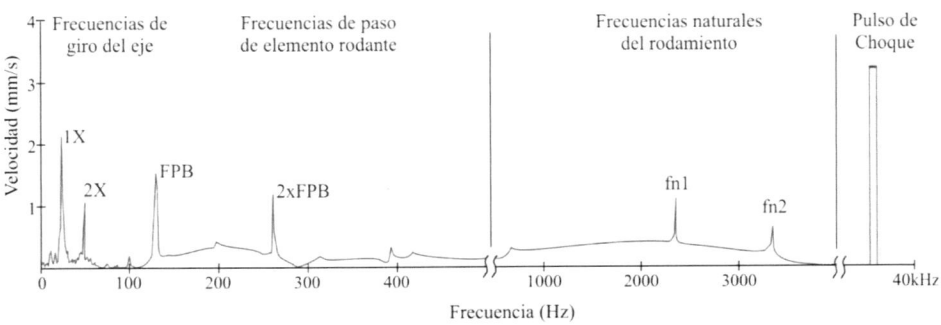

Figura 6.28. Fase 4 del fallo de un rodamiento. Ruido de banda ancha

En la última fase, aparece un ruido de banda ancha que puede llegar a ocultar a las anteriores frecuencias. En este momento el rodamiento habría agotado ya toda su vida útil y se puede originar un fallo catastrófico en cualquier instante.

6.4.4.1. Juego interno en rodamientos

Una holgura radial excesiva (juego radial) genera vibraciones en los rodamientos. El centro de la pista interior sufre un cambio de posición vertical, en función de la posición de los elementos rodantes. La frecuencia de la oscilación generada en la pista interior será igual a la frecuencia de paso de los elementos rodantes por un punto de la pista fija. Para carga y velocidad constantes la frecuencia será:

$$f = \frac{1}{120}(1 - \gamma)Z \cdot n \, \mathrm{Hz}$$

$$\gamma = \frac{d_e}{d_m} cos\, \alpha$$

Ecuación 6.5

d_e diámetro del elemento rodante
d_m diámetro medio del rodamiento
α ángulo de contacto
Z número de elementos rodantes en una hilera
n velocidad de giro (rpm)

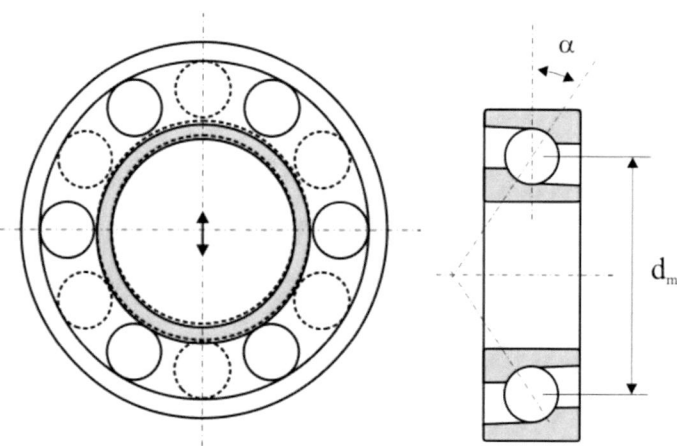

Figura 6.29. Oscilación debida al juego radial

Un juego radial excesivo también puede originar vibración en el eje a la frecuencia de rotación del mismo.

6.4.4.2. Discontinuidades en las superficies

El deterioro progresivo ocasiona la aparición de irregularidades que dan lugar a impactos entre los elementos rodantes y las pistas de rodadura. Las fuerzas de impacto dependen de la velocidad y de la carga transmitida.

La Tabla 6.4 muestra un resumen de las frecuencias de paso (en Hz) asociadas a los defectos más habituales en rodamientos. Hay que tener en cuenta que a causa de los deslizamientos que aparecen entre elementos rodantes y pistas de rodadura esas frecuencias pueden sufrir ligeras variaciones.

Tal y como se ha indicado anteriormente, es complicado fijar una amplitud de vibración asociada a las frecuencias de paso que indique la proximidad del final de la vida del rodamiento, ya que las amplitudes medidas dependen del tamaño de la máquina, la velocidad de trabajo, la distancia hasta el punto de medida, la potencia transmitida, etc. Por ello, es más significativa como indicador de daño importante en el rodamiento la presencia de varios armónicos de esas frecuencias de fallo y de bandas laterales alrededor de estos armónicos a la velocidad de giro o a otras frecuencias de fallo del rodamiento.

Tabla 6.4. Frecuencias asociadas a los defectos en rodamientos

Motivo de la vibración	Pista exterior fija Pista interior giratoria	Pista exterior giratoria Pista interior estacionaria
Paso de los cuerpos rodantes sobre un defecto en la pista fija	$f = \dfrac{1}{120}(1-\gamma)Z \cdot n$	$f = \dfrac{1}{120}(1+\gamma)Z \cdot n$
Paso de los cuerpos rodantes sobre un defecto en la pista giratoria	$f = \dfrac{1}{120}(1+\gamma)Z \cdot n$	$f = \dfrac{1}{120}(1-\gamma)Z \cdot n$
Juego radial en el aro giratorio	$f = \dfrac{n}{60}$	$f = \dfrac{n}{60}$
Defecto radial en un elemento rodante	$f = \dfrac{1}{60}\dfrac{d_m}{d_e}(1-\gamma^2)n$	$f = \dfrac{1}{60}\dfrac{d_m}{d_e}(1-\gamma^2)n$
Deterioro de la jaula	$f = \dfrac{1}{120}(1-\gamma)n$	$f = \dfrac{1}{120}(1+\gamma)n$

6.5. Engranajes

Los defectos en los engranajes normalmente se deben a la geometría de los dientes (por problemas de fabricación, desgastes, deformaciones), o al posicionado incorrecto (distancia entre centros, paralelismo, excentricidad). Puesto que no resulta fácil situar un captador próximo al engranaje y además en las cajas de engranajes las fuentes de vibración son múltiples, el resultado de las medidas suele ser un espectro con bastantes frecuencias a identificar.

Ya que las transmisiones por engranajes suelen fallar de forma progresiva por deterioro superficial de los dientes, para su control es bastante adecuado el empleo de un análisis de tendencias, bastando con registrar a periodos regulares de tiempo el valor cuadrático medio de la vibración generada. Cuando el valor registrado excede una cantidad determinada (usualmente el doble que el valor inicial obtenido en la transmisión nueva) hay que comprobar el estado de los engranajes. Pero para poder determinar las causas del mal funcionamiento es necesario un análisis en el dominio de la frecuencia. Se plantea pues la necesidad de tomar espectros de referencia (espectros base) para poder identificar los cambios posteriores.

Es conveniente situar los transductores sobre los apoyos de los cojinetes para reducir la influencia de las frecuencias naturales de la carcasa de la máquina. En un tren de engranajes en buenas condiciones de trabajo tan sólo debería detectarse las frecuencias de engrane características de cada rueda dentada. Esta frecuencia depende de la velocidad de giro n (rpm) y del número de dientes z:

$$f_e = \frac{n}{60} z (\text{Hz})$$

Ecuación 6.6

En ocasiones, defectos que no son específicos del engranaje producen frecuencias características que modulan la frecuencia de engrane, dando lugar a dos componentes laterales en el espectro de frecuencia. En la Figura 6.30 se muestra un espectro correspondiente a una transmisión en buen estado. Se puede apreciar la frecuencia de engrane y sus armónicos, así como una modulación (bandas laterales), pero sus amplitudes asociadas son reducidas.

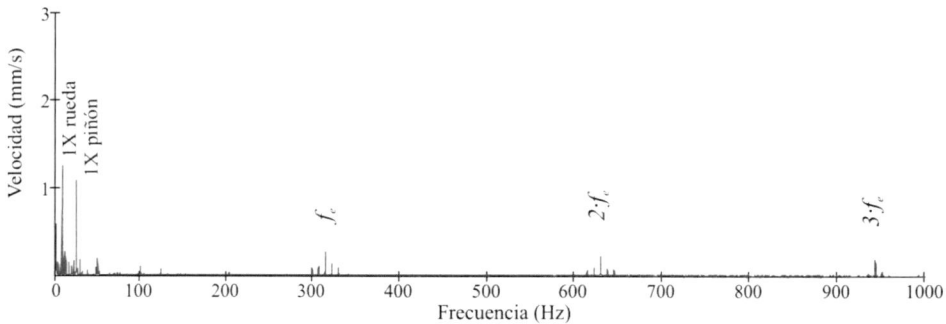

Figura 6.30. Espectro normal de una transmisión de engranajes

6.5.1. Desalineación

En el caso de desalineación, aparecerán, por una parte, la frecuencia de giro del eje f y su segundo armónico $2f$ ($f = n/60$ Hz), junto con componentes alrededor de la frecuencia de engrane de valores $f_1 = f_e \pm f$ y $f_2 = f_e \pm 2f$, y un aumento importante de la amplitud del segundo armónico de la frecuencia de engrane $2f_e$ que también presentará bandas laterales.

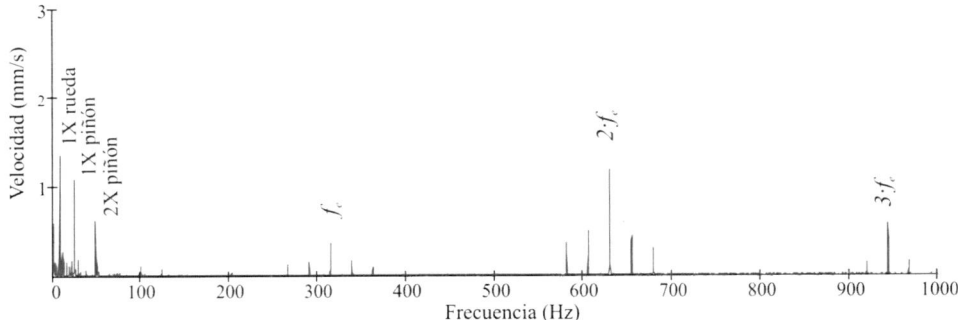

Figura 6.31. Efecto de la desalineación del eje del piñón en una transmisión de engranajes

6.5.2. Excentricidad

Si el defecto es una excentricidad del engranaje (distancia entre el centro geométrico del engranaje y el eje de rotación), además de la frecuencia de engrane, se obtienen bandas laterales alrededor de dicha frecuencia separadas un incremento en frecuencia igual a *f*. Donde *f* es la frecuencia de rotación del engranaje con excentricidad, esa frecuencia sirve pues para identificar el eje donde se está dando el problema dentro del tren de engranajes. Esa modulación también aparecerá en los armónicos de la frecuencia de engrane.

6.5.3. Juego

Los desgastes de los dientes o un incorrecto posicionado de los ejes origina la aparición de juego entre los dientes (holguras). El juego genera vibraciones a la frecuencia de engrane, y en ocasiones, como consecuencia de rebotes, dan lugar a armónicos de esta frecuencia, fundamentalmente $2f_e$ y $3f_e$. Puede aparecer también la frecuencia de resonancia del piñón o de la rueda, así como bandas laterales alrededor de las anteriores frecuencias separadas por un incremento en frecuencia igual a la de rotación del engranaje que presente mayor desgaste. La amplitud a la frecuencia de engrane bajará al aumentar la carga si el problema está causado por el juego y la carga es uniforme.

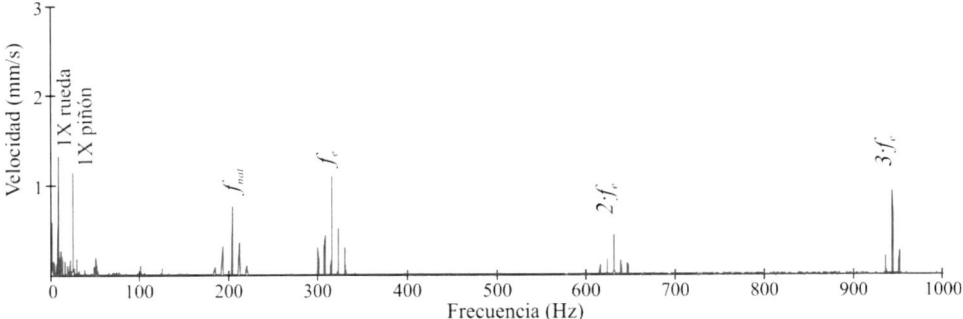

Figura 6.32. Efecto del juego en una transmisión de engranajes

6.5.4. Fase de ensamblaje y frecuencias fantasma

En la Figura 6.33 se muestra que hay tres formas de montar una rueda de 12 dientes con un piñón de 9 (tres fases de ensamblaje). En la primera fase el diente 1 de la rueda es empujado por los dientes 1, 4 (tras una vuelta completa de la rueda) y 7 del piñón (tras dos vueltas de la rueda). En la segunda fase de ensamblaje, el diente 1 de la rueda es empujado por los dientes 2, 5 y 8 del piñón. En la tercera fase el diente 1 de la rueda es empujado por los dientes 3, 6 y 9 del piñón.

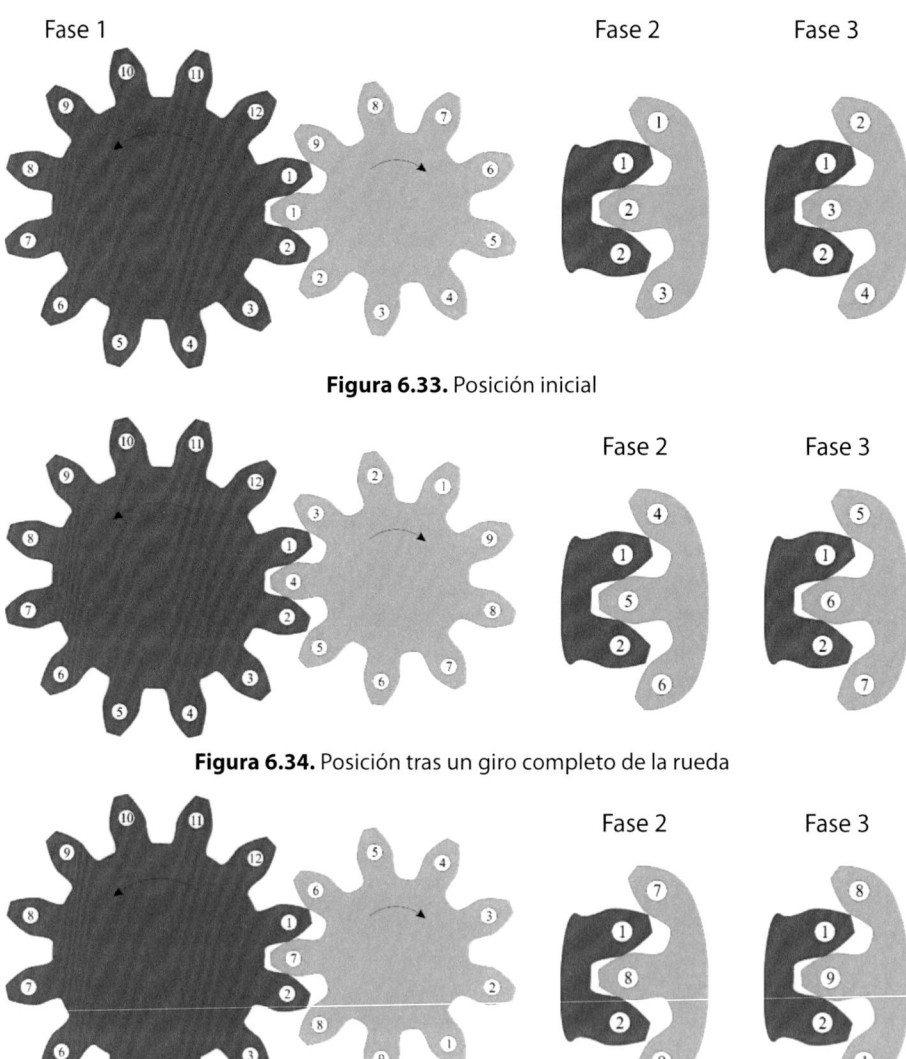

Figura 6.33. Posición inicial

Figura 6.34. Posición tras un giro completo de la rueda

Figura 6.35. Posición tras dos giros completos de la rueda

El número de fases de ensamblaje N_e es igual al máximo común divisor del número de dientes de ambos engranajes. En el ejemplo anterior los factores primos para la rueda son 3 x 2 x 2 x 1 = 12 y para el piñón 3 x 3 x 1 = 9, luego el máximo común divisor es 3. Cada diente de la rueda engranará con Z_1/N_e = 3 dientes del piñón, y cada diente del piñón engranará con Z_2/N_e = 4 dientes de la rueda. Cuando se desmonta la transmisión es posible cambiar la fase de ensamblaje, en general esto no es conveniente puesto que como consecuencia del trabajo previo el perfil de los dientes habrá cambiado con el desgaste y lo normal es que se produzca un aumento de la vibración. Se logrará un desgaste más uniforme si los dientes de rueda y piñón no tienen divisores comunes (N_e = 1) de tal forma que todos los dientes del piñón entrarán en contacto con todos los dientes de la rueda.

La aparición de la frecuencia de fase de ensamblaje (f_{fe}) y sus armónicos puede ocurrir por un cambio en la fase de ensamblaje al volver a montar una transmisión y está relacionada con el desgaste entre los dientes del piñón y de la rueda.

$$f_{fe} = \frac{f_e}{N_e}$$ **Ecuación 6.7**

La frecuencia de repetición de diente (f_{rd}) es la frecuencia con la que un diente de la rueda vuelve a engranar con un mismo diente del piñón. Se puede calcular a partir del número de fases de ensamblaje. Es una frecuencia bastante baja, lo que dificulta su detección. Si aparece se debe vigilar su tendencia ya que puede indicar un desgaste desigual que presente una evolución rápida.

$$f_{rd} = \frac{f_e \cdot N_e}{Z_1 \cdot Z_2}$$ **Ecuación 6.8**

Por último, pueden aparecer las llamadas frecuencias fantasma "Ghost Frequencies", son múltiplos enteros de la velocidad de giro del engranaje. Están generadas por defectos en la forma del flanco de los dientes ocasionados por problemas en la máquina de mecanizado que ha tallado el engranaje (en el giro del plato que sujeta al engranaje durante el tallado de los dientes). Estas frecuencias pueden disminuir de amplitud durante el rodaje de la transmisión.

6.6. Correas de transmisión

Cuando una correa de transmisión está destensada, o cuando presenta una distribución de masa no uniforme o variaciones de sección debidas a defectos de fabricación o desgaste, se ocasionan vibraciones cuya frecuencia corresponde a la de paso del defecto por la polea (cociente entre la velocidad lineal de la correa y su longitud). También pueden aparecer los primeros armónicos de esa frecuencia $2f_c$, $3f_c$, $4f_c$

$$f_c = \frac{n \cdot \pi}{60} \frac{d_e}{l_e} \, (\text{Hz})$$ **Ecuación 6.9**

Donde:

n velocidad de giro de la polea en rpm
l_e longitud efectiva de la correa
d_e diámetro efectivo de la polea

Otro defecto típico de las transmisiones por correa es la posible excentricidad en una polea, es decir que no coincida su eje de rotación con su centro geométrico. En este caso la tensión de los ramales de la correa varía con la posición de la polea, lo que origina una vibración de frecuencia igual a la de giro. Esta vibración puede confundirse con un desequilibrio del eje. Se puede diferenciar del desequilibrio midiendo en dos direcciones radiales situadas a 90º, si el problema es la excentricidad de la polea las dos señales presentaran un desfase aproximadamente nulo, mientras que si la vibración está originada por un desequilibrio el desfase será de 90º. Otra forma de identificarlo consiste en hacer girar el eje con la correa desmontada, si el problema es la excentricidad de la polea la amplitud de vibración deberá disminuir de forma importante.

La desalineación de las poleas genera vibraciones a la frecuencia de giro de los ejes, destacando que la vibración en dirección axial llega ser de mayor amplitud que la radial, lo que diferencia este caso del desequilibrio.

Por último, la correa puede entrar en resonancia, si su frecuencia natural coincide o está próxima a la velocidad de giro de cualquiera de las dos poleas. En este caso se puede "desintonizar" la correa variando su tensión, ya que su frecuencia natural depende de esa tensión, de su longitud y de su masa unitaria, tal y como se vio en el Capítulo 2.

6.7. Identificación de frecuencias naturales

Es importante diferenciar entre frecuencias que dependen de la velocidad de giro, de lo que son frecuencias naturales (resonancias) del sistema, las cuales son fijas. Para ello se pueden emplear dos técnicas, un test de impacto o un ensayo con velocidad de giro variable, por ejemplo, aprovechando una arrancada o una parada de la máquina.

En un test de impacto para obtener frecuencias de resonancia, la metodología consiste en golpear la estructura con un martillo y examinar la respuesta del sistema. Para lograr un análisis sincronizado con el impacto suele emplearse un nivel de disparo o "trigger" en un canal para dar inicio a la adquisición de datos. Con el impacto se introduce una fuerza a la estructura con un contenido en frecuencia amplio, de forma que se excitan todas aquellas frecuencias naturales que estén contenidas en esa banda.

El martillo instrumentado lleva montado un transductor de fuerza y una punta con la que se golpea al sistema. La energía que se transmite depende de la velocidad en el momento del inicio del contacto y de la masa del martillo. Por otra parte, la rigidez de la punta determinará la forma de la excitación. Si la punta es rígida, el tiempo de excitación será pequeño y el contenido en frecuencia de la excitación amplio. Si, por el contrario, la punta es menos rígida, el tiempo de excitación será mayor y el contenido en frecuencia (rango de frecuencia de excitación) será menor.

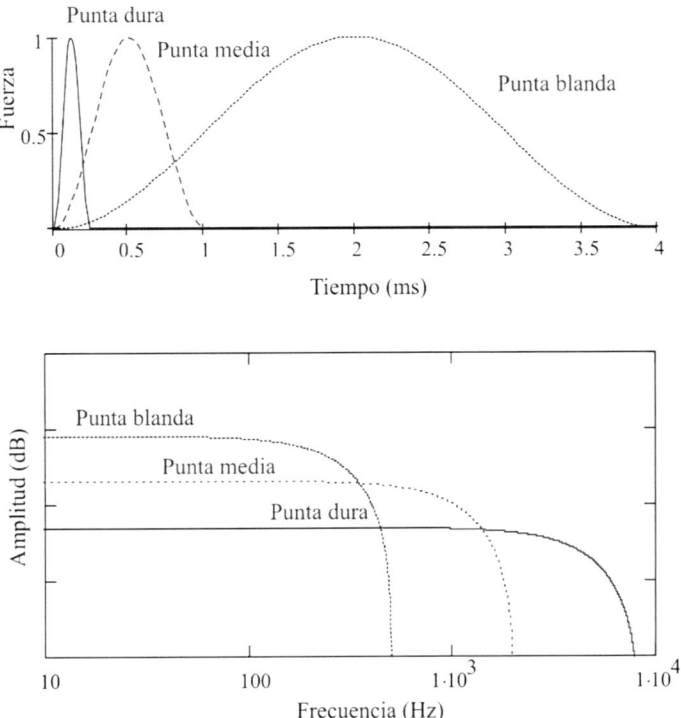

Figura 6.36. Martillo instrumentado. Excitación temporal y contenido en frecuencia

El otro procedimiento para identificar frecuencias naturales consiste en realizar un análisis de vibraciones con distintos regímenes de velocidad, dado que todas aquellas frecuencias que sean función de la velocidad de giro variarán, mientras que las correspondientes a frecuencias naturales del sistema permanecen fijas en frecuencia, variando su amplitud en función de que alguna excitación del sistema coincida o no con ellas. Esto puede realizarse durante un transitorio de arranque o de parada de la máquina, y para facilitar la identificación suelen emplearse gráficos denominados waterfall (cascada de agua).

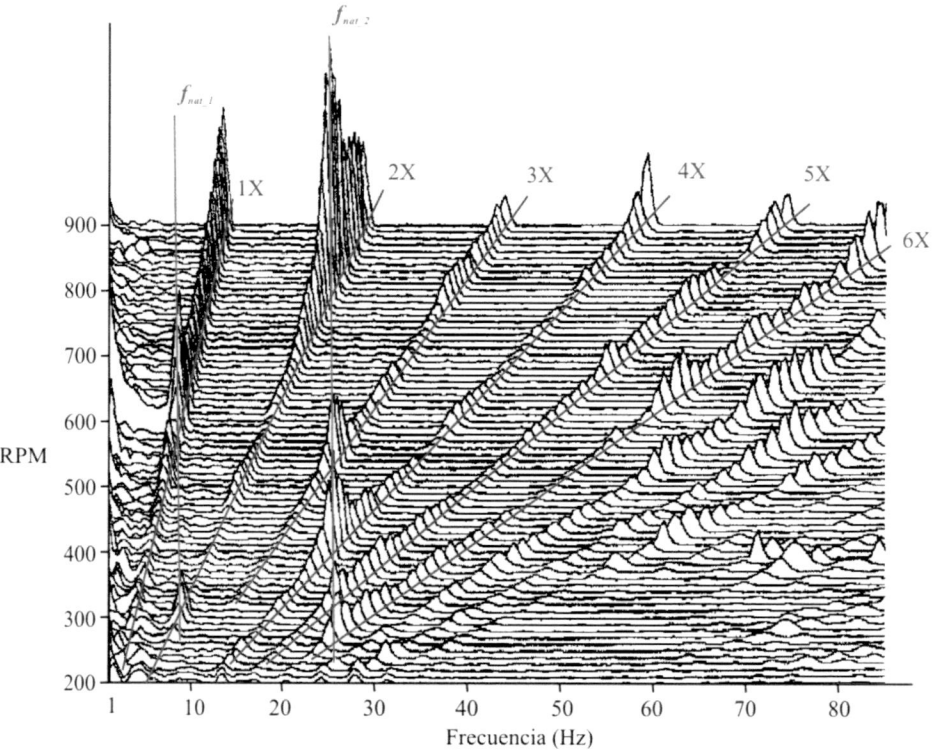

Figura 6.37. Waterfall correspondiente a la aceleración de un motor diesel de locomotora, de 200 hasta 900 rpm

6.8. Bombas centrífugas, ventiladores y turbinas

En máquinas centrífugas de impulsión de fluidos una diferencia en la fuerza hidráulica o aerodinámica que se genera sobre alguno de los álabes (ya sea en módulo o en dirección) generará vibraciones a la velocidad de giro del rotor. Además, en estas máquinas aparecen vibraciones correspondientes al paso de un álabe cuya frecuencia es función de la velocidad de giro n (rpm) y del número de álabes o vanos z_r:

$$f_a = \frac{n}{60} z_r \,(\text{Hz})$$

Ecuación 6.10

Si aparecen armónicos de esta frecuencia fundamental es señal de que hay algún tipo de problema en la máquina.

En bombas de impulsión de fluidos hay que tener en cuenta que la frecuencia de paso puede verse alterada por la presencia de un difusor con aletas. En ese caso, se puede calcular la frecuencia de paso de álabe del rodete por los vanos del difusor a partir de los números de álabes del impulsor, z, y del difusor, z_d, como el producto de ambos números divido por su máximo común divisor.

$$f_a = \frac{n}{60} \frac{z_r \cdot z_d}{mcd(z_r, z_d)} \, (\text{Hz})$$

Ecuación 6.11

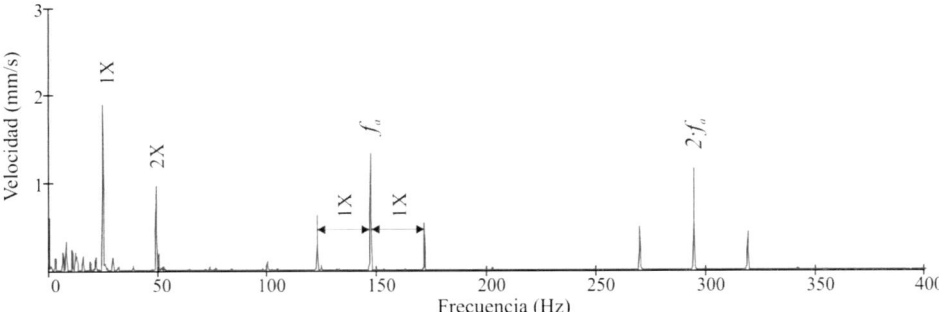

Figura 6.38. Espectro de bomba con 6 álabes en el rodete girando a 1470 rpm

Una amplitud elevada en la vibración a la frecuencia f_a de paso de álabe o a sus armónicos puede estar causada por diversas causas como un rodete descentrado, una resonancia, fallos en las soldaduras de los álabes del difusor, curvaturas bruscas en la tubería (o conductos de salida en un ventilador) y obstrucciones al flujo.

Un diseño incorrecto de la tubería de admisión, como puede ser la presencia de un codo excesivamente cercano a la bomba o una restricción en el flujo, también puede originar un desequilibrio hidráulico (distintas velocidades del fluido dentro de la tubería) generando vibración radial a la frecuencia de giro.

Otra fuente de vibración en bombas es la cavitación. Se produce debido a la reducción de presión originada en el fluido a la entrada de la bomba cuando esa presión en la admisión se acerca a la presión de vapor del fluido. En esa situación se forman burbujas de vapor en el seno del fluido que colapsan sobre los álabes al incrementarse la presión, dañando su superficie. Para poder detectarla se recomienda situar los acelerómetros cercanos a la boca de admisión. El espectro resultante suele presentar un ruido de banda ancha y baja frecuencia similar al de impactos mecánicos. Sobre el cuerpo de la bomba aparecerán también vibraciones de alta frecuencia (superiores a 15 kHz) de banda ancha. Además, la cavitación puede alterar la vena fluida dando lugar a una mala distribución de esta, lo que puede generar un comportamiento equivalente a un desequilibrio (vibración a la frecuencia de giro). Finalmente, la aparición de recirculación en una bomba origina vibraciones subarmónicas de la velocidad de giro.

En ventiladores (soplantes) se puede producir flujo turbulento, por ejemplo, por un mal diseño de los conductos de salida, lo que origina una vibración aleatoria de baja frecuencia (de 1 a 30 Hz). Una turbulencia excesiva también puede llegar a excitar frecuencias altas de banda ancha.

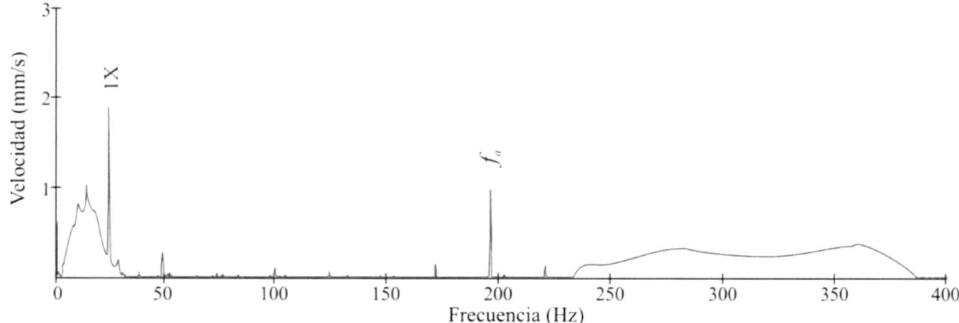

Figura 6.39. Espectro de una soplante de 8 álabes girando
a 1470 rpm trabajando con flujo turbulento

Cuando hay una pérdida de un alabe de una turbo máquina aparece una vibración importante a la frecuencia de giro a causa del desequilibrio, pero mientras la grieta está creciendo las variaciones de vibración son difíciles de cuantificar y de detectar. En muchas ocasiones la rotura a fatiga de uno de los álabes está relacionada con la excitación de alguna de sus frecuencias naturales de vibración. Dicha excitación puede provenir del giro de la máquina, de una frecuencia de engrane, etc.

Figura 6.39. Álabes de una turbina de vapor deformados por haber rozado con la carcasa

Caso 8. Problemas en la bomba de una depuradora

En marzo de 2011 nos llamó una empresa de gestión del agua para investigar un problema en una bomba de una de sus plantas potabilizadoras. El problema se daba en una de las cuatro bombas que, ubicadas dentro del mismo recinto, se utilizan para la captación de agua desde un pozo próximo al discurrir del río. De este modo se cuenta con la ventaja de que el agua entra a la instalación de depuración filtrada por el terreno. Las bombas de la instalación están monitorizadas con sensores de vibración y en una de ellas se alcanzaban amplitudes importantes de vibración al superar las 640 rpm.

La bomba es una máquina de eje vertical equipada con dos rodetes de 5 álabes, 290 kW de potencia, velocidad máxima de giro 750 rpm, alimentada a través de un variador de frecuencia.

Figura 6.40. Bomba de eje vertical

En primer lugar, se realizó un ensayo de frecuencias naturales mediante martillo instrumentado. Se utilizaron dos puntos de impacto, el primero situado en el motor, golpeando en dirección horizontal, y en el segundo caso, golpeando sobre la zona de descarga de la bomba, golpeando en vertical. En ambos casos se midió la vibración resultante con acelerómetros triaxiales dispuestos en diversos puntos de la bomba.

Para referenciar los resultados, se ha tomado unos ejes coordenados, siendo el eje Z vertical, el eje X horizontal paralelo a la dirección del flujo de descarga y el eje Y perpendicular al plano definido por la tubería de descarga y por el eje de giro de la bomba.

Figura 6.41. Puntos de impacto en los ensayos con martillo instrumentado

En las siguientes gráficas se muestran los resultados más significativos:

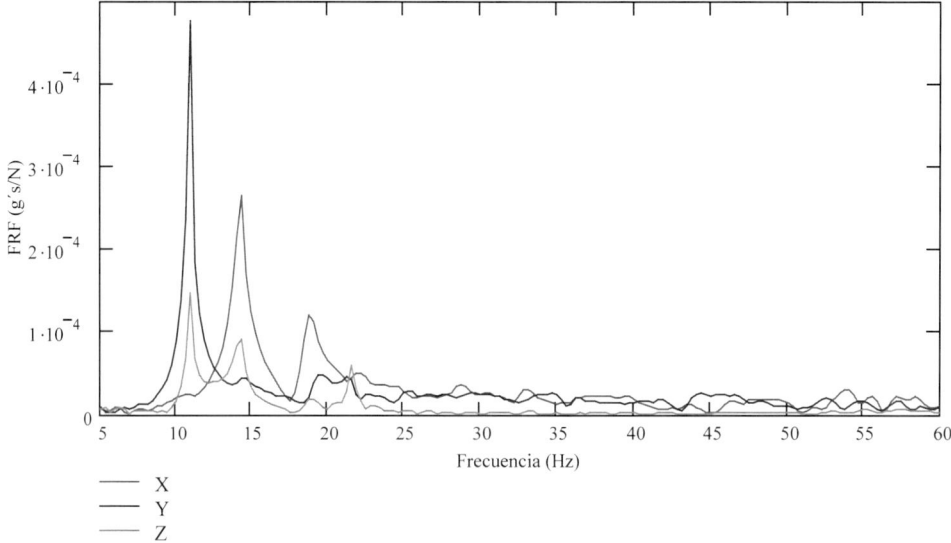

Figura 6.42. FRF de un punto del motor vs impacto en el propio motor

Destaca la presencia de una resonancia a 10,9 Hz con amplitud elevada en dirección Y (horizontal perpendicular a la tubería de descarga), esta resonancia sería excitada por el giro de la máquina al llegar a las 650 rpm. La segunda resonancia de 14,3 Hz ya no sería excitada por el giro de la máquina ya que su máxima velocidad son 750 rpm (12,5 Hz).

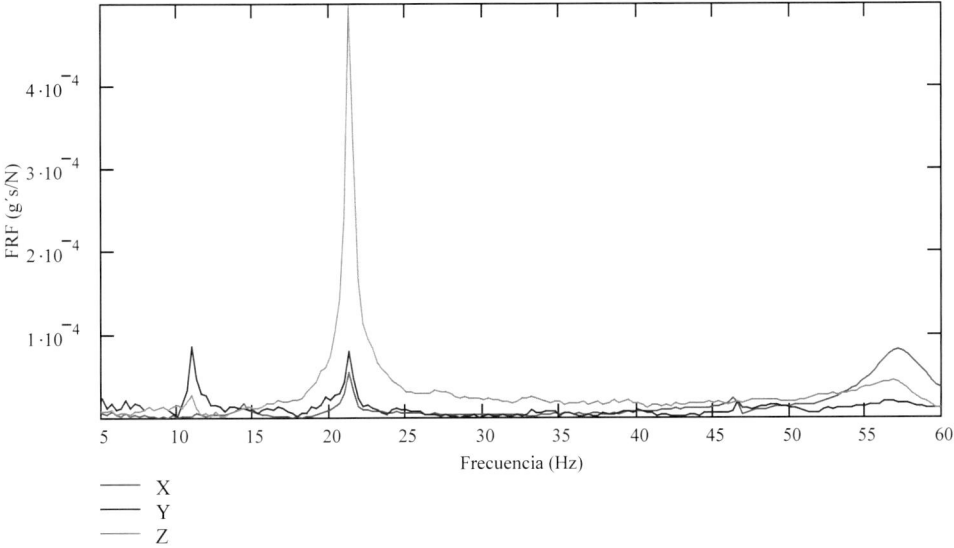

Figura 6.43. FRF de un punto del motor vs impacto en vertical en la tubería de descarga

En el golpeo sobre la tubería de descarga destaca la amplitud de la respuesta en dirección Z (vertical) a 21,3 Hz. Esta vibración podría ser excitada por el segundo armónico de la velocidad de giro de la bomba, al alcanzar esta las 640 rpm (10,65 Hz x 2 = 21,3 Hz).

Midiendo la respuesta en un punto situado sobre la tubería de descarga, destaca la resonancia de 21,3 Hz y otra a 56,9 Hz en dirección Y, esta segunda podría ser excitada por la frecuencia de paso de álabe de la máquina al girar en torno a las 683 rpm (683 rpm = 11,4 Hz y 11,4 x 5 = 57 Hz).

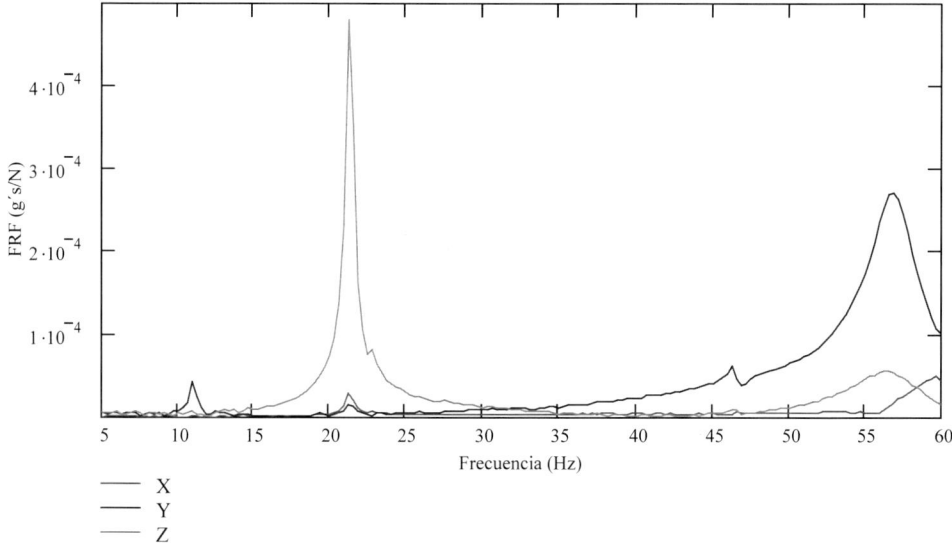

Figura 6.44. FRF de la tubería de descarga vs impacto en vertical en la propia tubería

Con las respuestas obtenidas en los distintos puntos de la bomba se pudieron obtener además de las frecuencias de resonancia, los distintos modos de vibración asociados a cada una de ellas. Los principales modos identificados fueron:

Tabla 6.5. Frecuencias naturales identificadas y modos de vibración asociados

Frecuencia	Modo
10,9 Hz	Balanceo plano YZ
21,3 Hz	Vertical bomba Z

Las medidas se repitieron en otra de las bombas de la instalación (que no daba problemas de funcionamiento), en este caso la frecuencia asociada al modo de balanceo en el plano YZ era de 12,2 Hz (732 rpm), mientras que la del modo vertical de la bomba era de 29,1 Hz.

Para verificar que el problema de la bomba estaba causado por la entrada en resonancia de la misma, se realizaron medidas con la bomba en funcionamiento a distintas velocidades de trabajo. Midiendo la respuesta en diez puntos de forma simultánea se pudo reproducir la forma de vibrar la bomba a 640, 675 y 705 rpm.

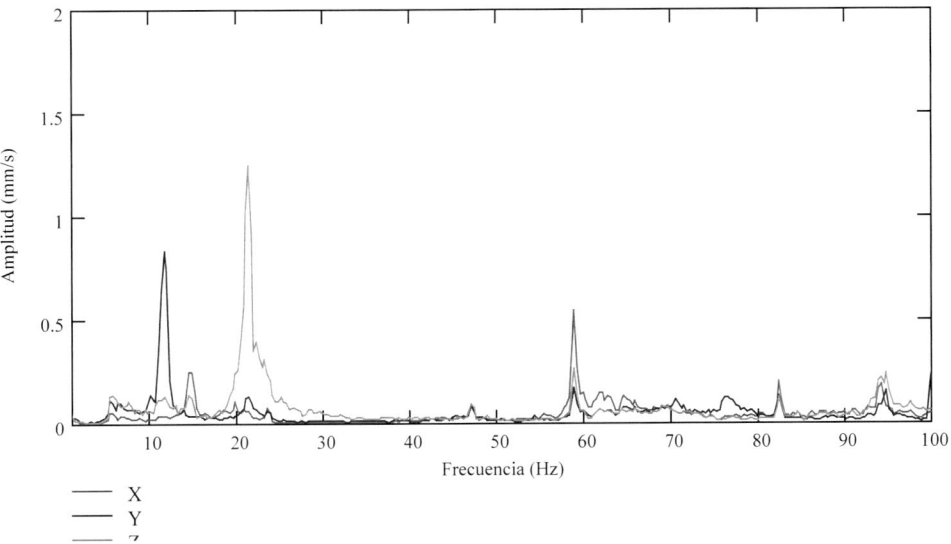

Figura 6.45. Vibración en un punto del motor funcionando a 705 rpm (11,7 Hz)

Con el motor girando a 705 rpm aparece vibración en el motor a 11,5 Hz con amplitud importante en Y, el movimiento de la bomba a esa frecuencia es un balanceo en el plano YZ. Vibración importante en Z (dirección vertical) a 21,3 Hz y vibración a 58,7 Hz (frecuencia de paso de álabe) con movimiento en dirección X (tubería de impulsión). En la medida realizada a 640 rpm destacaba la vibración a 21,3 Hz en Z.

Una vez comprobado que el problema era la entrada en resonancia del conjunto por la excitación causada por el giro del eje, el segundo armónico de ese giro y por la frecuencia de paso de álabe, se analizaron las causas que ocasionaban que sólo una de las cuatro bombas presentara amplitudes importantes de vibración.

Se encontraron diferencias entre los soportes de las bombas. Comprobándose que la rigidez de las vigas de soporte de la bomba problemática era menor. Preguntando a los responsables de la instalación por la causa de esa diferencia, se nos indicó que los soportes habían sido recortados para compensar un error cometido en la altura del hormigonado de las paredes de ese pozo.

Figura 6.46. Vigas soporte de una y otra bomba (a la derecha
soporte de la bomba con vibración elevada)

Para solucionar el problema se propuso incrementar la rigidez de las vigas utilizadas como soporte de la bomba. Como paso previo (más sencillo de poner en práctica) se sugirió añadir un perno de fijación adicional a los 2 existentes para unir la carcasa de la máquina a cada una de las vigas. De este modo se incrementó la rigidez del conjunto lo que ya permitió alcanzar una velocidad de trabajo más alta.

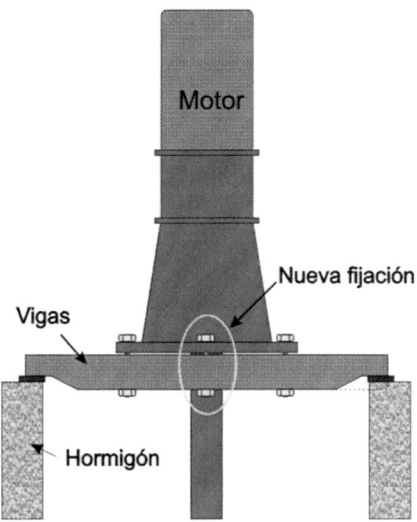

Figura 6.47. Esquema del soporte de la bomba y nuevo elemento de unión añadido

6.9. Motores y generadores eléctricos

En las máquinas eléctricas puede aparecer un nivel alto de vibraciones por causas mecánicas o por defectos electromagnéticos. Para identificar si la causa es una u otra, se puede desconectar la corriente para comprobar si en ese instante, mientras el motor continúa girando a causa de su inercia, desaparece la vibración lo que indicaría que probablemente estaba motivada por un problema eléctrico.

Hay que diferenciar entre las máquinas síncronas y las de inducción (asíncronas), las primeras suelen emplearse para proporcionar altas potencias con velocidades de giro normalmente bajas. Su velocidad es independiente de la carga (frecuencia de sincronismo), siendo igual al cociente entre la frecuencia de la red eléctrica (50Hz en Europa) y el número de pares de polos del estátor (p).

$$f_s = \frac{f_{red}}{p} \qquad\qquad \textbf{Ecuación 6.12}$$

En los motores de inducción la velocidad de giro, f_g, es inferior a la frecuencia de sincronismo y la diferencia entre ambas aumenta al aumentar la carga. Se suele emplea el llamado deslizamiento, S, en los cálculos realizados con máquinas asíncronas.

$$S = \frac{f_s - f_g}{f_s} \qquad\qquad \textbf{Ecuación 6.13}$$

Los generadores de inducción son similares a los motores y en ocasiones la misma máquina actúa como generador y como motor (por ejemplo, en centrales hidroeléctricas donde se bombea agua durante la noche utilizando la energía de una central nuclear cercana).

En este tipo de máquinas es recomendable analizar los transitorios de arranque y parada, pues pueden aparecer problemas que desaparecen al alcanzarse la velocidad de régimen, por ejemplo, en los motores sincronos durante el arranque aparecen oscilaciones en el par motor que desaparecen al alcanzarse la velocidad de sincronismo, y que pueden excitar alguna frecuencia natural de torsión. La frecuencia de dichas oscilaciones del par f_t es igual al producto del número de pares de polos por la diferencia entre la frecuencia de sincronismo y la velocidad de giro en ese instante.

6.9.1. Problemas en máquinas de inducción

Destaca la robustez y elevada fiabilidad de los motores de inducción, los rodamientos son la principal causa de fallo (entre el 40% y el 50%), seguido por los fallos del aislamiento estatórico (24% al 36%), siendo los fallos en el rotor la tercera causa de fallo (5% al 10%).

Los motores de inducción ampliaron su campo de aplicación con la introducción de los convertidores de frecuencia, ocupando el espacio que anteriormente quedaba dedicado a los motores de continua. Ahora bien, el convertidor de frecuencia, y particularmente el inversor, proporciona una alimentación no sinusoidal, formada generalmente por pulsos rectangulares de diferente anchura o amplitud. Esta alimentación posee un elevado contenido de armónicos, fuente de problemas en el motor, destacando el incremento de las vibraciones y del paso de corriente eléctrica por los rodamientos. Como solución al paso de corriente se puede poner a tierra el eje, o emplear rodamientos aislados.

6.9.1.1. Cortocircuito en el estátor

En motores de inducción, un cortocircuito en los devanados del estátor entre las espiras o entre bobinas de la misma fase genera vibraciones de frecuencia doble que la de la red eléctrica (2 x 50 = 100 Hz en Europa). Los cortocircuitos entre fases o entre una fase y masa ocasionan el salto de las protecciones eléctricas, con el consiguiente paro del motor. Esos cortocircuitos pueden ocasionarse por el deterioro del aislamiento por efecto de temperaturas elevadas. Causas de esas sobrecargas térmicas son: variaciones en la tensión de alimentación, arranques continuos, desequilibrio de tensión entre fases, mala ventilación, suciedad (polvo y vapores de aceite condensados sobre el aislamiento) y alta temperatura ambiente. Para temperatura ambiente superior a 40 ºC se debe utilizar la máquina por debajo de su potencia nominal. Otra causa de rotura de aislamiento son los posibles roces entre rotor y estátor ocasionados por un fallo en un rodamiento, una deformación del rotor, una desalineación del mismo o la entrada de un cuerpo extraño entre rotor y estátor.

6.9.1.2. Aumento de resistencia o rotura de una barra del rotor

Un problema en el rotor, como la rotura de una barra en un motor de jaula de ardilla, o el aumento de la resistencia eléctrica en una barra, puede originar las siguientes frecuencias de vibración:

- Aumento de la vibración a la velocidad de giro (f_g) y de sus armónicos superiores junto con bandas laterales espaciadas un incremento en frecuencia igual a la frecuencia de paso de polos f_{pp}.

$$f_{pp} = 2 \cdot S \cdot f_{red} = 2 \cdot p \cdot (f_s - f_g) \qquad \textbf{Ecuación 6.14}$$

- 2·f_{red} y bandas laterales espaciadas la frecuencia de paso de polos f_{pp}.
- Aumento en la amplitud a la frecuencia de paso de barras del rotor con bandas laterales espaciadas el doble de la frecuencia de red 2·f_{red} (N_b = número de barras del rotor, es un múltiplo par del número de polos).

$$f_{pb} = N_b \cdot f_g \qquad \textbf{Ecuación 6.15}$$

- En el estátor en dirección axial puede aparecer vibración a seis veces la frecuencia de giro junto con bandas laterales espaciadas f_{pp}.

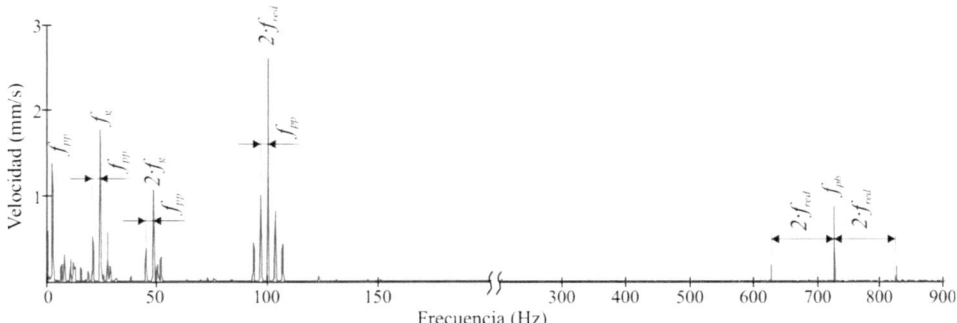

Figura 6.48. Espectro de un motor de inducción de dos pares de polos con problemas en una de las barras del rotor. Velocidad 1450 rpm. Rotor de 30 barras

6.9.1.3. Problemas en las conexiones

Un problema en el conector eléctrico de una de las fases generará vibraciones al doble de la frecuencia de la red junto con bandas laterales separadas en frecuencia 1/3 de la frecuencia de red. Por último, siempre aparecen componentes de vibración a *z* veces la frecuencia de la red, siendo *z* el número de polos del motor.

6.9.1.4. Excentricidad del rotor

Un problema bastante habitual en este tipo de máquinas es la excentricidad del rotor (entrehierro no uniforme). Esto origina asimetrías en el circuito magnético del motor. La excentricidad puede ser de dos tipos:

Excentricidad estática

El eje de rotación coincide con el eje geométrico del rotor, pero no con el centro geométrico del estátor. En este caso la posición de mínimo espesor del entrehierro es fija en el espacio. La frecuencia más característica de este defecto es igual a dos veces la frecuencia de la red, junto con bandas laterales separadas $2 \cdot f_{red}$ alrededor de la frecuencia de paso de barra f_{pb}.

Excentricidad dinámica

El eje de rotación no coincide con el eje geométrico del rotor. En este caso la posición de mínimo espesor del entrehierro gira con el rotor. En la vibración aparecen los primeros armónicos de la velocidad de giro (1x, 2x y 3x) además de bandas laterales con un incremento de frecuencia igual a $2 \cdot S \cdot f_{red}$. Esta vibración desaparecerá si se desconecta la energía eléctrica.

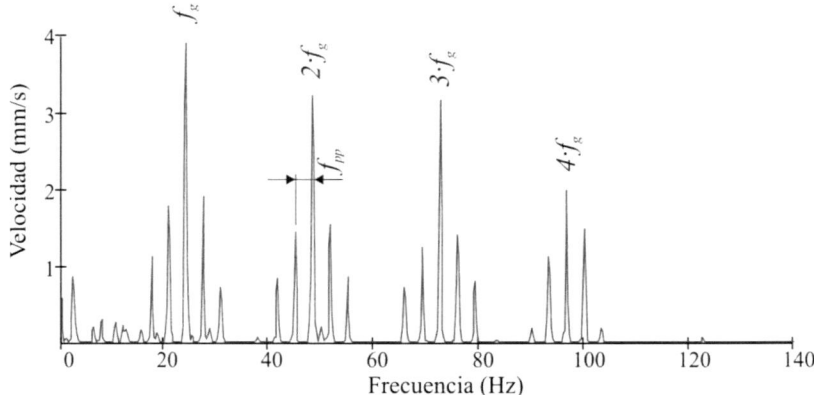

Figura 6.49. Espectro de un motor de inducción de dos pares de polos con excentricidad dinámica. Velocidad 1450 rpm

6.9.2. Otras técnicas de detección

Otras técnicas de detección de problemas en estas máquinas son la termografía sobre rodamientos y conexiones de los cables, y el análisis espectral de la corriente de alimentación del estátor, obteniéndose fácilmente las señales en cualquier punto de los cables mediante pinzas amperimétricas. Así, por ejemplo, la rotura de una barra del rotor origina bandas laterales alrededor de la frecuencia fundamental de la corriente de alimentación, mientras que la excentricidad del rotor genera componentes de alta frecuencia en el espectro. Existen criterios para valorar el daño en el motor en función de la diferencia de amplitud en la corriente de alimentación expresada en decibelios entre la amplitud a la frecuencia de la red y la amplitud del armónico anterior de frecuencia $f = f_{red} \cdot (1\text{-}2 \cdot S)$, realizando la medida con una carga superior al 70% de la nominal.

Tabla 6.6. Control de la corriente de alimentación

Diferencia en dB	Situación del motor
50	Buen estado
45	Varios puntos de alta resistencia
40	Una barra rota
35	Varias barras rotas

6.10. Máquinas alternativas

El estado de este tipo de máquinas suele evaluarse mediante medidas realizadas en el fluido del proceso, como temperaturas y presiones en la entrada y salida, junto con controles periódicos externos como medida de temperaturas de válvulas o de vibraciones de la carcasa.

En compresores alternativos el análisis de la evolución en la temperatura de las válvulas se ha mostrado como una técnica de mantenimiento predictivo efectiva. En las válvulas pueden aparecer fallos a causa del desgaste, de la fatiga de los materiales o por la presencia de partículas extrañas en el flujo de gas. En los casos de compresores con los cilindros lubricados por aceite, se reduce el desgaste de las válvulas, pero un exceso de aceite puede interferir en la dinámica de apertura y cierre de las mismas.

Otros parámetros estudiados son los diagramas PV de los cilindros obtenidos midiendo la presión con un sensor y el volumen a partir de la posición del cilindro. En algunos casos también se mide la vibración de la bancada del cigüeñal.

El empleo de sondas de proximidad para controlar el posicionado del cigüeñal en los cojinetes resulta muy complicado dado que se emplean holguras radiales muy pequeñas.

Este tipo de máquinas originan altos niveles de vibración a la frecuencia de giro y a sus armónicos superiores incluso cuando están en buen estado. Además, en motores de cuatro tiempos pueden aparecer vibraciones a la mitad de la frecuencia de giro pues el árbol de levas gira a esa velocidad. Fallos de combustión en un cilindro pueden originar también vibraciones a 1/2x, junto con la lógica pérdida de potencia.

6.11. Vibraciones en tuberías

En instalaciones industriales resulta complicado definir niveles aceptables de vibración en sus conducciones de fluidos, en muchas especificaciones técnicas se elude el problema indicando: *"... en el caso de vibración excesiva en las tuberías, se corregirá el problema introduciendo soportes, amortiguadores y uniones elásticas adecuadas..."*.

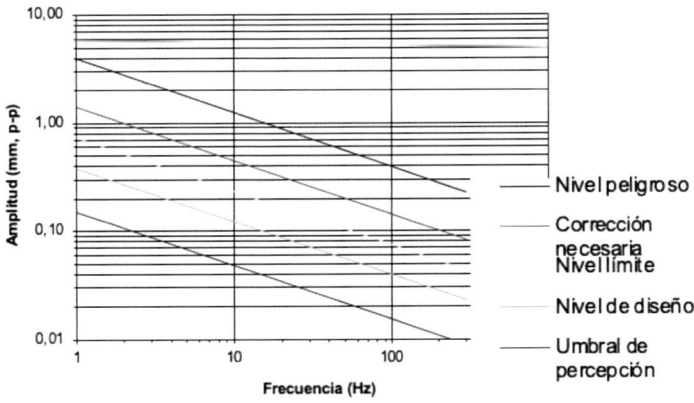

Figura 6.50. Niveles de vibración en tuberías

La excitación puede estar originada por ejemplo por el paso del álabe de la bomba de impulsión. Para determinar un nivel no aceptable pueden emplearse diversos criterios. Uno de ellos consiste en medir mediante extensometría las deformaciones que aparecen en la tubería, comparando las tensiones resultantes con el límite de fatiga del material. Según este criterio para tuberías de acero se consideran aceptables niveles de hasta 100 microdeformaciones (μm/m). Otro criterio, basado en datos experimentales emplea la amplitud de las vibraciones de la tubería tal y como muestra la Figura 6.50.

6.12. Ejercicios

6.12.1. Cálculo de las frecuencias de fallo en un rodamiento

Un eje está apoyado en rodamientos de bolas de contacto angular con las siguientes características: diámetro exterior $D = 72\,mm$, diámetro de eje $d = 30\,mm$, ángulo de contacto $\alpha = 40º$, número de elementos rodantes $Z = 10$, diámetro de los elementos rodantes $d_e = 13,5\,mm$. Sabiendo que el piñón gira a 1500 *rpm* se desea calcular la frecuencia de paso de bola por defecto en la pista exterior, la correspondiente a un defecto en la pista interior, así como la asociada a defecto en elemento rodante y en la jaula.

Solución

Primero hay que calcular el diámetro de paso y el factor geométrico γ:

$$d_m \approx \frac{d+D}{2} = \frac{30+72}{2} = 51mm \quad \gamma = \frac{d_e}{d_m} cos\,\alpha = \frac{13,5}{51} \cdot cos\,40\,^o = 0{,}2028$$

La frecuencia de paso por defecto en pista exterior resulta (siendo $n = 1500$ *rpm*):

$$f = \frac{1}{120}(1-\gamma) \cdot Z \cdot n = \frac{1}{120}(1-0{,}2028) \cdot 10 \cdot 1500 = 99{,}6\,Hz$$

La frecuencia de paso por defecto en pista interior (giratoria):

$$f = \frac{1}{120}(1+\gamma) \cdot Z \cdot n = \frac{1}{120}(1+0{,}2028) \cdot 10 \cdot 1500 = 150{,}3\,Hz$$

La frecuencia de defecto en elemento rodante:

$$f = \frac{1}{60}\frac{d_m}{d_e}(1-\gamma^2) \cdot n = \frac{1}{60}\frac{51}{13,5}(1-0{,}2028^2) \cdot 1500 = 90{,}6\,Hz$$

La frecuencia de defecto en la jaula:

$$f = \frac{1}{120}(1-\gamma) \cdot n = \frac{1}{120}(1-0{,}2028) \cdot 1500 = 9{,}96\,Hz$$

6.12.2. Cálculo de la frecuencia de engrane y de fase de ensamblaje

En una transmisión el piñón de entrada tiene $z_1 = 15$ dientes y la rueda $z_2 = 35$. Sabiendo que el piñón gira a 1500 rpm se desea calcular la frecuencia de engrane, la frecuencia de fase de ensamblaje y la frecuencia de repetición de diente.

Solución

Frecuencia de giro del piñón: 1500 rev/min = 1500/60 rev/seg = 25 *Hz*

La frecuencia de engrane será pues: $f_e = \omega_1 \cdot z_1 = 25 \cdot 15 = 375$ *Hz*

El número de fases de ensamblaje es igual al máximo común divisor entre los dientes del piñón y de la rueda, en este caso $N_e = 5$.

La frecuencia de fase de ensamblaje era:

$$f_{fe} = \frac{f_e}{N_e} = \frac{375}{5} = 75 \ Hz$$

Por último, la frecuencia de repetición de diente será:

$$f_{rd} = \frac{f_e \cdot N_e}{Z_1 \cdot Z_2} = \frac{375 \cdot 5}{15 \cdot 35} = 3,57 \ Hz$$

7
Equilibrado

7.1. Introducción

Un rotor está desequilibrado si su eje principal de inercia y su eje de rotación no coinciden. Esto significa que la distribución de masa es asimétrica respecto al eje de rotación. Causas posibles de desequilibrio son:

- En el diseño: hay geometrías que no pueden garantizar una distribución simétrica de masa respecto al eje de rotación, por ejemplo, un cigüeñal o un árbol de levas.

- En el material: presencia de grietas, cavidades o no homogeneidad del material forjado, fundido o laminado que ocasione una distribución de masa no uniforme.

- En la fabricación: imprecisiones de mecanizado (excentricidad, no coaxialidad)

- En el montaje: presencia de elementos de montaje como chavetas, pasadores, …

- En el funcionamiento: desgastes de cojinetes, depósitos de material en ventiladores, deformaciones térmicas, pérdidas de material por cavitación en bombas, etc.

Los desequilibrios originan fuerzas dinámicas siendo una de las fuentes más comunes de vibración y pudiendo causar el fallo prematuro de distintos componentes. Para evitarlo existen diversos métodos de equilibrado. En algunos casos se emplean máquinas de equilibrado, pero en otros casos puede ser necesario recurrir al equilibrado in situ.

Antes de presentar las técnicas de equilibrado es necesario distinguir entre ejes rígidos y flexibles. Si un rotor gira a una velocidad cercana a una de sus velocidades críticas, la fuerza generada por un desequilibrio al tener una frecuencia igual a la de giro excitará el modo de vibración asociado a esa velocidad crítica, produciendo deformaciones importantes que modifican la distribución de masas, esto puede hacer que un equilibrado realizado a baja velocidad no sea adecuado en ese caso. Para que pueda considerarse un rotor como rígido, su primera frecuencia natural ha de ser al menos un 50% más alta que la velocidad de giro.

Una forma alternativa para identificar un rotor como rígido consiste en añadir una masa en posición central y medir la vibración a la velocidad de régimen, A. Se reparte esa masa entre dos posiciones extremas del eje situadas en la misma posición angular que anteriormente y se repite la medida de vibración, B. El rotor se puede considerar como rígido si se cumple la desigualdad siguiente:

$$\frac{|\vec{B}-\vec{A}|}{|\vec{A}|} < 0,2$$

Ecuación 7.1

Un rotor rígido puede presentar dos clases de desequilibrio:

- Estático: el centro de gravedad no está situado sobre el eje de rotación (eje principal de inercia paralelo al eje de rotación).

- Dinámico: el eje principal de inercia forma un ángulo no nulo con el eje de rotación.

Para lograr el equilibrado de un rotor rígido en general es necesario modificar masa en dos planos distintos de equilibrado. Tan sólo si la masa del eje se concentra en un disco estrecho puede lograrse un buen equilibrado modificando masa en un único plano.

Figura 7.1. Desequilibrio dinámico (izquierda) y estático (derecha)

Para realizar las correcciones de masa se pueden añadir o eliminar tornillos o arandelas de equilibrado, realizar taladros, en ventiladores se pueden añadir grapas en forma de U en las palas, que son posteriormente sustituidas por masas soldadas en el eje.

En este tema nos centraremos en el comportamiento de ejes flexibles, aunque los procedimientos presentados pueden utilizarse para el equilibrado de ejes rígidos. Existe una norma internacional, la ISO 21940-12:2016 "Vibraciones mecánicas – Equilibrado de rotores – Procedimientos y tolerancias para rotores con comportamiento flexible", que aborda el equilibrado de ejes flexibles.

Antes de decidirse a realizar una tarea de equilibrado, es necesario asegurarse de que la causa del alto nivel de vibraciones es realmente un desequilibrio. Algunos de los orígenes de vibraciones síncronas que pueden confundirse con un desequilibrio son los siguientes:

- Excesiva holgura radial en los cojinetes de aceite
- Flexión del rotor
- Influencias eléctricas
- Desalineación u otro tipo de precarga
- Grieta en un eje
- Problemas con la cimentación de la máquina

El equilibrado hay que realizarlo a la temperatura de régimen de la máquina, y si es posible con todas las situaciones de carga posibles, desde el eje girando en vacío hasta funcionando a plena carga.

Caso 9. Ejemplo de eje con un desequilibrio en el diseño

En 2015 firmamos un convenio de colaboración con un fabricante de maquinaria para el procesado de productos cárnicos. Dentro de ese convenio de colaboración se trabajó en la reducción de las vibraciones generadas en el funcionamiento de una máquina cutter. En esta máquina el eje encargado de cortar la carne tiene montadas seis cuchillas y alcanza las 4000 rpm. Durante las pruebas realizadas se comprobó que la máquina entraba en resonancia al alcanzar las 3300 rpm causando una alta vibración. Analizamos la geometría del eje de cuchillas encontrando un desequilibrio en su diseño causado por el orden de montaje de las cuchillas en el eje.

Figura 7.2. Cuchillas de máquina cúter. Ensayo de frecuencias naturales

Dado que la máquina emplea cuchillas de una hoja, el centro de gravedad de cada una de ellas está situado a una distancia de 88 mm del eje de rotación. Para compensar ese desequilibrio el fabricante monta las cuchillas por parejas enfrentadas, seleccionando las que presenten exactamente el mismo peso para contrarrestar la fuerza centrífuga de una con la de su pareja, tal y como se muestra en la siguiente imagen extraída de las instrucciones de la máquina. Para mejorar el trabajo de la máquina las cuchillas se distancian en dirección axial mediante unos discos espaciadores de plástico (discos B).

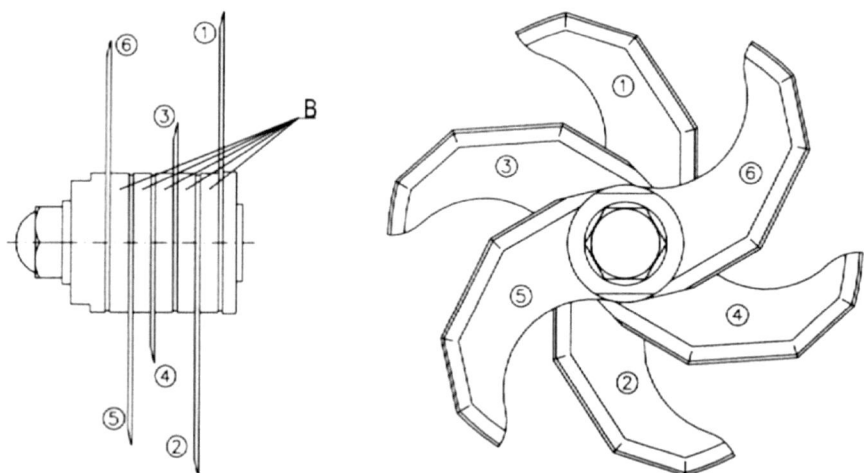

Figura 7.3. Posiciones de montaje de las cuchillas

Al estar separadas, cada pareja de cuchillas (1-2, 3-4 y 5-6) genera un vector momento (par de fuerzas) igual al producto de la fuerza de desequilibrio de la cuchilla por la distancia entre cuchillas, esos momentos giran con el eje generando vibración.

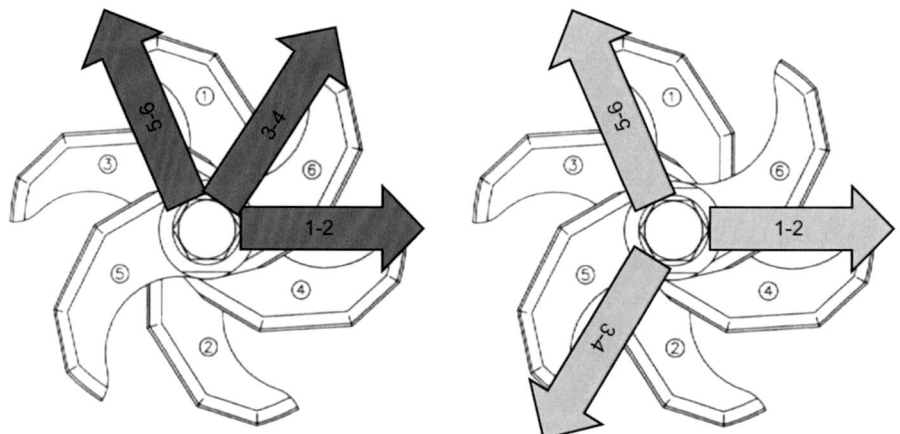

Figura 7.4. Momentos desequilibrados izquierda y equilibrados (derecha)

Para equilibrar los momentos se intercambiaron las posiciones de las cuchillas 3 y 4, de este modo los tres vectores momento quedan dispuestos a 120° equilibrándose entre ellos. Con este cambio se redujo la amplitud de la vibración a la tercera parte.

7.2. Comportamiento dinámico de ejes flexibles

7.2.1. Velocidades críticas

El comportamiento dinámico de un eje flexible es similar al de un sistema vibratorio de masas y resortes, pero existen algunas diferencias. En el análisis hay que diferenciar entre la velocidad de rotación Ω y la velocidad ω con la que el rotor recorre una órbita al deformarse a flexión. Si el rotor está girando de forma estable a una velocidad Ω, y le aplicamos un impacto tangente en el sentido de giro, se deformará a flexión orbitando a una frecuencia ω en el mismo sentido (Forward Whirling FW), pero si el impacto se aplica en sentido opuesto al de rotación, seguirá una órbita en sentido opuesto al giro (Backward Whirling BW). Las frecuencias de estas órbitas son las frecuencias naturales del rotor. Cuando la velocidad de rotación coincide con una de estas frecuencias naturales se le denomina velocidad crítica. Habitualmente los modos BW no son excitados por las fuerzas de desequilibrio con lo que las órbitas que observaremos serán FW. Los efectos giroscópicos correspondientes a los elementos que forman parte del rotor (engranajes, poleas, álabes, …) incrementan las frecuencias FW reduciendo las BW.

En 1924 Campbell representó en el eje vertical de una gráfica la frecuencia de la órbita y en el eje horizontal la frecuencia de giro del rotor. La intersección de la línea síncrona con las curvas correspondientes a las frecuencias naturales FW y BW proporcionan las correspondientes velocidades críticas. En la Figura 7.5 se muestra el diagrama de Campbell correspondiente a una turbina de vapor, donde la primera velocidad crítica son 1770 rpm, mientras que la segunda velocidad crítica aparece en 4700 rpm en el caso del modo Forward (4260 rpm en el modo Backward).

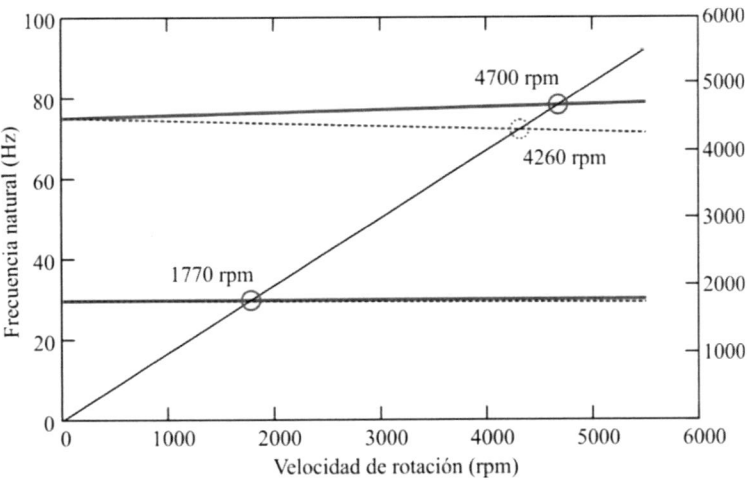

Figura 7.5. Diagrama de Campbell

En la práctica rara vez se aprecian los modos BW, entre otros motivos, los modos FW generan tensiones constantes en el material (si la órbita es circular), mientras que los BW generan tensiones alternantes con frecuencia doble a la de rotación. Esto ocasiona que aparezca amortiguamiento estructural que además será más alto cuanto mayor sea la velocidad. Este amortiguamiento puede suprimir los picos BW en la respuesta del eje a desequilibrios.

Las precargas introducen términos adicionales de rigidez, modificando las ecuaciones del movimiento y así pues las velocidades críticas. Esto se puede apreciar en rotores con elevadas cargas de empuje (axiales).

7.2.2. Modos de vibración

En el equilibrado de un eje flexible es necesario conocer sus modos de vibración (forma de la deformada correspondiente a cada una de sus velocidades críticas), para poder determinar junto con la accesibilidad la situación ideal de los planos donde actuar modificando la masa para lograr un nivel reducido de vibración en cada uno de esos modos.

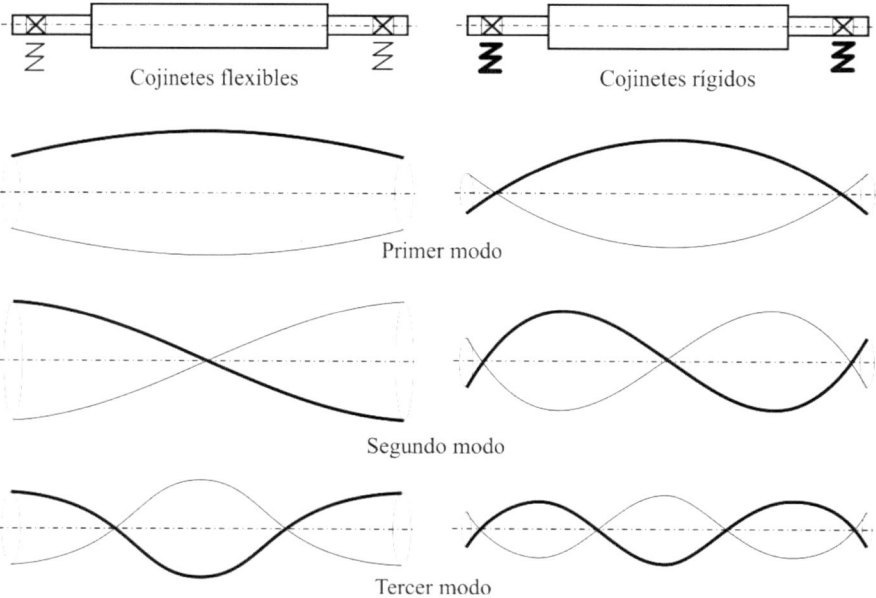

Figura 7.6. Modos de vibración de un eje sobre apoyos poco rígidos (izquierda) y muy rígidos (derecha)

En la Figura 7.6 se muestra los tres primeros modos de vibración correspondientes a las tres primeras velocidades críticas de un eje con apoyos cercanos a sus extremos, cuando el efecto del amortiguamiento es despreciable y la rigidez de los cojinetes en dirección horizontal y vertical es similar. Se puede apreciar el efecto de la rigidez de los apoyos sobre los modos de vibración generados. El movimiento del eje en cada caso es una revolución de las curvas planas mostradas en las figuras. Los modos correspondientes al eje apoyado sobre cojinetes rígidos presentarán valores de velocidades críticas más altas que las asociadas al eje apoyado en cojinetes flexibles.

En el caso de existir un nivel alto de amortiguamiento (cojinetes de aceite), los modos de flexión correspondientes serán curvas espaciales, girando alrededor del eje de rotación.

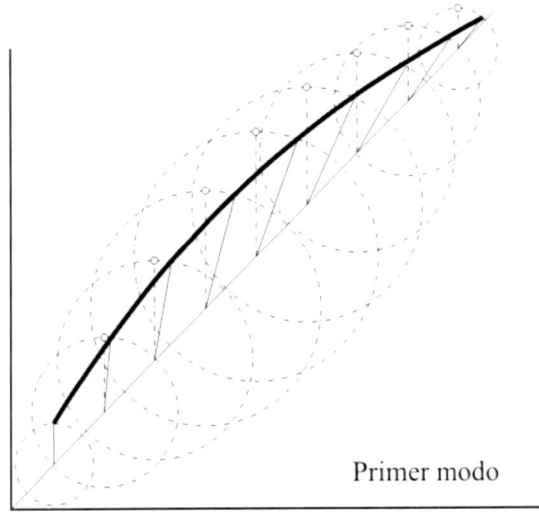

Primer modo

Figura 7.7. Primer modo de vibración de un eje flexible en presencia de amortiguamiento

La distribución del desequilibrio a lo largo del eje puede expresarse en función de los llamados "desequilibrios modales", estando causada la deformación en cada uno de los modos de vibración por el correspondiente desequilibrio modal. Cuando un eje gira a una velocidad cercana a una frecuencia natural, la deformación que aparece es prácticamente igual al modo de vibración asociado a dicha frecuencia natural, mientras que la amplitud de la vibración dependerá de:

- La cantidad de desequilibrio modal
- La cercanía de la velocidad de giro a la frecuencia natural
- La cantidad de amortiguamiento del sistema

La reducción del desequilibrio modal mediante la corrección de masa en un número discreto de puntos reducirá la amplitud de vibración asociada. El efecto de las correcciones de masa en cada modo de vibración dependerá de la situación del plano donde se realice dicha corrección, dicho efecto será máximo cuando el plano se encuentre en zonas de amplitud elevada, y su efecto será reducido si se modifica la masa cerca de un nodo (puntos donde no hay vibración). Así, por ejemplo, una modificación de masa en la sección central del eje de la Figura 7.6 tendría efecto sobre los modos primero y tercero, pero no influirá sobre el segundo modo de vibración.

Para poder alcanzar un nivel de equilibrado aceptable, en general se necesitan al menos tantos planos de corrección de masa a lo largo del eje como frecuencias naturales supere la velocidad de giro del mismo, pero es recomendable que el número de planos empleados sea superior en una unidad (o incluso en ocasiones en dos unidades) al número de frecuencias naturales superadas.

7.3. Equilibrado básico (un plano)

Para la realización del equilibrado se pueden emplear tanto transductores inerciales (acelerómetros), situados en el apoyo de los rodamientos, como sondas de proximidad para controlar el movimiento del eje, utilizándose además un sensor de paso (o fase) como referencia para marcar el origen de los ángulos. El caso más simple es el de un eje apoyado en sus extremos y dotado de un disco en el centro donde se concentre casi toda la masa. Este sistema dinámico se comporta como un sistema de un grado de libertad, donde la rigidez a flexión del eje *K* actúa como resorte. Se va a despreciar el efecto del amortiguamiento para simplificar el proceso. Si hay un desequilibrio, el centro de gravedad *G* no coincide con el eje de rotación, existiendo una excentricidad *e* (distancia desde eje de rotación *B* al centro de gravedad). Si la velocidad es reducida, la fuerza de desequilibrio es despreciable y no se produce deformación en el eje.

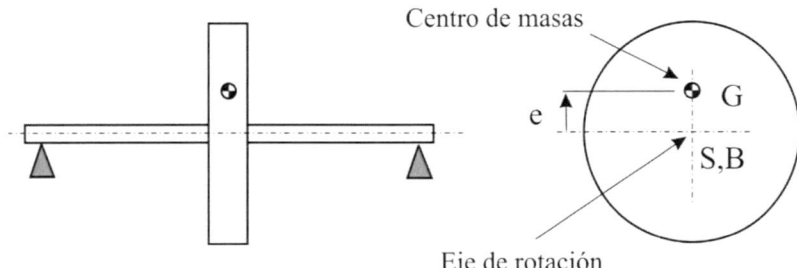

Figura 7.8. Eje con desequilibrio

Al aumentar la velocidad ω, la fuerza centrífuga crece con el cuadrado de esa velocidad, originando una deformación *y* en el eje. Mientras no se alcanza la velocidad crítica (frecuencia natural) del eje la dirección de la deformación y de la fuerza centrífuga coinciden (fuerza de excitación y deformación están en fase).

La fuerza centrífuga que intenta deformar el eje será igual a:

$$F_c = M \cdot (y + e) \cdot \omega^2 \qquad \text{**Ecuación 7.2**}$$

La deformación *y* genera una fuerza elástica que se opone a la misma:

$$F_r = K \cdot y \qquad \text{**Ecuación 7.3**}$$

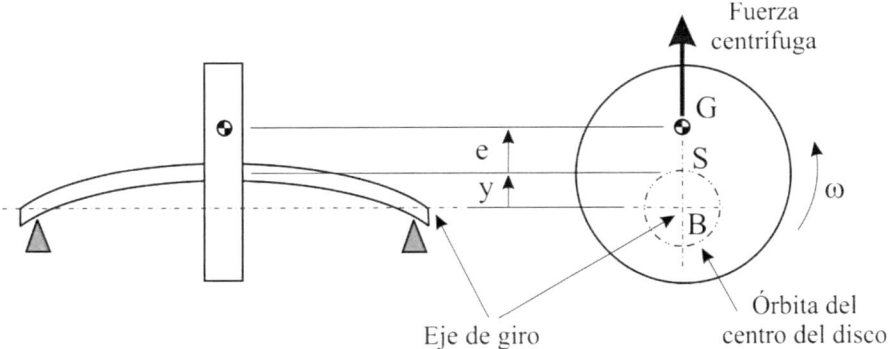

Figura 7.9. Eje girando a una velocidad ω inferior a la frecuencia natural. Aparece una deformación y (distancia del centro del disco al eje de rotación

Igualando ambas fuerzas y despejando la deformación a flexión que aparece en el eje:

$$y = \frac{M \cdot e \cdot \omega^2}{K - M \cdot \omega^2} = \frac{e \cdot \omega^2}{(K/M) - \omega^2}$$

Ecuación 7.4

Y recordando la expresión de la frecuencia natural del sistema:

$$y = \frac{e \cdot \omega^2}{\omega_n^2 - \omega^2}$$

Ecuación 7.5

En la expresión anterior la única magnitud que no es una constante es la velocidad ω. Dividiendo numerador y denominador por el cuadrado de la frecuencia natural del sistema tendremos:

$$y = \frac{e \cdot r^2}{1 - r^2}$$

Ecuación 7.6

Siendo $r = \frac{\omega}{\omega_n}$ la relación de frecuencias.

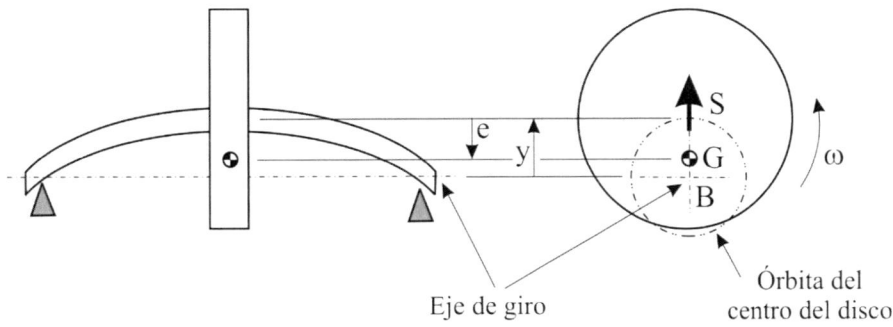

Figura 7.10. Deformación del eje a velocidades superiores a la crítica

Cuando la velocidad de giro se acerca a la crítica del eje la amplitud *y* tiende a infinito (en la realidad esta amplitud se ve limitada por el amortiguamiento del sistema que no hemos considerado). Cuando se supera la velocidad crítica r > 1, la deformación *y* pasa a tener signo contrario al de la excentricidad *e*, (cambio de fase de 180º en el sentido de la deformación respecto a la posición del centro de masas, ver Figura 7.10).

Por último, cuando la velocidad sigue aumentando por encima de la crítica la deformación se va reduciendo, convergiendo hacia la excentricidad de la carga *e*, con lo que el centro de masas se sitúa sobre el eje de rotación, como si el rotor se hubiese autoequilibrado.

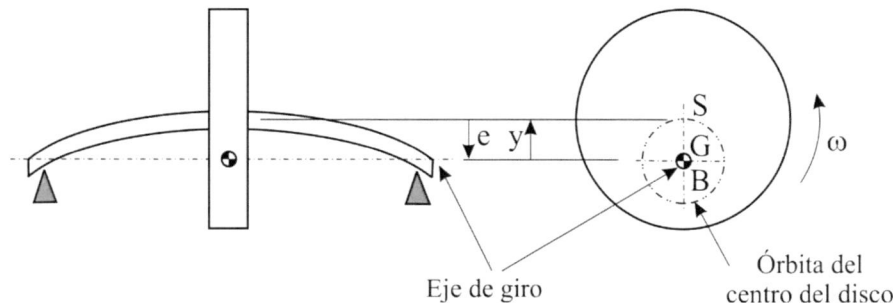

Figura 7.11. Deformación del eje a velocidades muy superiores a la crítica

En la Figura 7.12 se muestra la evolución de la amplitud de la deformación en el eje respecto a la relación entre la velocidad de giro y la velocidad crítica, supuesta una excentricidad en el centro de masas *e* = 2.

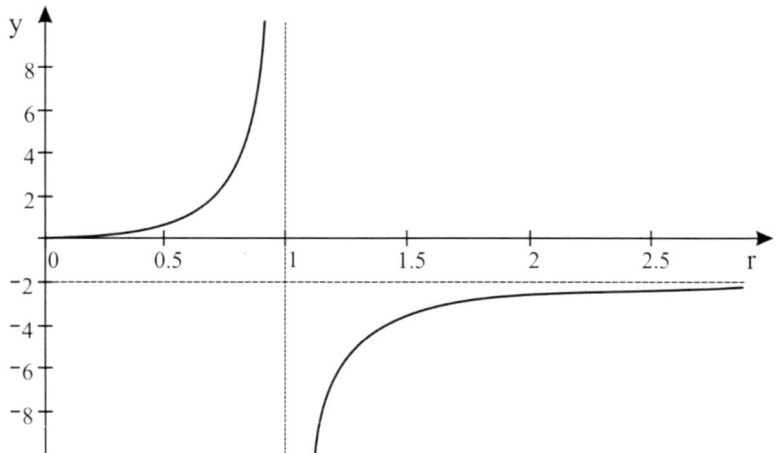

Figura 7.12. Deformación del rotor en función de *r*, para *e* = 2

De las figuras anteriores se deduce que para equilibrar el rotor a partir de las medidas de su desplazamiento es necesario saber si está girando por encima o por debajo de su frecuencia natural, pues si estamos trabajando a una velocidad de rotación inferior a la frecuencia natural, la masa hay que añadirla en la posición opuesta a la máxima amplitud de desplazamiento, mientras que si estamos trabajando por encima de su frecuencia natural la masa hay que añadirla en la posición angular del máximo desplazamiento.

En la Figura 7.13 se muestra las señales registradas en el caso de un ventilador desequilibrado de 3200 kg girando a 1100 rpm (velocidad inferior a la crítica). En este caso hay que eliminar masa en la posición de la marca del trigger o bien añadir masa en la posición opuesta. La velocidad crítica es de 1500 rpm.

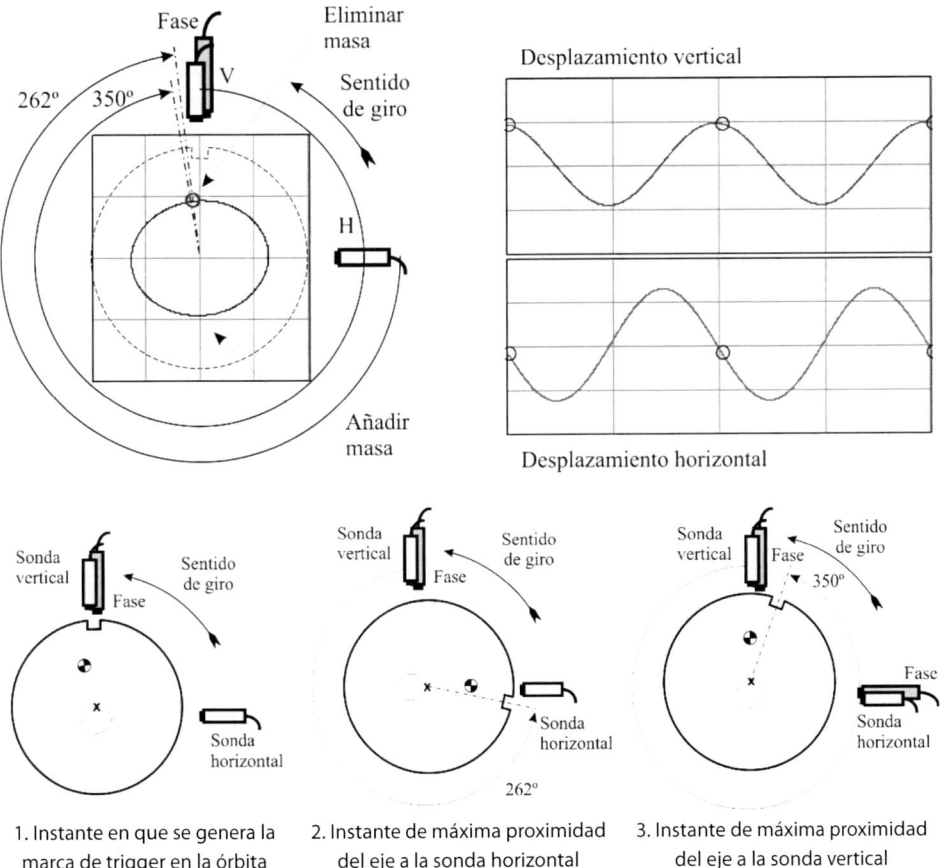

1. Instante en que se genera la marca de trigger en la órbita

2. Instante de máxima proximidad del eje a la sonda horizontal

3. Instante de máxima proximidad del eje a la sonda vertical

Figura 7.13. Señales de las sondas de proximidad y órbita resultante de un eje con un desequilibrio girando a velocidad inferior a la crítica. Amplitud vertical pico-pico = 28 μm (micras), horizontal = 38 μm. Velocidad = 1100 rpm

El mismo eje cuando trabaja a una velocidad de 2300 rpm, es decir superior a su velocidad crítica (frecuencia natural) presenta la siguiente vibración.

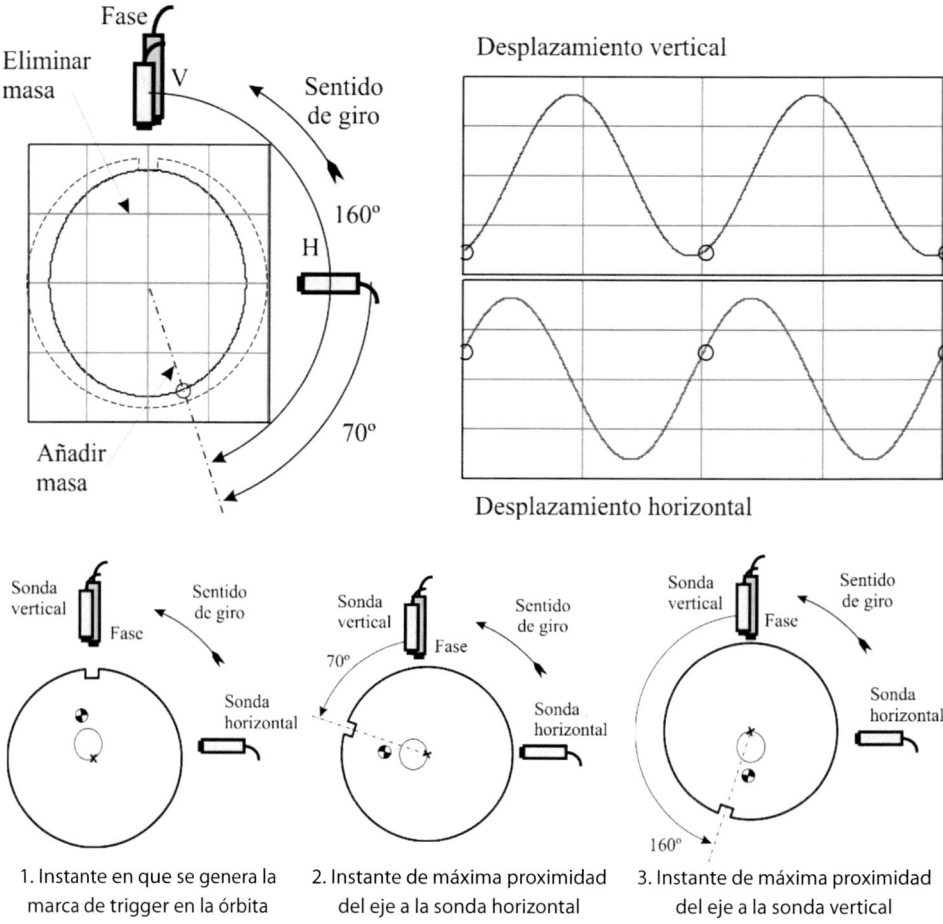

Figura 7.14. Señales cuando el eje gira a una velocidad superior a la crítica

En este caso hay que añadir masa en el punto que señala la marca del trigger, lógicamente es la misma posición que en el caso anterior.

7.3.1. Método de los coeficientes de influencia

Requiere el empleo de un sensor de fase para fijar una referencia de posición angular del rotor. La ecuación que gobierna el proceso de equilibrado es:

$$\vec{A} = \vec{K} \cdot \vec{D}$$ **Ecuación 7.7**

Ecuación en la que los tres términos son magnitudes vectoriales. En ella la amplitud de la vibración $\vec{A}$ es fácilmente mensurable como hemos visto anteriormente. El problema es averiguar la magnitud del desequilibrio $\vec{D}$, dado que inicialmente se desconoce la relación entre este y la vibración que genera. Dicha relación la proporciona el coeficiente de influencia $\vec{K}$. Para determinar la influencia del desequilibrio se puede añadir al eje una masa conocida en una posición angular concreta. Como orientación para seleccionar esa masa se recomienda el empleo de masas que generen una fuerza centrífuga que se encuentre entre el 5% y el 15% del peso del eje.

Sea $\vec{m}$ el vector correspondiente a la masa que añadimos, y sea $\vec{B}$ la nueva amplitud de vibración después de añadirse de la masa. Si el sistema tiene un comportamiento lineal:

$$\vec{B} = \vec{K} \cdot (\vec{D} + \vec{m}) = \vec{K} \cdot \vec{D} + \vec{K} \cdot \vec{m} = \vec{A} + \vec{K} \cdot \vec{m} \qquad \textbf{Ecuación 7.8}$$

y despejando el coeficiente de influencia:

$$\vec{K} = \frac{\vec{B} - \vec{A}}{\vec{m}} \qquad \textbf{Ecuación 7.9}$$

Donde las amplitudes de vibración se pueden medir en micras, mm/s o m/s², las masas de desequilibrio bien en gramos o en gramos·mm, siendo las unidades resultantes del coeficiente de influencia el cociente entre las anteriores.

Hay que destacar que el plano de desequilibrio, el plano de corrección (donde se puede añadir o eliminar masa) y el plano de medida normalmente son distintos. Las ecuaciones anteriores intentan minimizar la amplitud de la vibración en el plano de medida, usualmente esto conlleva una reducción de la amplitud de la vibración a lo largo de todo el eje, pero es recomendable tener presente el modo de vibración del eje y comprobar que la corrección realizada no aumente las vibraciones en otro punto.

Se ha asumido un comportamiento lineal del sistema, pero la presencia de precargas importantes sobre el eje como un desalineamiento, o una fuerza de engrane, los efectos térmicos, las fuerzas ejercidas por fluidos, inestabilidades de los cojinetes, etc. pueden afectar a la linealidad luego a la precisión de estos cálculos.

7.3.1.1. Criterios de signos

Hay dos posibilidades a la hora de asignar el ángulo a una medida de amplitud de vibración. La primera es que el ángulo asignado se corresponda con el giro del eje desde que se produce el paso por la marca de fase hasta el instante de máxima señal en el sensor de desplazamiento (máxima proximidad del eje al sensor). En este caso los ángulos para posicionar las masas de desequilibrio se miden en sentido contrario al de rotación. La segunda opción es que el ángulo asignado a la amplitud de vibración medida sea el correspondiente al giro del eje desde el instante de máxima proximidad al sensor de desplazamiento hasta que se produce la siguiente marca de fase. En este caso los ángulos para posicionar las masas se miden en el mismo sentido que el de rotación del eje.

Por último, hay que destacar que el origen de la medida de los ángulos de las masas de desequilibrio, puede ser cualquiera, es decir que no es necesario que coincida con la marca de fase.

7.3.2. Método de las cuatro carreras

Este método se puede emplear cuando no se dispone de lectura de la posición angular del rotor, bastando para su empleo con disponer de medidas de amplitud de vibración en cuatro carreras (arranques de la máquina). El procedimiento es el siguiente:

1. Se marcan tres posiciones angulares en el rotor equidistantes 120º en el plano donde se van a realizar las modificaciones de masa (con ángulos próximos a ese valor también funciona).

2. Se mide la amplitud inicial de la vibración R_0, ya sea con un transductor inercial o con una sonda de desplazamiento.

3. Se sitúa una masa de prueba *m* en la primera posición angular y se mide la nueva amplitud de vibración resultante R_1.

4. Se repite el paso anterior desplazando la masa de prueba a las posiciones 2 y 3 (amplitudes R_2 y R_3).

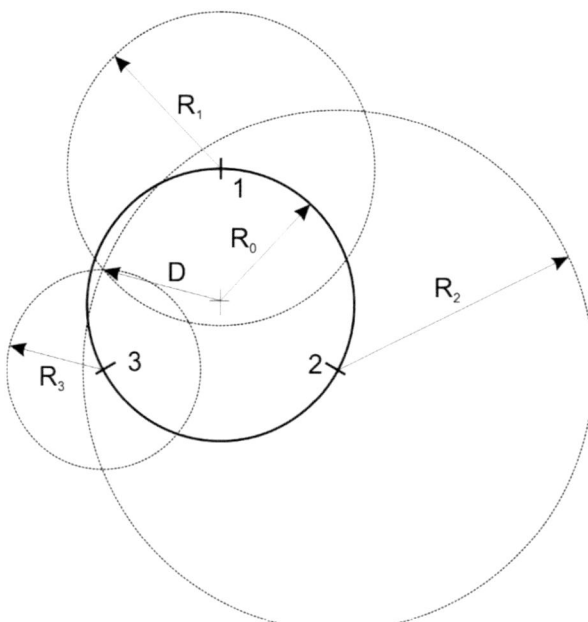

Figura 7.15. Resolución gráfica del equilibrado

Para el cálculo de la magnitud y posición de la masa de equilibrado se dibuja un círculo de radio proporcional a la amplitud inicial de vibración (R_0). En la periferia del círculo se marcan las tres posiciones angulares donde se sitúan las masas de prueba durante el equilibrado. Desde esas marcas de dibujan tres círculos de radio igual a las amplitudes medidas tras cada una de las correcciones de masa (R_1, R_2 y R_3). Los tres círculos trazados deberían cruzarse en un mismo punto, como se puede observaren la Figura 7.15. Este punto sirve para definir la posición angular de la masa de equilibrado, y el módulo del vector (D) definido por ese punto permite calcular la magnitud de dicho peso con la expresión:

$$m_c = \frac{R_0}{D} \cdot m$$
Ecuación 7.10

7.4. Equilibrado en dos planos

El siguiente nivel de desequilibrio consiste en una distribución deficiente de masa a lo largo de dos planos. En esta situación aparece una primera velocidad crítica correspondiente a un modo de vibración de traslación similar al caso de un rotor con la masa situada en un único plano, y una segunda velocidad crítica de pivotaje, con una amplitud de vibración prácticamente nula en el centro del eje.

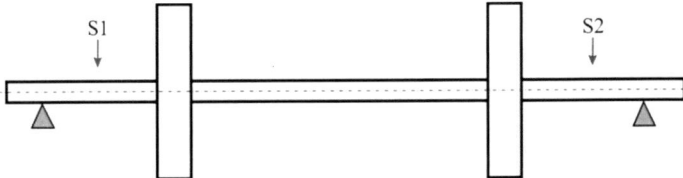

Figura 7.16. Eje con la masa dispuesta en dos planos intermedios

Figura 7.17. Modo de vibración a la primera velocidad crítica del eje, 1730 rpm

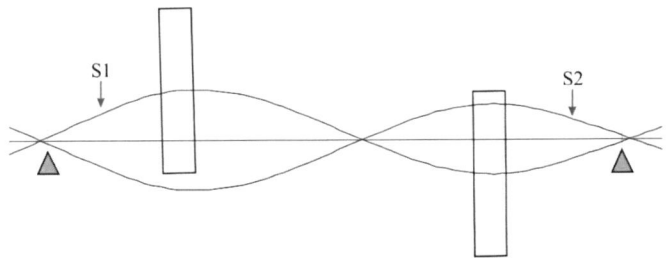

Figura 7.18. Modo de vibración a la segunda velocidad crítica del eje, 4325 rpm

En la Figura 7.19 se puede observar la evolución de la amplitud de las vibraciones registradas con la velocidad de giro del eje, apareciendo amplitudes importantes a las frecuencias naturales (velocidades críticas) correspondientes a los dos modos de vibración vistos anteriormente. Además, en la representación del ángulo de fase, se puede ver que ambos extremos del eje se mueven en fase en el caso de la primera frecuencia natural, y que, al llegar la velocidad a la segunda frecuencia natural, el desfase en el movimiento registrado en ambas sondas es de 180º (segundo modo de vibración).

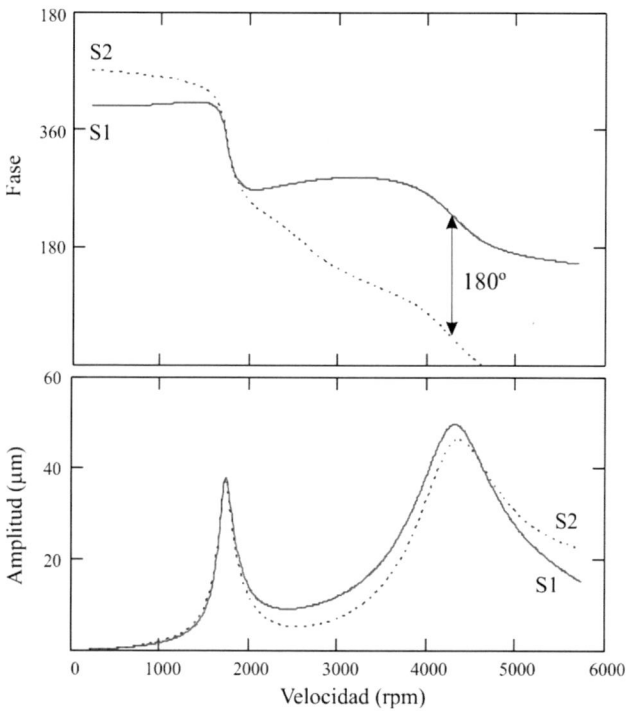

Figura 7.19. Diagrama de Bode mostrando la amplitud del movimiento vertical y el ángulo de fase de los dos extremos del eje respecto a la velocidad de giro

Otra forma de representar esos mismos datos de vibración en función de la velocidad de giro del eje es mediante un diagrama polar, donde se representa en dirección radial el valor de la amplitud.

En este tipo de gráfico, la dirección de la masa de equilibrado a añadir para corregir las vibraciones de una de las resonancias puede determinarse de forma aproximada teniendo en cuenta que, en la resonancia, el desfase entre fuerza de desequilibrio y la vibración registrada es de 90º, independientemente del valor del amortiguamiento. Añadiendo idéntica masa en ambos planos, se actuará sobre ese segundo modo de vibración, sin afectar prácticamente al primero. Los diagramas polares son de gran utilidad para separar frecuencias naturales muy cercanas.

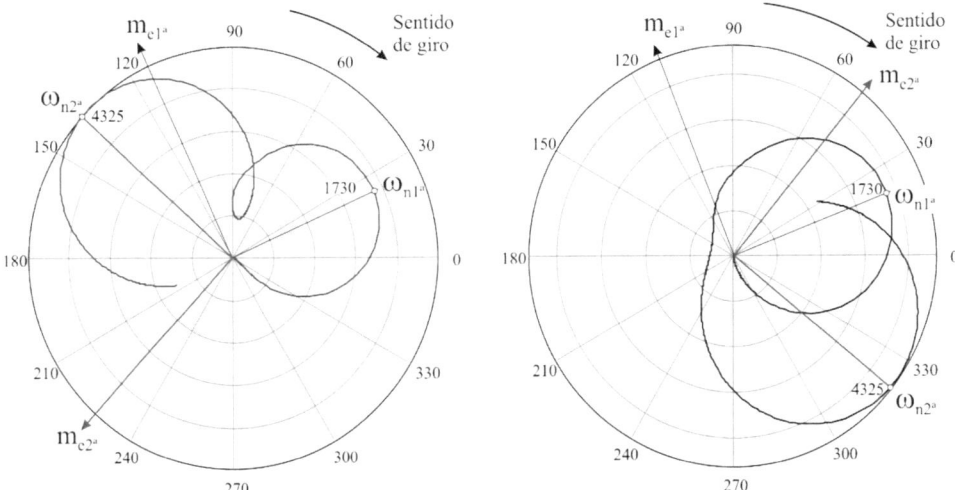

Figura 7.20. Diagramas polares de las vibraciones registradas en ambos extremos del eje

Se plantea a continuación las ecuaciones que controlan el equilibrado en el caso de dos planos, asumiendo que el comportamiento es lineal. Siendo $\vec{A}_1$ y $\vec{A}_2$ las amplitudes de vibración registradas en los dos puntos de medida, $\vec{D}_1$ y $\vec{D}_2$ las magnitudes de los desequilibrios de cada uno de los planos, $\vec{K}_{11}$ el coeficiente de influencia sobre el punto de medida 1 de una masa de desequilibrio en el Plano 1, y $\vec{K}_{12}$ el coeficiente de influencia sobre el punto de medida 1 de un desequilibrio en el Plano 2, etc.

$$\vec{A}_1 = \vec{K}_{11} \cdot \vec{D}_1 + \vec{K}_{12} \cdot \vec{D}_2 \qquad\qquad \textbf{Ecuación 7.11}$$

$$\vec{A}_2 = \vec{K}_{21} \cdot \vec{D}_1 + \vec{K}_{22} \cdot \vec{D}_2 \qquad\qquad \textbf{Ecuación 7.12}$$

Al igual que en el caso de un solo plano, para obtener los coeficientes de influencia se puede recurrir a la adición de masas conocidas, en primer lugar $\vec{m}_1$ en el Plano1, midiéndose la amplitud resultante $\vec{B}_{11}$.

$$\vec{B}_{11} = \vec{K}_{11} \cdot \left(\vec{D}_1 + \vec{m}_1\right) + \vec{K}_{12} \cdot \vec{D}_2 = \vec{K}_{11} \cdot \vec{D}_1 + \vec{K}_{11} \cdot \vec{m}_1 + \vec{K}_{12} \cdot \vec{D}_2$$
$$= \vec{A}_1 + \vec{K}_{11} \cdot \vec{m}_1 \qquad\qquad \textbf{Ecuación 7.13}$$

$$\vec{K}_{11} = \frac{\vec{B}_{11} - \vec{A}_1}{\vec{m}_1} \qquad\qquad \textbf{Ecuación 7.14}$$

Procediendo de forma similar se puede generalizar la expresión para los coeficientes de influencia en el caso de varios planos, obteniéndose:

$$\vec{K}_{mp} = \frac{\vec{B}_{mp} - \vec{A}_m}{\vec{m}_p}$$ **Ecuación 7.15**

Donde el subíndice m indica el número del punto de medida, y el p el del plano donde se modifica la masa. Combinando las ecuaciones correspondientes a las dos amplitudes de vibración en función de los desequilibrios y de los cuatro coeficientes de influencia, se puede obtener los vectores de desequilibrio de ambos planos. Despejando el desequilibrio en el Plano 1 de la Ecuación 7.11:

$$\vec{D}_1 = \frac{\vec{A}_1}{\vec{K}_{11}} - \vec{D}_2 \cdot \frac{\vec{K}_{12}}{\vec{K}_{11}}$$ **Ecuación 7.16**

y sustituyendo en la Ecuación 7.12:

$$\vec{A}_2 = \vec{K}_{21} \cdot \frac{\vec{A}_1}{\vec{K}_{11}} - \vec{D}_2 \cdot \frac{\vec{K}_{12}}{\vec{K}_{11}} \cdot \vec{K}_{21} + \vec{K}_{22} \cdot \vec{D}_2 \Rightarrow \vec{A}_2 \cdot \vec{K}_{11} - \vec{K}_{21} \cdot \vec{A}_1$$
$$= \vec{D}_2 \cdot \left(\vec{K}_{11} \cdot \vec{K}_{22} - \vec{K}_{12} \cdot \vec{K}_{21} \right) \Rightarrow$$ **Ecuación 7.17**
$$\vec{D}_2 = \frac{(\vec{K}_{11} \cdot \vec{A}_2) - (\vec{K}_{21} \cdot \vec{A}_1)}{\vec{K}_{11} \cdot \vec{K}_{22} - \vec{K}_{12} \cdot \vec{K}_{21}}$$

De igual forma se puede obtener el desequilibrio en el Plano 1 quedando:

$$\vec{D}_1 = \frac{(\vec{K}_{22} \cdot \vec{A}_1) - (\vec{K}_{12} \cdot \vec{A}_2)}{\vec{K}_{11} \cdot \vec{K}_{22} - \vec{K}_{12} \cdot \vec{K}_{21}}$$ **Ecuación 7.18**

Hay que tener en cuenta que estas ecuaciones se han desarrollado suponiendo una determinada secuencia de empleo de masas de prueba, en primer lugar $\vec{m}_1$, en el Plano 1, y después de retirarla se repite el proceso con la masa $\vec{m}_2$ en el Plano 2. Los vectores de desequilibrio obtenidos nos indican cuanta masa y en qué posición angular hay que eliminar (o añadir a 180º) de los planos de equilibrado.

Para más planos de equilibrado lo lógico es trabajar con ecuaciones matriciales, en este caso si el número de planos de equilibrado es igual al número de planos de medida, tendremos que siendo $\vec{A}_m$ la amplitud de vibración registrada en el punto de medida m, $\vec{D}_p$ el desequilibrio en el plano p y $\vec{K}_{mp}$ el coeficiente de influencia sobre el punto de medida m de una masa de desequilibrio en el plano p, se puede plantear la expresión para las amplitudes medidas en cada punto en función de los desequilibrios de todos los planos:

$$\vec{A}_1 = \vec{K}_{11} \cdot \vec{D}_1 + \vec{K}_{12} \cdot \vec{D}_2 + \cdots + \vec{K}_{1n} \cdot \vec{D}_n$$
$$\vec{A}_2 = \vec{K}_{21} \cdot \vec{D}_1 + \vec{K}_{22} \cdot \vec{D}_2 + \cdots + \vec{K}_{2n} \cdot \vec{D}_n$$ **Ecuación 7.19**
$$\vec{A}_n = \vec{K}_{n1} \cdot \vec{D}_1 + \vec{K}_{n2} \cdot \vec{D}_2 + \cdots + \vec{K}_{nn} \cdot \vec{D}_n$$

De forma matricial nos quedaría:

$$\begin{bmatrix} \vec{A}_1 \\ \vec{A}_2 \\ \dots \\ \vec{A}_n \end{bmatrix} = \begin{bmatrix} \vec{K}_{11} & \vec{K}_{12} & \cdots & \vec{K}_{1n} \\ \vec{K}_{21} & \vec{K}_{22} & \cdots & \vec{K}_{2n} \\ \dots & \dots & \dots & \dots \\ \vec{K}_{n1} & \vec{K}_{n2} & \cdots & \vec{K}_{nn} \end{bmatrix} \times \begin{bmatrix} \vec{D}_1 \\ \vec{D}_2 \\ \dots \\ \vec{D}_n \end{bmatrix} \Leftrightarrow [A] = [K] \times [D] \qquad \textbf{Ecuación 7.20}$$

Expresión donde se puede despejar el vector de desequilibrios con tal de que la matriz de coeficientes de influencia no sea singular.

$$[D] = [K]^{-1} \times [A] \qquad \textbf{Ecuación 7.21}$$

Si se dispone de un número de medidas superior al de planos de corrección de masa, se pueden emplear mínimos cuadrados lineales para obtener una estimación de los distintos desequilibrios (en este caso la matriz de coeficientes de influencia ya no será una matriz cuadrada):

$$[D] = ([K]^T \times [K])^{-1} \times [K]^T \times [A] \qquad \textbf{Ecuación 7.22}$$

Como alternativa, se puede emplear un programa de análisis matemático para la obtención del vector de desequilibrios a partir del sistema de ecuaciones planteado en la Ecuación 7.20 o se puede plantear un problema de optimización que minimice las diferencias entre las amplitudes medidas y las calculadas a partir de los desequilibrios y los coeficientes de influencia variando los valores de los desequilibrios. Es conveniente estudiar previamente de forma teórica el efecto que tendrá la corrección que se va a aplicar al eje antes de actuar de forma definitiva, empleando para ello los coeficientes de influencia obtenidos durante el proceso de medida

7.5. Influencia de la velocidad

En el caso de ejes flexibles que operan a velocidades superiores a más de una velocidad crítica, es necesario identificar varias velocidades a las cuales realizar medidas, por ejemplo, para un eje que supere su segunda velocidad crítica; 1ª baja velocidad, 2ª próxima a la primera velocidad crítica, 3ª próxima a la segunda velocidad crítica y 4ª velocidad máxima.

Los datos de baja velocidad sirven para corregir las medidas de las sondas de proximidad del eje, dado que estas pueden estar influenciadas por aspectos no relacionados con desequilibrios como puede ser el estado superficial del eje, o la existencia de un desalineamiento. Esa primera velocidad debe ser tal que el efecto de las fuerzas centrífugas sea despreciable, pero que garantice un comportamiento estable en los cojinetes de aceite. Por ejemplo, en un grupo turbina de vapor–generador cuya velocidad de régimen fuese 3000 rpm se podría emplear una primera velocidad de 200 rpm.

Se debe realizar sucesivos arranques tras ir modificando la masa en cada uno de los planos de prueba, tomado lecturas de las vibraciones generadas en cada una de las velocidades anteriores. Con esas lecturas se obtendrán los distintos coeficientes de influencia de todos los puntos de medida respecto a los planos de corrección de masa a cada velocidad. Esos coeficientes permiten plantear el sistema de ecuaciones necesario para la obtención del conjunto de desequilibrios a corregir en los distintos planos de equilibrado (Ecuación 7.20).

El problema será encontrar en los planos accesibles para las correcciones de masa una combinación de correcciones que funcione bien en todo el conjunto de velocidades críticas del eje. Puesto que es usual no poder elegir la localización óptima de los planos de corrección de masa habrá que alcanzar una solución de compromiso. Normalmente se intentará lograr un nivel bajo de vibración a la velocidad de régimen del eje, sin que se alcancen amplitudes peligrosas durante el proceso de arranque. Hay que tener en cuenta que una combinación de masas que reduzcan la amplitud de vibración en un modo de vibración pude resultar perjudicial, aumentando la amplitud de los otros modos. La resolución del sistema de ecuaciones mediante optimización permite asignarle mayor peso (importancia) a las vibraciones medidas a la velocidad de régimen.

En el siguiente ejemplo se muestra el caso del equilibrado de un conjunto turbina generador de 7500 kW de potencia. Los ejes de ambas máquinas están unidos rígidamente y se apoyan en tres cojinetes de aceite. La velocidad de régimen del conjunto es de 3600 rpm, al tratarse de una instalación que opera en América (frecuencia de la red eléctrica 60 Hz = 3600 cpm) y su peso es cercano a las 10 toneladas.

Este conjunto tiene tres velocidades críticas situadas por debajo de la velocidad de régimen, a 1117 rpm, 1700 rpm y 2817 rpm. Los modos de vibración asociados a estas velocidades críticas pueden verse en la Figura 7.21, así como un esquema del eje con la disposición de los cojinetes y de los planos de equilibrado disponibles.

El conjunto presenta amplitudes de vibración elevadas durante el proceso de arranque, así como una vibración que se considera excesiva una vez alcanzada la velocidad de régimen, tal y como se aprecia en la Figura 7.22. Dado que la máquina supera claramente su tercera velocidad crítica para poder alcanzar un equilibrado perfecto se deberían emplear cuatro planos de corrección de masa junto con los datos de amplitud de vibración medidos en los cojinetes a tres velocidades cercanas a las críticas y a la velocidad de régimen.

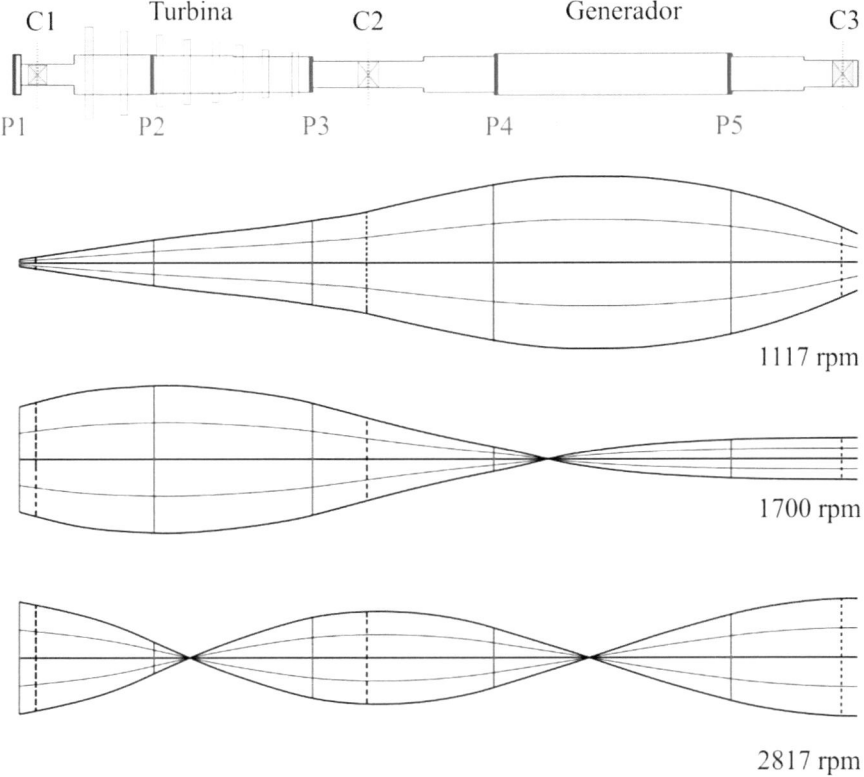

Figura 7.21. Esquema del eje, disposición de los planos de equilibrado y
modos de vibración asociados a sus tres primeras velocidades críticas

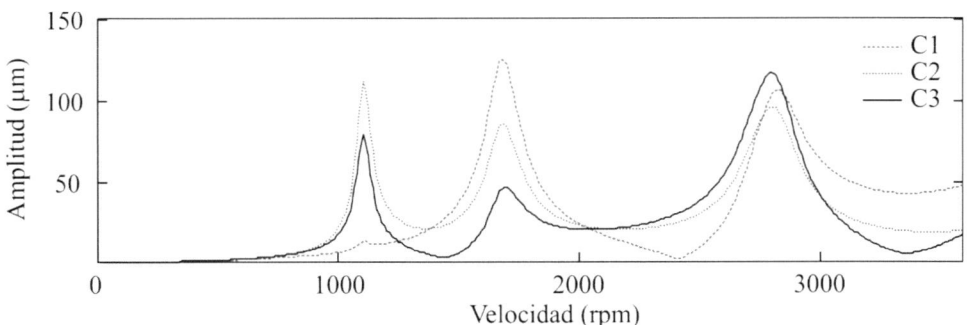

Figura 7.22. Amplitudes de vibración iniciales junto a los tres cojinetes

Empleando cuatro planos de equilibrado (P1, P2, P4, P5 o P2, P3, P4, P5) se logra equilibrar el conjunto reduciendo las amplitudes medidas en los cojinetes en todo el rango de velocidades por debajo de 20 micras.

Empleando tres planos se alcanza una solución aceptable si la elección del conjunto de planos es acertada. En este caso con los planos P2, P3, P5 o P2, P4, P5 se lograría una buena respuesta en el eje, tal y como se muestra en la Figura 7.23 reduciéndose la amplitud de la vibración por debajo de las 30 micras.

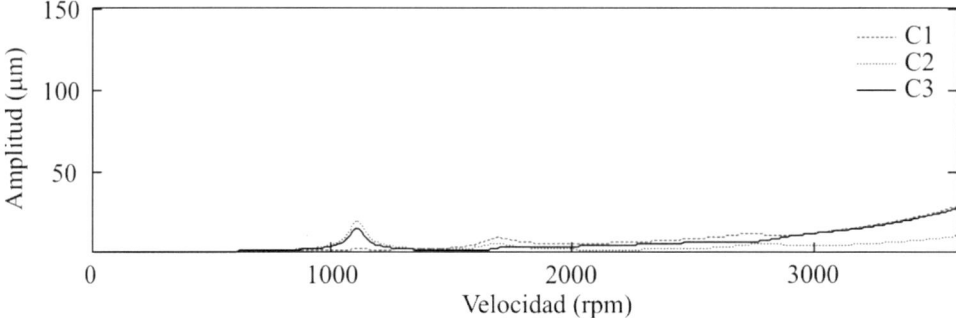

Figura 7.23. Amplitudes de vibración tras el equilibrado en los planos P2, P4 y P5

En el caso de seleccionarse otras combinaciones de planos la calidad del equilibrado alcanzado es inferior, por ejemplo, en la Figura 7.24 se muestra el resultado tras el equilibrado en los planos P1, P4 y P5.

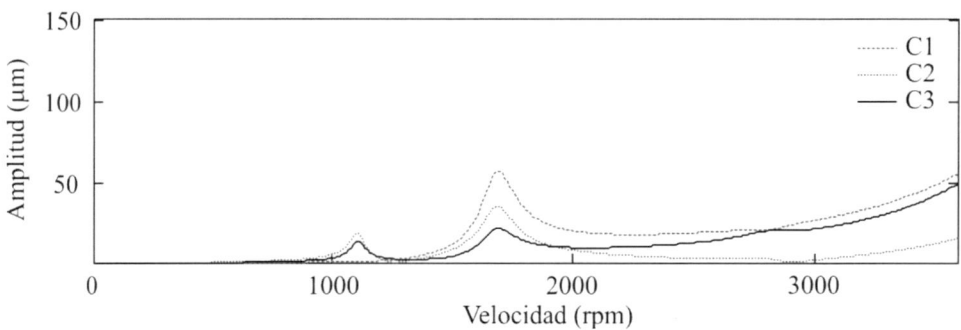

Figura 7.24. Amplitudes de vibración tras el equilibrado en los planos P1, P4 y P5

Por último, en este eje se lograría un equilibrado "aceptable" equilibrando en tan sólo dos planos, si se emplean los planos P1, P5 o P2, P5. Tal y como se muestra en la Figura 7.25.

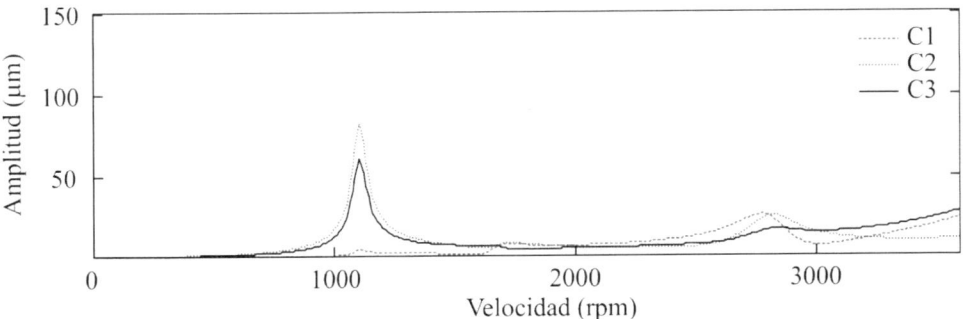

Figura 7.25. Amplitudes de vibración tras el equilibrado en los planos P2 y P5

7.6. Desequilibrio residual tolerado

Dada la dificultad que plantea el llegar a equilibrar perfectamente el eje, la Norma ISO21940-11:2016 da una medida del desequilibrio tolerado en el caso de ejes rígidos, y la ISO21940:2016 el desequilibrio modal tolerado para ejes flexibles. El desequilibrio admisible de un eje es proporcional a la masa del mismo, de tal forma que se define el desequilibrio específico admisible como el cociente entre el desequilibrio admisible y la masa del eje.

$$e_{ad} = \frac{D_{ad}}{M}$$ **Ecuación 7.23**

El valor de este desequilibrio específico suele oscilar entre 0,1 μm y 10 μm y coincide con la excentricidad en la posición del centro de masas (distancia del cdg al eje de rotación) si toda la masa está concentrada en un solo disco y sólo hay desequilibrio de tipo estático.

7.6.1. Ejes rígidos

La Norma ISO21940-11 presenta cinco métodos para el cálculo del desequilibrio residual tolerado o desequilibrio admisible:

- Grado de Calidad *G*
- Evaluación experimental (realizando ensayos introduciendo desequilibrios sucesivos en cada plano de corrección de masa)
- Limitando la reacción sobre los apoyos debida al desequilibrio
- Limitando las vibraciones generadas por el desequilibrio
- Basándose en la experiencia con máquinas similares

A continuación, incidiremos sobre tres de ellos.

7.6.1.1. Grado de calidad G

Se clasifica los rotores en diferentes grupos, y se asigna a cada grupo un grado de calidad G. Siendo G el producto entre el desequilibrio específico admisible (excentricidad en milímetros) por la velocidad de giro del eje (rad/s). En la Tabla 7.1 se da la clasificación de los tipos de máquina:

Tabla 7.1. Grado de calidad G en ejes rígidos

G (mm/s)	Tipos de rotores
4000	Cigüeñales de motores diésel marinos lentos (velocidad pistón < 9 m/s)
1600	Cigüeñales de motores diésel marinos grandes
630	Cigüeñales de grandes motores de cuatro tiempos
250	Cigüeñales de motores diésel rápidos de 4 cilindros
100	Motores de automóviles, camiones, locomotoras
40	Motores de automóvil de 6 o más cilindros. Ruedas de vehículos. Ejes de transmisión
16	Ejes de transmisión especiales. Maquinaria agrícola. Componentes de motores. Cigüeñales de motores con requisitos especiales
6,3	Ventiladores, volantes, máquinas herramienta, maquinaria de planta, turbinas de aviones, bombas, motores eléctricos y generadores (H > 80 mm) de hasta 950 rpm, motores eléctricos pequeños, engranajes, turbinas de agua.
2,5	Turbinas de gas y vapor, turbocompresores, máquinas eléctricas de más de 950 rpm (H > 80 mm), telares, accionamientos de máquina herramienta
1	Transmisión de rectificadoras, magnetófonos
0,4	Giróscopos, ejes de rectificadoras de precisión

A partir del grado de calidad se puede obtener el desequilibrio residual admisible D_{ad} como:

$$D_{ad} = 1000 \cdot \frac{G \cdot M}{\omega} \, gr \cdot mm \qquad \textbf{Ecuación 7.24}$$

Donde M es la masa del rotor en kilogramos, y ω es la velocidad de giro de régimen en rad/s.

Asignación del desequilibrio admisible a los apoyos

Es necesario realizar esta asignación cuando se trabaje con dos planos de corrección de masa. El desequilibrio admisible para un cojinete se asigna de forma proporcional a la distancia desde el centro de masas al otro cojinete. De modo que nos quedaría:

$$D_{adA} = D_{ad} \cdot \frac{L_B}{L} \qquad \textbf{Ecuación 7.25}$$

Siendo D_{adA} el desequilibrio admisible en el plano del cojinete A, L la distancia entre cojinetes y L_B la distancia del centro de masas al cojinete B.

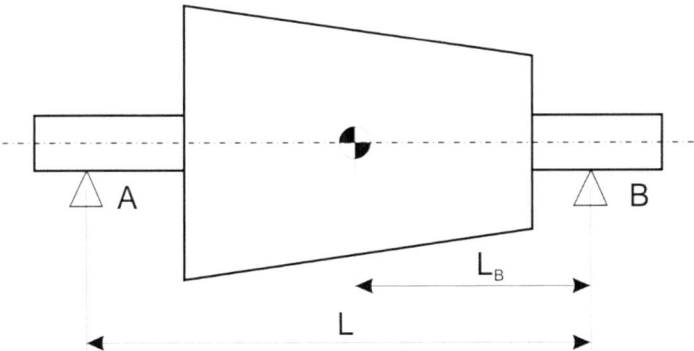

Figura 7.26. Rotor y posición del centro de masas

Cuando el centro de masas esté muy próximo a uno de los cojinetes, el desequilibrio admisible obtenido en el otro cojinete se reduce en exceso, por ello el valor obtenido para cada cojinete debe estar comprendido entre 0,7 y 0,3 veces el desequilibrio admisible (D_{ad}).

En el caso de rotores donde el centro de masa esté situado en voladizo el desequilibrio admisible asignado al cojinete más próximo será inferior a 1,3 veces el desequilibrio admisible y en el otro cojinete superior a 0,3 veces el D_{ad}.

Asignación del desequilibrio admisible a los planos de equilibrado

En el caso de rotores apoyados en sus extremos, si los planos de equilibrado están cercanos a los apoyos se les puede asignar los desequilibrios admisibles calculados en estos directamente. En el caso de rotores donde la distancia entre los planos de equilibrado sea superior a la distancia entre sus apoyos, el desequilibrio admisible asignado a los planos de equilibrado se debe reducir de forma proporcional a la relación entre ambas distancias.

$$D_{adI} = D_{adA} \cdot \frac{L}{b}$$
Ecuación 7.26

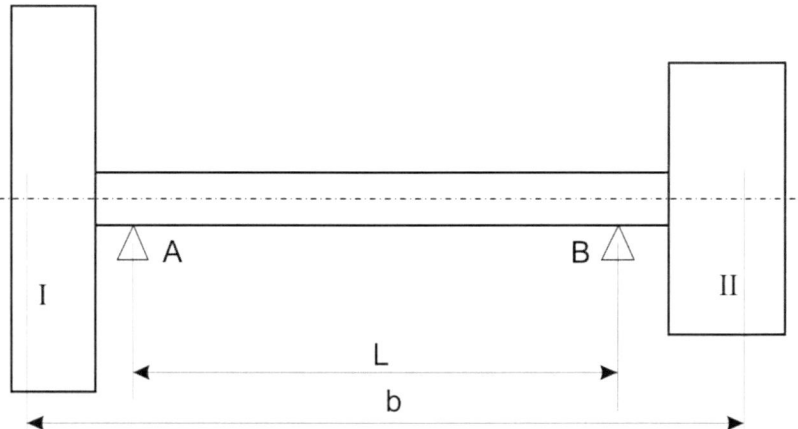

Figura 7.27. Rotor con los planos de equilibrado (I y II) en voladizo

En el caso de rotores con geometrías más complejas no es sencillo plantear reglas de asignación del desequilibrio residual admisible a los planos de equilibrado.

7.6.1.2. Control de la reacción sobre los apoyos

En este caso el objetivo es limitar las reacciones generadas por el desequilibrio sobre los cojinetes. El cálculo de estas reacciones está basado en la fuerza centrífuga de desequilibrio:

$$D_{adA} = 10^6 \cdot \frac{F_A}{\omega^2}$$ **Ecuación 7.27**

Donde F_A es la fuerza dinámica admisible sobre el cojinete A causada por el desequilibrio (en newtons). En esta expresión el desequilibrio admisible se obtiene en gr·mm.

7.6.1.3. Experiencia previa con máquinas similares

El desequilibrio admisible para una nueva máquina D_{ad_nueva}, se puede calcular si se conoce el correspondiente de una máquina similar ($D_{ad\_conocido}$). Puesto que el desequilibrio admisible es función de la masa del eje y de su velocidad se puede emplear la siguiente ecuación para el cálculo del desequilibrio admisible de la nueva máquina:

$$D_{ad\_nueva} = D_{ad\_conocido} \cdot \frac{M_{nueva}}{M_{conocido}} \cdot \frac{\omega_{conocido}}{\omega_{nueva}}$$ **Ecuación 7.28**

7.6.2. Ejes flexibles

Para equilibrados realizados a baja velocidad, se puede aplicar lo visto para ejes rígidos. Si se alcanza la primera o la primera y la segunda velocidades críticas, el desequilibrio modal equivalente correspondiente a cada uno de esos dos primeros modos no debe exceder el 60% del valor obtenido con la norma correspondiente a ejes rígidos. En el caso de que se superen un mayor número de frecuencias naturales, ya no es sencillo realizar recomendaciones.

El desequilibrio modal equivalente se define como la menor masa de desequilibrio que en un plano individual tenga el mismo efecto que el desequilibrio modal. El procedimiento propuesto para evaluar dichos desequilibrios modales es el siguiente:

a) Hacer girar al eje a una velocidad próxima a su primera frecuencia natural, registrando la vibración de sus cojinetes.

b) Añadir una masa de prueba en la posición donde su efecto sea máximo sobre el primer modo de vibración, repitiendo la medida de vibraciones.

c) Calcular el desequilibrio modal equivalente del primer modo mediante el procedimiento visto en el punto 7.3 (equilibrado en un plano).

d) Eliminar la masa de prueba anterior.

e) Hacer girar al eje a una velocidad próxima a su segunda frecuencia natural, registrando la vibración de sus cojinetes.

f) Añadir una masa de prueba en la posición donde su efecto sea máximo sobre el segundo modo de vibración, repitiendo la medida de vibraciones.

g) Calcular el desequilibrio modal equivalente del segundo modo mediante el procedimiento visto en el punto 7.3 (equilibrado en un plano).

h) Se repite este proceso hasta haber obtenido el desequilibrio modal equivalente correspondiente a todos los modos.

En cada una de las velocidades donde se repite el proceso, el coeficiente de influencia mayor indica el plano de corrección de masa que tiene mayor efecto sobre el correspondiente modo de vibración.

Caso 10. Equilibrado de un ventilador industrial

En mayo de 2019 acudimos a una empresa de fabricación de ingredientes alimentarios donde tenían problemas de vibraciones excesivas en una torre de secado de harina. El ventilador, de eje vertical, se encontraba en la parte superior de la torre y estaba accionado mediante una transmisión por correa por un motor de 250 kW. La masa del conjunto eje, ventilador y polea es 1315 kg. Las medidas necesarias para el equilibrado se realizaron a la velocidad de 737 rpm.

Para realizar el equilibrado utilizamos un tacómetro óptico, dos acelerómetros de 100 mV/g de sensibilidad y un analizador portátil de 4 canales que convierte las señales de los acelerómetros a unidades de velocidad de vibración (mm/s). En la siguiente figura se muestra el tacómetro láser y los acelerómetros montados en la carcasa junto a los rodamientos, así como un esquema del conjunto del eje del ventilador.

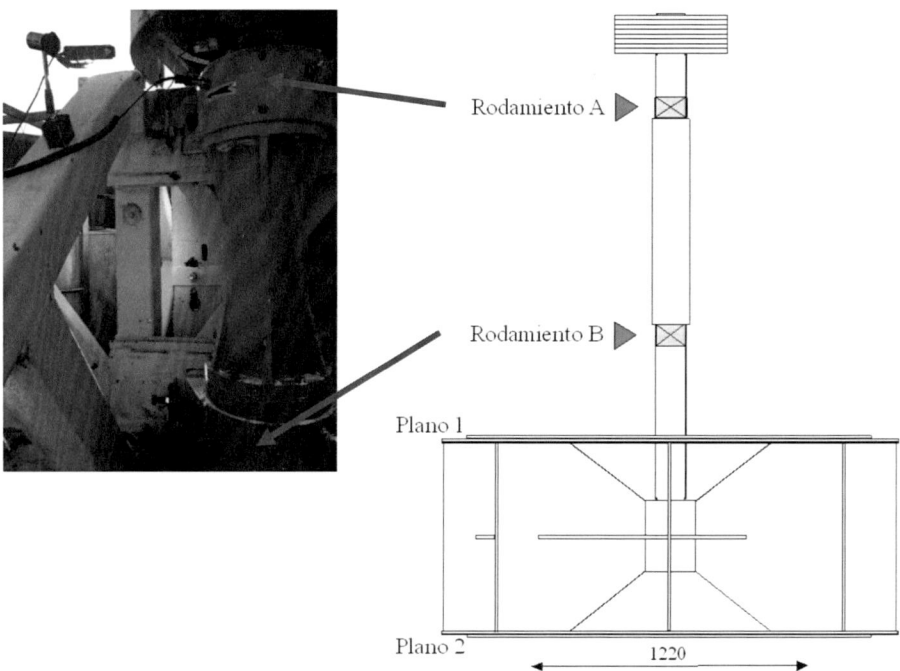

Figura 7.28. Instrumentación y esquema del ventilador

Lo primero que realizamos fue el cálculo del desequilibrio admisible utilizando el dato del grado de calidad asignado por la norma ISO 21940-11 a este tipo de rotor, G = 6,3 mm/s.

$$D_{ad} = \frac{G \cdot M}{\omega} = \frac{6,3 \cdot 1315}{737 \cdot \frac{2\pi}{60}} = 107 kg \cdot mm = 107 gr \cdot m$$

En este caso se podría haber optado por realizar un equilibrado en un plano, midiendo vibración en el rodamiento B y utilizando el Plano 2 como plano de corrección, pero buscando un mejor resultado se decidió equilibrar en dos planos.

Se midieron primero las vibraciones en la situación inicial obteniéndose para el rodamiento A 3,18 mm/s @ 61° y para el rodamiento B 1,42 mm/s @ 102,4°. Tras detener la máquina se añadió una masa de prueba de 249 gramos en el Plano 1 de equilibrado en un radio de 0,61 metros. La masa tenía forma de "C" y se fijó mediante un tornillo al disco de chapa del ventilador. Con esa masa se generaba una fuerza centrífuga a la velocidad del equilibrado (737 rpm) igual a:

$$F_c = m_p \cdot r \cdot \omega^2 = 249 \cdot 0{,}61 \cdot \left(\frac{737 \cdot 2\pi}{60}\right)^2 = 904{,}7N$$

Siendo esa fuerza igual al 7% del peso del eje (1315 $kg \cdot$ 9,81 = 12900 *N*).

Con esa masa de prueba añadida las vibraciones medidas fueron de 2,42 mm/s @ 69,8º en el rodamiento A y 1,07 mm/s @ 121,8º en el rodamiento B. Estos cambios en las vibraciones permiten calcular los coeficientes de influencia de ambos puntos de medida respecto al Plano 1 de equilibrado (se ha tomado como origen de la medida de ángulos para las masas la posición de esa primera masa de prueba):

$$\vec{K}_{A1} = \frac{2{,}42@69{,}8^\circ - 3{,}18@61^\circ}{0{,}249 \cdot 0{,}61@0^\circ} = \frac{(0{,}84+2{,}27i)-(1{,}54+2{,}78i)}{0{,}152\,kg \cdot m@0^\circ}$$

$$= \frac{0{,}87\,mm/s@2\,15{,}8^\circ}{0{,}152\,kg \cdot m@0^\circ} = 5{,}73\frac{mm/s}{kg \cdot m}@215{,}8^\circ$$

$$\vec{K}_{B1} = \frac{1{,}07@121{,}8^\circ - 1{,}42@102{,}4^\circ}{0{,}249 \cdot 0{,}61@0^\circ} = \frac{0{,}54\,mm/s@2\,41{,}5^\circ}{0{,}152\,kg \cdot m@0^\circ}$$

$$= 3{,}58\frac{mm/s}{kg \cdot m}@2\,41{,}5^\circ$$

Se eliminó la masa de prueba del Plano 1 y se instaló en el Plano 2. Las nuevas amplitudes registradas tras realizar ese cambio fueron 2,50 mm/s @ 115,5º en el rodamiento A y 1,19 mm/s @ 161,2º en el rodamiento B.

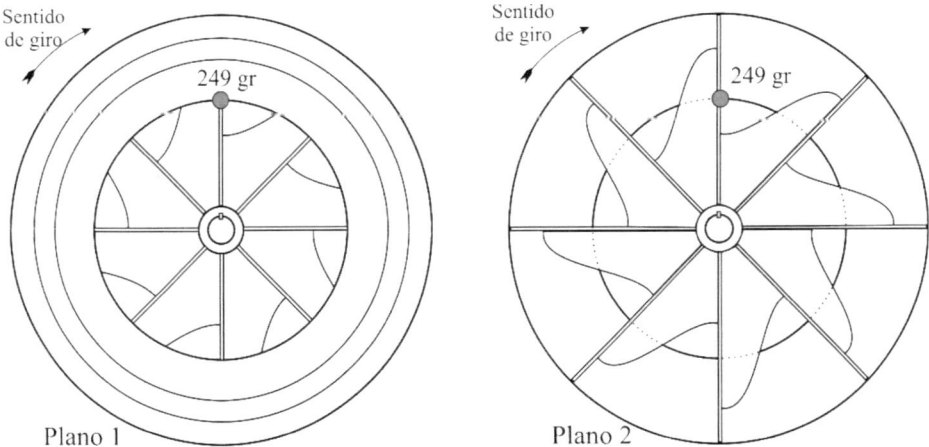

Figura 7.29. Situación de las masas de prueba en los Planos 1 y 2

Con la segunda corrección de masa se calculan los coeficientes de influencia de los dos puntos de medida respecto al Plano 2 de equilibrado. Dado que se había eliminado la primera masa de prueba las amplitudes involucradas en el cálculo son las iniciales:

$$\vec{K}_{A2} = \frac{2{,}50@115{,}5^{o} - 3{,}18@61^{o}}{0{,}249 \cdot 0{,}61@0^{o}} = \frac{2{,}67\,mm/s\,@\,191{,}3^{o}}{0{,}152\,kg \cdot m\,@\,0^{o}} = 17{,}58\frac{mm/s}{kg \cdot m}@\,191{,}3^{o}$$

$$\vec{K}_{B2} = \frac{1{,}19@161{,}2^{o} - 1{,}42@102{,}4^{o}}{0{,}249 \cdot 0{,}61@0^{o}} = \frac{1{,}30\,mm/s\,@\,2\,30{,}7^{o}}{0{,}152\,kg \cdot m\,@\,0^{o}}$$

$$= 8{,}54\frac{mm/s}{kg \cdot m}@\,230{,}7^{o}$$

Con los coeficientes de influencia calculados y las amplitudes iniciales de vibración se calcula el desequilibrio inicial del eje en los dos planos:

$$\bar{D}_1 = \frac{(\bar{K}_{B2} \cdot \vec{A}) - (\bar{K}_{A2} \cdot \bar{B})}{\bar{K}_{A1} \cdot \bar{K}_{B2} - \bar{K}_{A2} \cdot \bar{K}_{B1}} = 0{,}124\,kg \cdot m\,@\,54^{o}$$

$$\bar{D}_2 = \frac{(\bar{K}_{A1} \cdot \bar{B}) - (\bar{K}_{B1} \cdot \vec{A})}{\bar{K}_{A1} \cdot \bar{K}_{B2} - \bar{K}_{A2} \cdot \bar{K}_{B1}} = 0{,}217\,kg \cdot m\,@\,235^{o}$$

Como el radio donde se realizaron las correcciones definitivas de masa volvía a ser de 0,61 metros, la masa a utilizar en cada plano para equilibrar el eje eran 203 gramos (= 124/0,61) en el Plano 1, situados a 54º + 180º = 234º y 357 gramos (=217/0,61) en el Plano 2 situados a 235º – 180º = 55º. Como los ángulos que mide el equipo empleado en el proceso eran los transcurridos desde la máxima señal en los acelerómetros hasta que se producía la marca de fase, los ángulos de corrección de masa se miden en el mismo sentido que la rotación del eje. Estas correcciones se realizaron soldando chapa de acero al ventilador.

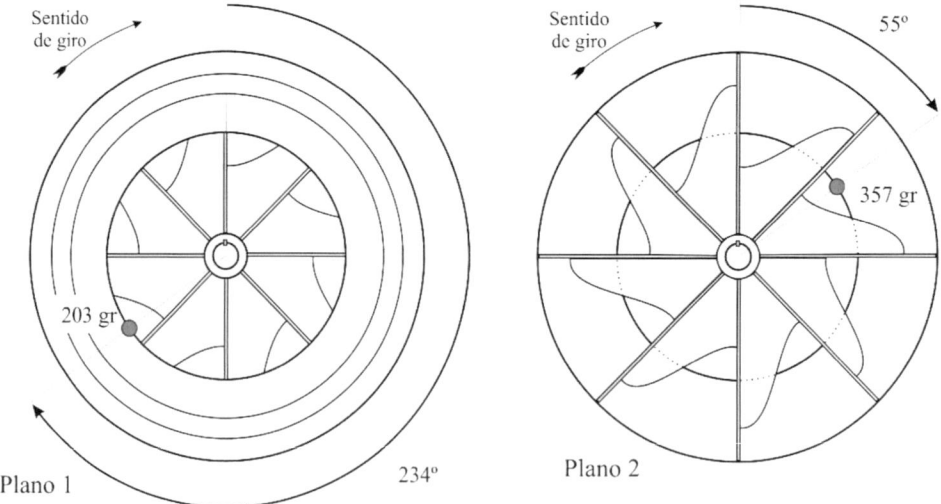

Figura 7.30. Situación de las masas de equilibrado en los Planos 1 y 2

Después de realizar las correcciones, se volvieron a medir las vibraciones, obteniendo una amplitud en el rodamiento A de 0,50 mm/s @ 216° y para el rodamiento B 0,27 mm/s @ 228° (16% y 19% de los valores iniciales de vibración).

Modelando el eje del ventilador mediante un software de dinámica de rotores, se obtuvo que su primera velocidad crítica era aproximadamente de 900 rpm, así pues, durante el equilibrado a 737 rpm el eje se estaría deformando según el primer modo de vibración. Se puede calcular pues el desequilibrio modal asociado a ese primer modo antes y después del proceso de equilibrado para compararlo con el desequilibrio admisible para ese modo que sería el 60% del admisible calculado como rotor rígido:

$$D_{ad\ 1} = 0,6 \cdot D_{ad} = 0,6 \cdot 107 gr \cdot m = 64,2\ gr \cdot m$$

Antes de realizar el equilibrado, seleccionando el mayor de los coeficientes de influencia obtenidos durante el proceso de equilibrado, se puede calcular el desequilibrio modal equivalente para el primer modo como:

$$D_{in} = \left|\frac{A_{in}}{K_{A2}}\right| = \frac{3,18\ mm/s}{17,58\ \dfrac{mm/s}{kg \cdot m}} = 0,181 kg \cdot m = 181\ gr \cdot mm$$

Que era superior al admisible. Tras completarse el equilibrado, el desequilibrio modal equivalente para el primer modo se ha reducido a:

$$D_{in} = \left|\frac{A_{fin}}{K_{A2}}\right| = \frac{0,50\ mm/s}{17,58\ \dfrac{mm/s}{kg \cdot m}} = 0,029 kg \cdot m = 29\ gr \cdot mm$$

Inferior al máximo admisible calculado.

Caso 11. Equilibrado en dos planos de un molino sin medida de ángulo de fase

En marzo de 2020, en plena pandemia del COVID-19, volvieron a contactar con nosotros los responsables de mantenimiento de la empresa de fabricación de ingredientes alimentarios del Caso 10 solicitando que equilibrásemos un molino de martillos empleado en la fabricación de harina. En esa época la UPV no nos permitía acceder a las instalaciones donde tenemos los equipos de medida, ni realizar prestaciones de servicio donde tuviésemos que desplazarnos a empresas, por lo que se planteó la posibilidad de realizar el trabajo "a distancia" realizando la medida de vibración los empleados de la empresa con sus equipos bajo asesoramiento telefónico y realizando nosotros los cálculos con esos datos. El inconveniente era que el equipo de medida disponible en la empresa no podía realizar medidas de fase, tan sólo permitía medir amplitudes. Por este motivo desarrollamos un procedimiento de equilibrado en dos planos basado en el método de las cuatro carreras, que sólo requiere de la medida de amplitudes de vibración.

Las medidas se realizaron a 3000 rpm. La máquina dispone de dos discos en sus extremos donde hay dispuestos 8 agujeros roscados que permiten montar masas de equilibrado atornilladas. Así pues, hay 45° de distancia angular entre las posiciones de corrección de masa.

Figura 7.31. Discos donde modificar masa y masa de equilibrado atornillada

Los operarios numeraron los 8 agujeros de cada plano de equilibrado del 0 al 7 en el sentido de giro del motor. Se seleccionó una masa de prueba de 42 gramos (placa más tornillo de fijación).

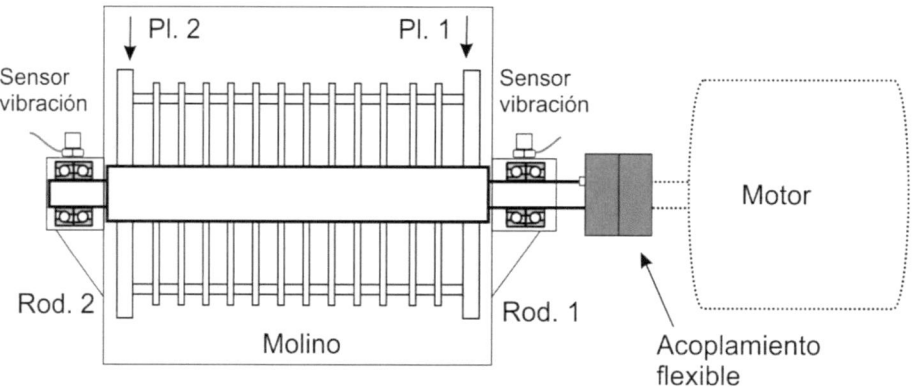

Figura 7.32. Esquema del molino

En la siguiente tabla se muestra el resultado de las medidas de vibración en los rodamientos, en unidades de velocidad (mm/s), al ir cambiando la masa de posición primero en el Plano 1 y luego en el Plano 2.

Tabla 7.2. Amplitudes medidas con las masas añadidas

Medida	Posición masa Plano Agujero		Rodamiento 1 (mm/s)	Rodamiento 2 (mm/s)
0	-	-	5,53	14,01
1	1	0 – 0°	4,85	12,77
2	1	3 – 135°	6,50	15,50
3	1	5 – 225°	6,33	15,03
4	2	0 – 0°	5,33	11,66
5	2	3 – 135°	6,94	16,77
6	2	5 – 225°	6,36	15,78

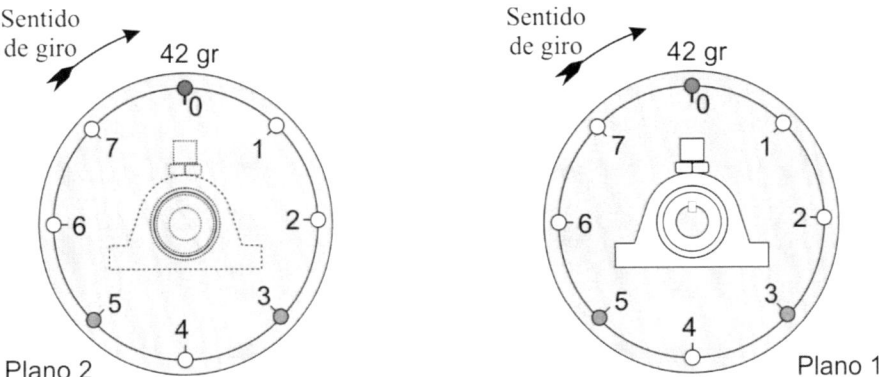

Figura 7.33. Posiciones de las masas de prueba durante el proceso de medida

Con los datos de la Tabla 7.2 se resuelven 4 problemas de equilibrado en un plano mediante el método de las cuatro carreras, con esto se obtienen las masas de equilibrado que en teoría anularía la vibración en el Rodamiento 1 añadiendo masa en el Plano 1, en el Rodamiento 1 añadiendo masa en el Plano 2, en el Rodamiento 2 añadiendo masa en el Plano 1 y en el Rodamiento 2 añadiendo masa en el Plano 2.

A continuación, se muestra el resultado del primer problema resuelto.

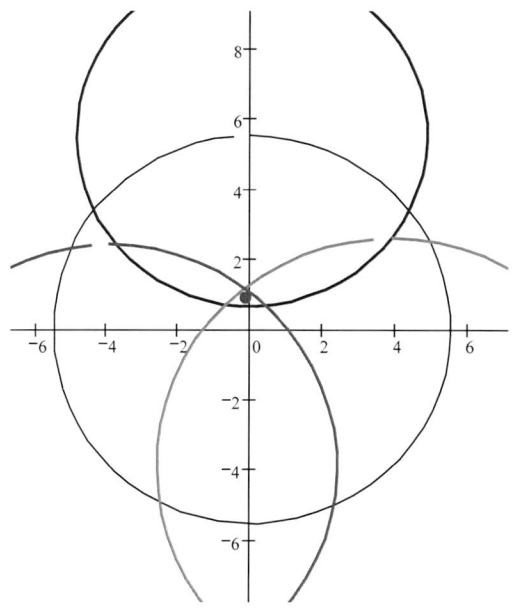

$$m_c = \frac{R_0}{D} \cdot m = \frac{5,53}{0,95} \cdot 42$$
$$= 244 \ gr$$

Ángulo de la masa de equilibrado $\alpha = 352\,°$

Figura 7.34. Medida en el Rodamiento 1, situando la masa en el Plano 1

En la siguiente tabla se recogen los resultados de los cuatro problemas de equilibrado en un plano obtenidos mediante la aplicación del método de las cuatro carreras:

Tabla 7.3. Resultados de los cuatro problemas de equilibrado en un plano

Rodamiento	Plano de corrección	Masa de equilibrado
1	1	242 gr @ 352°
1	2	255 gr @ 335°
2	1	392 gr @ 345°
2	2	210 gr @ 342°

Esas masas obtenidas se utilizan para calcular unos pseudo-coeficientes de influencia del desequilibrio en un plano sobre la vibración en un punto.

$$\vec{K}_{11} = \frac{5,53 \ mm/s}{242 \ gr @ 352°} = 0,0229 \frac{mm/s}{gr} @ 8°$$

$$\vec{K}_{12} = \frac{5,53 \ mm/s}{255 \ gr @ 335°} = 0,0217 \frac{mm/s}{gr} @ 25°$$

$$\bar{K}_{21} = \frac{14,01 \ mm/s}{392 \ gr \ @ \ 345^{o}} = 0,0357 \frac{mm/s}{gr} @ \ 15^{o}$$

$$\bar{K}_{22} = \frac{14,01 \ mm/s}{210 \ gr \ @ \ 342^{o}} = 0,0667 \frac{mm/s}{gr} @ \ 18^{o}$$

Con estos coeficientes se resuelve el problema de equilibrado en dos planos cuyo resultado, en este caso, es directamente las masas que equilibraran el eje:

$$\bar{D}_1 = \frac{(\bar{K}_{22} \cdot 5,53) - (\bar{K}_{12} \cdot 14,01)}{\bar{K}_{22} \cdot \bar{K}_{11} - \bar{K}_{21} \cdot \bar{K}_{12}} = 96,7 \ gr \ @ \ 337^{o}$$

$$\bar{D}_2 = \frac{(\bar{K}_{11} \cdot 14,01) - (\bar{K}_{21} \cdot 5,53)}{\bar{K}_{22} \cdot \bar{K}_{11} - \bar{K}_{21} \cdot \bar{K}_{12}} = 158,9 \ gr \ @ \ 345^{o}$$

Para el primer plano 337º/45º = 7,5 se decidió situar 50 gramos en el agujero 0 (360º = 0º) y otros 50 gramos en el agujero 7 (315º). Para el segundo plano 345º/45º = 7,7 por lo que se situaron 110 gramos en el agujero 0 y 60 gramos en el agujero 7 (315º). Tras las correcciones de masa realizadas la vibración se redujo a 1,4 mm/s en el Rodamiento 1 y a 1,5 mm/s en el Rodamiento 2 y el personal de la empresa consideró que ya no era necesario reducir más el desequilibrio.

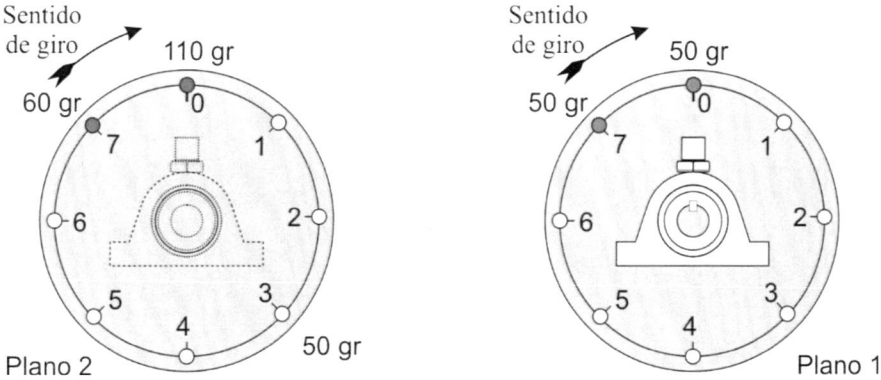

Figura 7.35. Posiciones de las masas de equilibrado

7.7. Máquinas de equilibrado

Gran parte de los componentes rotativos de las máquinas son equilibrados mediante máquinas de equilibrado de baja velocidad. Este tipo de máquina trabaja entre 200 rpm y 1000 rpm. En cada apoyo el rotor se sitúa sobre un par de cilindros y se le hace girar mediante una correa plana. Se emplea una sonda óptica para medir la velocidad y el ángulo de giro. Estas máquinas se pueden agrupar en dos categorías: de apoyos rígidos y de apoyos elásticos. Una limitación que poseen es que sólo permiten equilibrar ejes que trabajen por debajo de su segunda velocidad crítica.

7.7.1. Máquina de apoyos elásticos

Los rodillos sobre los que se apoya el eje que va a ser equilibrado están montados sobre una base deslizante o sobre soportes muy flexibles que reaccionan ante las fuerzas de desequilibrio. El movimiento que se genera en la base es medido mediante un transductor de velocidad o desplazamiento, empleándose un sistema de adquisición de datos y un procesador para evaluar la respuesta frente al empleo de una masa de prueba y para calcular a partir de ella el desequilibrio del eje y la situación de la masa correctora. En este tipo de máquina la rigidez horizontal del apoyo es muy baja para que aparezcan amplitudes de movimiento elevadas en la base, y la primera frecuencia natural de la máquina es muy baja, siendo la velocidad de trabajo superior a esa frecuencia natural.

Conceptualmente este tipo de máquina trabaja como un transductor de velocidad. En ella el desplazamiento que aparece es función no sólo del desequilibrio del rotor, sino que también está influenciado por la masa del mismo.

En esta máquina pueden aparecer grandes desplazamientos, por lo que hay que tener gran precaución en su empleo. La ventaja que tiene es su mayor sensibilidad para el equilibrado de ejes de masa reducida.

7.7.2. Máquina de apoyos rígidos

Este tipo de máquina de equilibrado es similar a la anterior, la diferencia está en que la rigidez del soporte de la base es más alta, de forma que la máquina trabaja a velocidades inferiores a la primera frecuencia natural del sistema formado por la masa del rotor junto con la rigidez de la base, es decir que funciona igual que un acelerómetro.

El movimiento que aparece en la base es proporcional al desequilibrio del rotor y al cuadrado de la velocidad, sin que exista influencia de su masa. Este tipo de máquina suele ir equipada con un procesador que calcula la magnitud del desequilibrio y su dirección y resulta más sencilla y rápida de operar que las de apoyos flexibles.

7.8. Equilibrado progresivo

En ejes que soportan varios elementos después de equilibrar cada elemento por separado, se puede optar por montarlos todos en el eje y equilibrar finalmente el conjunto. Pero en ocasiones, en ejes más complejos se puede realizar el equilibrado de forma progresiva. Se empieza por montar en la zona central una o dos ruedas realizando un primer equilibrado. Se van añadiendo ruedas, si es posible por parejas, desde los dos extremos del eje, realizando las correcciones de equilibrado en dos planos necesarias hasta finalizar el montaje del eje. En ejes donde sus elementos sólo pueden ir montándose desde uno de los extremos, puede hacerse el proceso añadiéndolos de uno en uno y equilibrando en un plano cada vez.

Algunos tipos de ejes no pueden ser equilibrados completamente en máquinas de equilibrado, tales como los que se apoyan en tres cojinetes, los ejes muy flexibles y/o ejes que trabajen por encima de su segunda frecuencia natural, en este caso será necesario realizar una última tarea de equilibrado una vez montado el eje en la carcasa de su máquina.

7.9. Ejercicios

7.9.1. Equilibrado de un ventilador (un plano)

El eje de un ventilador industrial de 3200 kilogramos y 4 metros de longitud está apoyado en dos cojinetes cilíndricos de 160 milímetros de diámetro. El sistema presenta una velocidad crítica (frecuencia natural) de 1510 *rpm* y su rango normal de velocidad de operación se encuentra entre 1450 y 1600 *rpm*. Esto hace que sea muy crítico el correcto equilibrado del eje para evitar que aparezcan amplitudes elevadas de vibración. Dado que el sistema presenta vibraciones excesivas, se decide equilibrar a la máxima velocidad posible (1625 *rpm*) para alejarse de la resonancia.

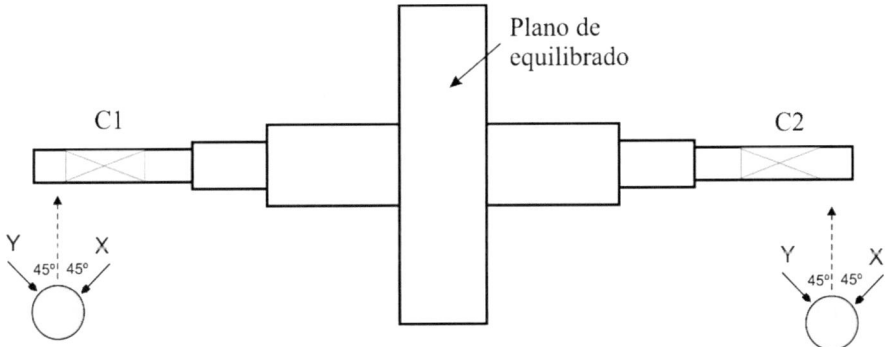

Figura 7.36. Eje del ventilador desequilibrado

Las secciones junto a los cojinetes están instrumentadas con sondas de proximidad para registrar la vibración del eje. La referencia de fase está alineada con la sonda Y. Se van a emplear los datos del cojinete C1 para el equilibrado. Los ángulos de las vibraciones son el ángulo transcurrido desde la marca de fase hasta la máxima señal del sensor.

1. Calcular la masa de prueba tal que genere una fuerza centrífuga igual al 15% del peso del eje, sabiendo que se va a situar en un radio R igual a 700 milímetros.

   $0,15 \cdot$ Peso del eje $= 0,15 \cdot 3200 Kg \cdot 9,81 m/s^2 = 4707,2N$

$$F_c = m_p \cdot R \cdot \omega^2 = 4707{,}2N \Rightarrow m_p = \frac{4707{,}2N}{0{,}7m \cdot \left(1625\dfrac{2\pi}{60}\right)^2} = 0{,}232Kg = 232gr$$

Esa masa de prueba se sitúa a 100° respecto a la marca de fase del eje (medidos en sentido contrario al de rotación) registrándose la nueva forma de vibrar del mismo:

- Amplitud de vibración inicial: $\vec{A}_{1y} = 192\mu m@123^o$
- Masa de prueba (R = 700 mm): $\vec{m}_1 = 232gr@100^o$
- Amplitud tras la corrección de masa: $\vec{B}_{1y} = 199\mu m@180^o$

2. Calcular posición y magnitud de la masa que equilibraría el eje teniendo en cuenta que se va a retirar la masa de prueba ya que no ha reducido la vibración.

Solución cuestión 2

Primero se calcula el coeficiente de influencia:

$$\vec{K}_{11} = \frac{\vec{B}_{1y} - \vec{A}_{1y}}{\vec{m}_1} = \frac{(-199 + 0i) - (-105 + 161i)}{232gr\,@\,1\,00^o} = \frac{187\mu m\,@\,2\,40^o}{232gr\,@\,1\,00^o}$$
$$= 0{,}805\frac{\mu m}{gr}\,@\,1\,40^o$$

El desequilibrio obtenido será:

$$\vec{A} = \vec{K} \cdot \vec{D} \Rightarrow \vec{D} = \frac{\vec{A}}{\vec{K}} = \frac{192\mu m@123^o}{0{,}805\dfrac{\mu m}{gr}@140^o} = 239gr@-17^o$$

Se ha calculado con la amplitud inicial de vibración, dado que se elimina la masa de prueba antes de realizar la corrección definitiva de masa. Para esa corrección se añadirá esa masa a 180° de la posición del desequilibrio.

$$\vec{m}_{eq} = 239gr\,@-17^o + 180^o = 239gr@163^o$$

El ángulo se mediría desde la marca de fase, en sentido opuesto al de rotación. Con esa corrección la amplitud en el eje se redujo a 16 μm.

7.9.2. Cálculo del desequilibrio máximo admisible del ejercicio anterior

Según la norma ISO21940-11 para el cálculo del desequilibrio residual tolerado en ejes rígidos, se puede hacer el cálculo empleando el grado de calidad G, que para el caso de un ventilador toma un valor de G = 6,3 *mm/s*. Al estar concentrada la mayor parte de la masa en un plano directamente se puede calcular el desequilibrio máximo admisible como:

$$D_{ad} = 1000 \cdot \frac{G \cdot M}{\omega} = 1000 \cdot \frac{6{,}3 \cdot 3200}{1625 \cdot \frac{2\pi}{60}} = 118500 gr \cdot mm$$

Pero como la velocidad es superior a su frecuencia natural, se trata de un eje flexible, y en este caso la Norma ISO21940-12 indica que el desequilibrio modal no debe superar el 60% del correspondiente a un eje rígido.

$$D_{ad} = 0{,}6 \cdot 118470 gr \cdot mm = 71082 gr \cdot mm$$

Mientras que en el ejercicio anterior hemos obtenido que el desequilibrio que inicialmente tenía el eje (desequilibrio modal del primer modo) era:

$$D = 239 gr \cdot 700mm = 167300 gr \cdot mm$$

Que era claramente superior al máximo admisible.

7.9.3. Equilibrado de una turbina (dos planos)

El eje de una turbina de vapor que tiene una masa de 4000 kilogramos y 3,68 metros de longitud está apoyado en dos cojinetes cilíndricos de 180 y 230 milímetros de diámetro. En el eje hay accesibles tres planos para realizar las correcciones de masa necesarias para su equilibrado. En cada uno de ellos hay preparados 12 agujeros roscados para realizar las correcciones de masa.

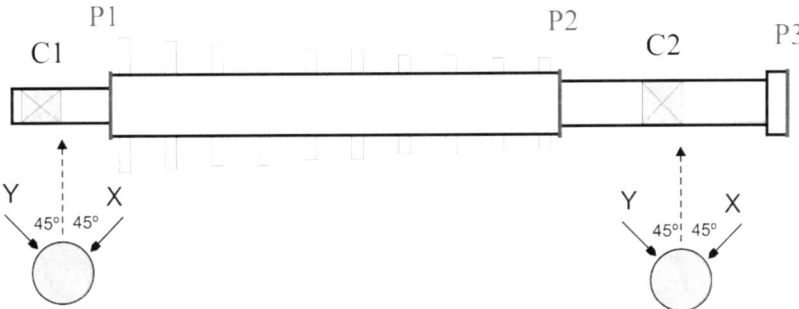

Figura 7.37. Eje de la turbina mostrando los tres planos de equilibrado y los dos de medida

La velocidad de régimen es 3000 *rpm* y el eje presenta dos velocidades críticas de 1540 y 2750 *rpm*.

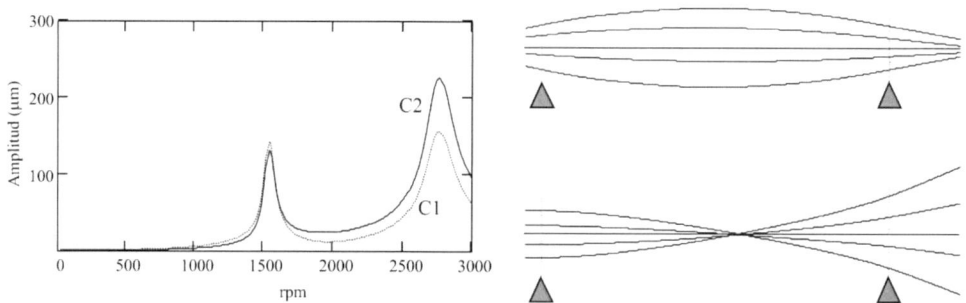

Figura 7.38. Vibración durante el arranque y modos de vibración correspondientes a las dos velocidades críticas

Dado que el sistema presenta vibraciones excesivas en el segundo cojinete durante el paso por la segunda velocidad crítica, se decide equilibrar a la velocidad de régimen que está ligeramente por encima de esa segunda resonancia. Sobre ese segundo modo se aprecia que los planos de corrección de masa 1 y 3 deben tener máxima influencia puesto que las amplitudes de vibración en ese segundo modo son elevadas en esos planos. Se emplearán los datos de las sondas en dirección Y para los cálculos.

Por precaución se decide emplear masas de prueba que generen una fuerza centrífuga igual al 5% del peso del eje.

1. Calcular dicha masa sabiendo que los agujeros para su ubicación están situados a un radio de 160 milímetros.

0,05 · Peso del eje = 0,05 · 4000Kg · 9,81m/s^2 = 1961,3N

$$F_c = m_p \cdot R \cdot \omega^2 = 1961,3N \Rightarrow m_p = \frac{1961.3N}{0,16m \cdot \left(3000\frac{2\pi}{60}\right)^2} = 0,124Kg = 124gr$$

2. Calcular las masas de corrección para lograr el equilibrado del eje conocidos los siguientes datos (vibraciones verticales) obtenidos a la velocidad de régimen. Los ángulos de las vibraciones son el giro transcurrido desde la marca de fase hasta que se produce la máxima señal en las sondas de desplazamiento:

- Amplitudes iniciales: $\vec{A}_1 = 62\mu m@97^o$ $\vec{A}_2 = 95\mu m@273^o$
- Masa de prueba en P1 (agujero nº 3): $\vec{m}_1 = 124gr@90^o$
- Amplitud tras la corrección: $\vec{B}_1 = 39\mu m@120^o$ $\vec{B}_2 = 54\mu m@295^o$
- Sin eliminar $\vec{m}_1$ se añade en P3 (agujero 10): $\vec{m}_3 = 124gr@300^o$
- Amplitud tras la corrección: $\vec{C}_1 = 70\mu m@273^o$ $\vec{C}_2 = 84\mu m@85^o$

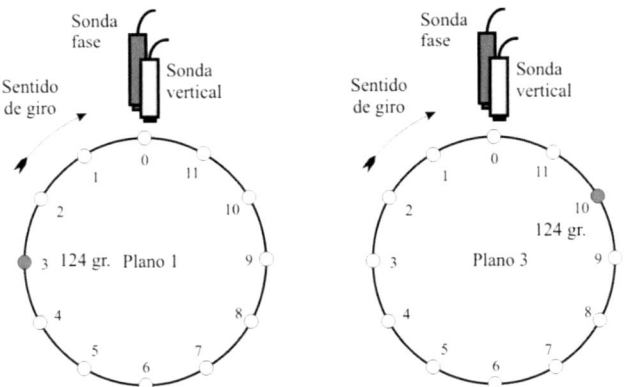

Figura 7.39. Situación de las masas de prueba

Solución cuestión 2

Primero se calculan los coeficientes de influencia. Con la primera corrección de masa se obtienen:

$$\vec{K}_{11} = \frac{\vec{B}_1 - \vec{A}_1}{\vec{m}_1} = \frac{(-19,5 + 33,8i) - (-7,6 + 61,5i)}{124gr@90^o} = \frac{30,2\mu m@247^o}{124gr@90^o}$$
$$= 0,24\frac{\mu m}{gr}@157^o$$

$$\vec{K}_{21} = \frac{\vec{B}_2 - \vec{A}_2}{\vec{m}_1} = \frac{(22,8 - 48,9i) - (5,0 - 94,9i)}{124gr@90^o} = \frac{49,3\mu m@69^o}{124gr@90^o}$$
$$= 0,40\frac{\mu m}{gr}@339^o$$

Y con la segunda corrección:

$$\vec{K}_{13} = \frac{\vec{C}_1 - \vec{B}_1}{\vec{m}_3} = \frac{(3,7 - 69,9i) - (-19,5 + 33,8i)}{124gr@300^o} = \frac{106,2\mu m@283^o}{124gr@300^o}$$
$$= 0,86\frac{\mu m}{gr}@343^o$$

$$\vec{K}_{23} = \frac{\vec{C}_2 - \vec{B}_2}{\vec{m}_3} = \frac{(7,3 + 83,7i) - (22,8 - 48,9i)}{124gr@300^o} = \frac{133,5\mu m@97^o}{124gr@300^o}$$
$$= 1,08\frac{\mu m}{gr}@157^o$$

Con esos cuatro coeficientes de influencia se pueden calcular los desequilibrios correspondientes a los planos 1 y 3:

$$\bar{D}_1 = \frac{(\bar{K}_{23} \cdot \vec{A}_1) - (\bar{K}_{13} \cdot \vec{A}_2)}{\bar{K}_{11} \cdot \bar{K}_{23} - \bar{K}_{13} \cdot \bar{K}_{21}} = 168gr@279^o$$

$$\bar{D}_3 = \frac{(\bar{K}_{11} \cdot \vec{A}_2) - (\bar{K}_{21} \cdot \vec{A}_1)}{\bar{K}_{11} \cdot \bar{K}_{23} - \bar{K}_{13} \cdot \bar{K}_{21}} = 33gr@147^o$$

Para equilibrar el eje se situará esa masa en posición opuesta:

$\bar{m}_{e1} = 168gr@(279\,^o - 180^o) = 168gr@99^o$ se sitúa esa masa en el 3er agujero.

$\bar{m}_{e3} = 33gr@(147\,^o + 180^o) = 33gr@327^o$ se añade esa masa en el 11º agujero.

Tras las correcciones de masa realizadas las vibraciones en los puntos de medida a la velocidad de régimen se redujeron a:

$$\vec{F}_1 = 5\mu m@142^o \quad \vec{F}_2 = 10\mu m@330^o$$

En este caso se ha mejorado el comportamiento en todo el rango de velocidades de la máquina, tal y como se muestra en el siguiente registro de vibración durante el arranque realizado tras el equilibrado.

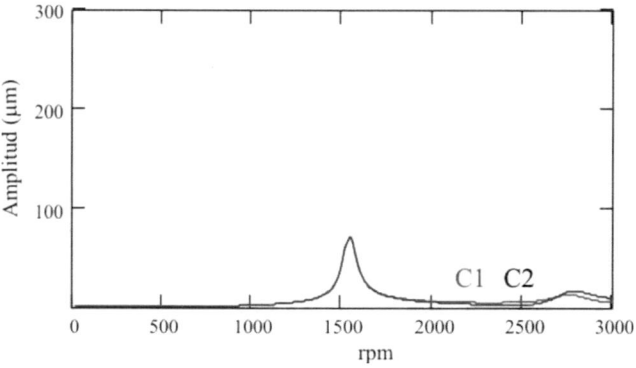

Figura 7.40. Vibración registrada en el arranque tras el equilibrado

7.9.4. Cálculo del desequilibrio modal para el eje del ejercicio anterior y comparación con el máximo admisible

El cálculo se realizará a baja velocidad y a las dos frecuencias naturales del eje. Para ello se ha de añadir por orden masas de prueba en cada uno de los tres planos de equilibrado, registrándose con cada cambio de masa las vibraciones de los dos puntos de medida a las tres velocidades indicadas. Con esos datos se han obtenido (como en el punto 7.9.3) los correspondientes coeficientes de influencia que se presentan en la Tabla 7.4.

Tabla 7.4. Coeficientes de influencia en μm/gr, obtenidos con
correcciones de masa realizadas con un radio de 160 *mm*

Cojinete	Plano de equilibrado			Velocidad (*rpm*)
	P1	P2	P3	
C1	**0,028@177°**	**0,010@176°**	0,004@0°	1000
C2	**0,008@176°**	**0,027@177°**	0,033@177°	
C1	0,596@99°	**0,629@94°**	0,211@81°	1540
C2	0,580@93°	**0,632@98°**	0,228@110°	
C1	0,653@94°	0,650@278°	**1,732@271°**	2750
C2	0,948@275°	0,934@93°	**2,526@96°**	

Las vibraciones registradas en la turbina a las tres velocidades anteriores tras el equilibrado realizado en el punto 7.9.3 se muestran en la Tabla 7.5.

Tabla 7.5. Amplitudes medidas tras el equilibrado de la turbina

Velocidad (rpm)	Cojinete 1	Cojinete 2
1000	2 μm @ 201°	2 μm @ 195°
1540	71 μm @ 280°	70 μm @ 280°
2750	13 μm @ 58°	16 μm @ 248°

Solución

Según la norma ISO 21940-11 el desequilibrio máximo admisible como rotor rígido se calcula a partir del grado de calidad de una turbina G=2,5 mm/s y de su velocidad de régimen:

$$D_{ad} = 1000 \cdot \frac{G \cdot M}{\omega} = 1000 \cdot \frac{2,5 \cdot 4000}{3000 \cdot \frac{2\pi}{60}} = 31831 gr \cdot mm$$

Que se puede repartir al 50% entre los planos P1 y P2 (15915 *gr·mm*)

El desequilibrio modal admisible para el primer y el segundo modo de vibración (60% del valor anterior según ISO 21940-12) = 19099 *gr·mm*

En la tabla de los coeficientes de influencia se han marcado en negrita los que se van a emplear en los cálculos. En los correspondientes a las medidas a baja velocidad, se han tomado los de los planos P1 y P2 por ser los más cercanos a los cojinetes. Para las otras velocidades se seleccionan los correspondientes al plano más sensible (coeficientes de influencia más altos).

7.9.4.1. Cálculo a baja velocidad (1000 rpm)

Se calcula el desequilibrio asociado a los planos seleccionados (P1 y P2) con los coeficientes de influencia de la Tabla 7.4 y las amplitudes de la Tabla 7.5:

$$\vec{D}_1 = \frac{(\vec{K}_{22} \cdot \vec{A}_1) - (\vec{K}_{12} \cdot \vec{A}_2)}{\vec{K}_{11} \cdot \vec{K}_{22} - \vec{K}_{12} \cdot \vec{K}_{21}} = 54{,}5 gr@338°$$

Como el radio *R*= 160 *mm* queda un desequilibrio en ese plano de:

54,5 *gr* · 160 *mm* = 8715 *gr·mm* que es inferior al admisible (15915 *gr·mm*).

$$\vec{D}_2 = \frac{(\vec{K}_{11} \cdot \vec{A}_2) - (\vec{K}_{21} \cdot \vec{A}_1)}{\vec{K}_{11} \cdot \vec{K}_{22} - \vec{K}_{12} \cdot \vec{K}_{21}} = 62{,}9 gr@350°$$ resultando D_2·R = 10063 *gr·mm*

7.9.4.2. Cálculo en el primer modo (1540 rpm):

En este modo se ha seleccionado el Plano 2 por ser el más sensible.

$$D_1 = \frac{A_1}{K_{12}} = \frac{71 \mu m}{0{,}629 \frac{\mu m}{gm}} = 113{,}5 gr \ D_1 \cdot R = 18162 \ gr·mm$$

$$D_2 = \frac{A_2}{K_{22}} = \frac{70 \mu m}{0{,}632 \frac{\mu m}{gm}} = 111{,}1 gr \ D_2 \cdot R = 17773 \ gr·mm$$

Que son menores que el admisible de 19099 *gr·mm*

7.9.4.3. Cálculo en el segundo modo (2750 rpm)

En este modo se ha seleccionado el Plano 3 por ser el más sensible. Se puede trabajar sólo con los módulos:

$$D_1 = \frac{A_1}{K_{13}} = \frac{13 \mu m}{1{,}732 \frac{\mu m}{gm}} = 7{,}6 gr \ D_1 \cdot R = 1213 \ gr·mm$$

$$D_2 = \frac{A_2}{K_{23}} = \frac{16 \mu m}{2{,}526 \frac{\mu m}{gm}} = 6{,}3 gr \ D_2 \cdot R = 1013 \ gr·mm$$

Que son menores que el admisible de 19099 *gr·mm*

8
Alineación de ejes

8.1. Introducción

En su sentido más amplio, la alineación de máquinas comprende las múltiples actividades que se realizan en la puesta en marcha y mantenimiento de máquinas con el objetivo de mantener la posición y orientación de los distintos elementos dentro de las tolerancias de diseño. Se miden la coaxialidad, el paralelismo o la perpendicularidad entre otros.

Así, el alineamiento más común en máquinas rotativas se refiere a la alineación de ejes. Pero también existen técnicas para el alineamiento de poleas, el alineamiento de círculos (asientos de ejes, alojamiento de cojinetes, taladros) y la direccionalidad de husillos, entre otras.

8.2. Fundamentos de la alineación de ejes

8.2.1. Definición

La alineación de ejes se define a partir de su contrario. La desalineación entre dos máquinas ocurre cuando sus ejes de rotación no son coaxiales en condiciones normales de funcionamiento. Por lo tanto, la alineación de ejes es cualquier actividad que pretenda corregir la desalineación.

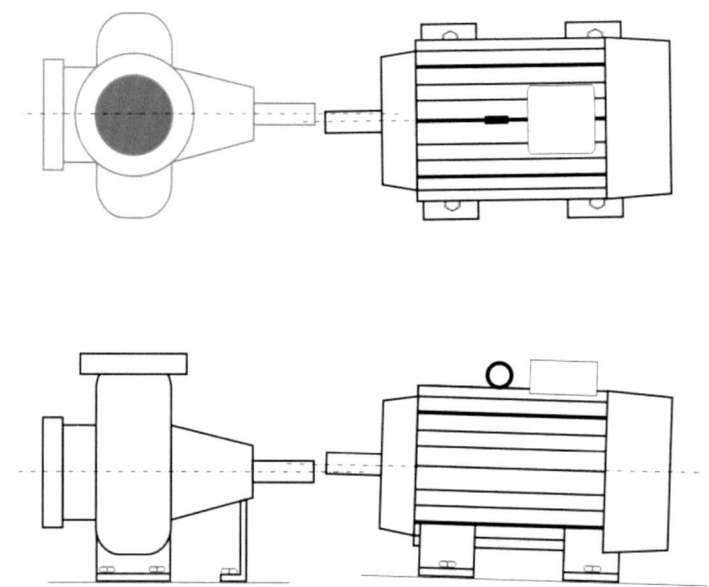

Figura 8.1. Desalineación entre motor y bomba

Existen dos componentes de la desalineación: radial y angular. La desalineación radial aparece cuando los dos ejes son paralelos, pero no coaxiales, mientras que la desalineación angular aparece cuando los dos ejes intersectan en el punto de transmisión de la potencia, pero no son paralelos. La desalineación habitual en ejes es una combinación de ambas.

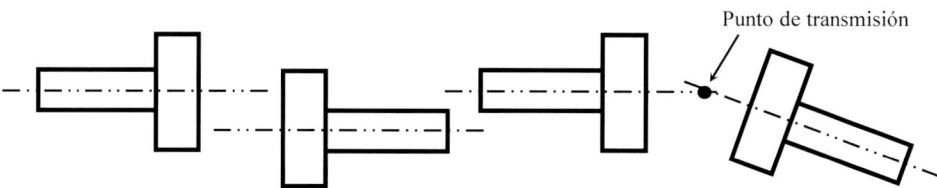

Figura 8.2. Desalineación paralela y angular

Además, la desalineación se puede producir tanto en el plano vertical como en el plano horizontal, de manera que para describir la desalineación entre dos ejes hace falta determinar cuatro parámetros: desviación paralela en horizontal, desviación paralela en vertical, desviación angular en horizontal y desviación angular en vertical.

8.2.2. Causas de la desalineación de ejes

La desalineación entre ejes puede tener diversos orígenes:

- Excesiva confianza en la utilización de acoplamientos elásticos y rodamientos autoalineables, de forma que no se realiza una alineación lo suficientemente precisa.
- Distorsiones en la máquina durante su funcionamiento, holguras o pérdidas de apriete en los anclajes.
- Elementos giratorios unidos entre sí (poleas, cadenas, engranajes) no situados en el mismo plano.
- Cojinetes o apoyos mal alineados entre sí.
- Ejes doblados o con excesiva flecha.
- Dilataciones térmicas.
- Defectos en el acoplamiento de los ejes, desgaste, etc.

8.2.3. Efectos de la desalineación de ejes

La primera consecuencia derivada de la presencia de dos ejes desalineados es la aparición de una fuerza radial, un momento flector y una fuerza axial, que dependerán de la rigidez del acoplamiento flexible que, normalmente, existirá entre ambos ejes. La fuerza radial se debe a la desviación paralela entre los ejes, mientras que el momento flector y la fuerza axial se deben a la desviación angular.

Conocidas la desalineación y la rigidez del acoplamiento para cada plano (horizontal y vertical) se podría determinar el módulo y la dirección de estos esfuerzos. Estos esfuerzos aumentan las cargas que deben soportar los apoyos de los ejes. Así, un primer efecto es la disminución de la vida de los elementos de apoyo.

Otros efectos adicionales son:

- Fallos prematuros de los ejes, juntas y acoplamientos.
- Vibración excesiva en direcciones axial y radial. Esta vibración depende del tipo de acoplamiento (aunque no existe una relación directa entre vibración y desalineación, como se verá en el apartado "8.3. Detección de la desalineación de ejes").
- Pérdida de lubricante en las juntas de los cojinetes de aceite.
- Pérdida de apriete en los tornillos del anclaje a la base.
- Pérdida de apriete o rotura de los tornillos del acoplamiento.
- Calentamiento de los acoplamientos flexibles. En el caso de un acoplamiento que emplee elastómeros, este calentamiento puede acarrear una pérdida de propiedades mecánicas del material y un envejecimiento prematuro.
- Aumento de la potencia consumida (hasta un 10% en grupos motor-bomba).

8.2.4. Objetivos de la alineación de ejes

Así pues, el objetivo principal de la alineación es preservar la vida de los elementos que forman la máquina rotativa. Una correcta alineación permite:

- Reducir cargas radiales y axiales en los apoyos de los ejes.
- Minimizar la deflexión de los ejes desde el punto de transmisión en el acoplamiento hasta el cojinete del extremo final del eje.
- Minimizar el desgaste de los componentes del acoplamiento.
- Reducir el fallo mecánico de las juntas.
- Mantener las tolerancias internas de los ejes.
- Disminuir los niveles de vibración en la bancada, carcasa, soporte de los cojinetes y ejes (aunque niveles moderados de desalineación pueden reducir los niveles de vibración gracias a la precarga que introduce).

8.3. Detección de la desalineación de ejes

Existen diversos métodos y tecnologías para detectar la desalineación de ejes. La idea es determinar con precisión si la desalineación es realmente la causa del fallo en la máquina.

8.3.1. Análisis de vibraciones

Aunque el análisis de vibraciones no es capaz de señalar el tipo, la causa o la severidad de la desalineación, existen síntomas claves que deben ser observados y evaluados cuando se sospecha que existe desalineación. Estos síntomas son:

- Junto a uno de los apoyos del eje, la amplitud axial de vibración es superior a 1,5 veces la amplitud radial.
- El espectro de vibración muestra un pico a $2 \cdot f$ (f es la velocidad de giro del eje) que es mayor que 1/3 de la amplitud del pico a f.
- Las amplitudes de vibración en dirección vertical y horizontal son diferentes.
- Las fases entre las medidas de un extremo a otro del eje y entre las medidas horizontal y vertical toman valores de 0° o 180°.

Estos síntomas son teóricos y es posible que una desalineación no produzca una vibración con estas características, ya que depende del tipo de acoplamiento flexible empleado.

8.3.2. Termografía de infrarrojos

La desalineación suele producir un calentamiento del acoplamiento flexible y de los rodamientos próximos al acoplamiento, de manera que una forma de detectarlo puede ser observando aumentos de temperatura en estos componentes mediante termografía infrarroja.

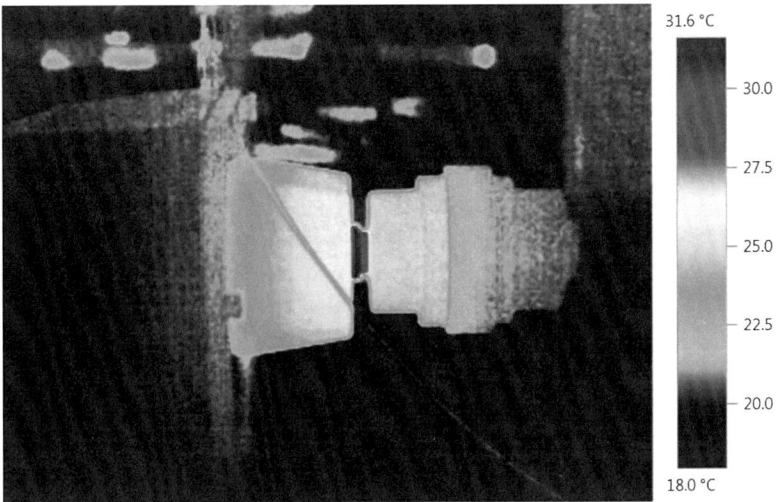

31.6 °C
— 30.0
— 27.5
— 25.0
— 22.5
— 20.0
18.0 °C

Figura 8.3. Termografía de un acoplamiento

8.3.3. Patrones de desgaste en los apoyos

Otra forma de detectar la desalineación consiste en observar el patrón de desgaste en los cojinetes. En el caso de los rodamientos de bolas, el desgaste se produce a menudo en forma de un camino trazado a través de la pista de deslizamiento.

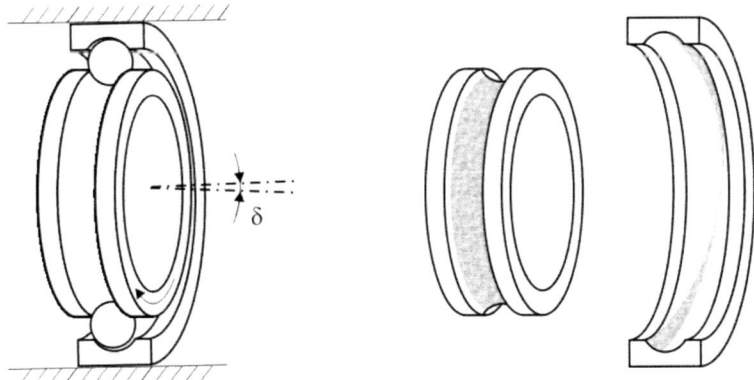

Figura 8.4. Patrón de desgaste en un rodamiento

En cojinetes de aceite, la desalineación se observa como un desgaste angular.

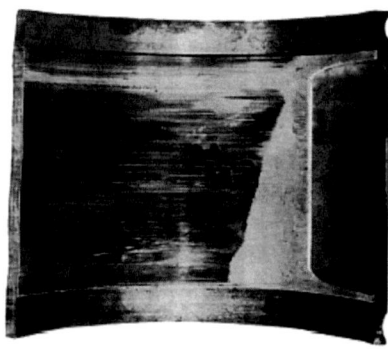

Figura 8.5. Desgaste en un cojinete hidrodinámico

8.3.4. Fallos en juntas

La desalineación es una de las principales causas de fallo en las juntas, aunque un fallo en estos elementos no es una indicación tan clara de una desalineación como los patrones antes descritos en cojinetes.

Desde el punto de vista de las juntas, el principal inconveniente de la desalineación es la excesiva deflexión que se produce en el eje. Existen otras causas, como el desequilibrio del eje, que pueden dar lugar a esta excesiva deflexión y por lo tanto generar también el fallo.

8.3.5. Fallos en acoplamientos flexibles

También se puede detectar la desalineación examinando los propios acoplamientos. En la mayoría de los casos, la desalineación no producirá un fallo del acoplamiento, ya que por lo general fallan antes los rodamientos o las juntas. Sin embargo, el examen del acoplamiento puede aportar información para confirmar el diagnóstico.

En acoplamientos con elastómeros, la desalineación produce fatiga y calentamiento del elemento elastómero, por lo que se podría observar zonas endurecidas, polvo del material o fisuras. En acoplamientos dentados, provoca a menudo un desgaste angular en los dientes del acoplamiento. En acoplamientos multidisco, la desalineación puede llegar a romper parte de los discos debido a la fatiga de tipo fretting que se produce.

Figura 8.6. Desgaste en acoplamiento dentado

8.4. Factores a considerar en la alineación de ejes

Antes de iniciar cualquier actividad de alineación, se deben considerar algunos factores para asegurar el éxito de la misma. Es necesario conocer la instalación de la máquina, sus características y especificaciones de funcionamiento, así como se debe seleccionar adecuadamente el método y las herramientas de alineación a emplear.

8.4.1. Configuración de la máquina

En cualquier acoplamiento entre máquinas, se debe determinar cuál es la máquina que se puede mover y cuál será la *máquina fija*. En el acoplamiento entre una bomba y un motor eléctrico, se considerará la bomba como máquina fija, dado que estará unida a la instalación del fluido que impulse, y habrá que mover el motor para conseguir la alineación deseada. En el caso de que el acoplamiento se realice mediante un reductor de engranajes, el reductor usualmente se convierte en la máquina fija y las máquinas unidas mediante él en las máquinas móviles.

El criterio es identificar la máquina que pueda moverse con mayor facilidad, es decir, sin suponer cambios sustanciales o modificaciones importantes en la instalación o su funcionamiento.

El *tipo de apoyos* empleados también es un factor a considerar. Si se emplean cojinetes hidrodinámicos, hay que tener en cuenta que la posición del eje es distinta cuando está parado y cuando está girando. Por otro lado, en algunas aplicaciones con ejes pesados y de gran longitud, cuando el eje esté parado experimentará una deflexión estática en su centro debida a la gravedad, que se debe conocer para poder realizar una correcta alineación en parado.

8.4.2. Tipo de acoplamiento

El tipo de acoplamiento tiene importancia en todos los aspectos de la alineación, desde el diagnóstico hasta la acción correctora.

El diagnóstico puede verse afectado por el estado del acoplamiento. Un acoplamiento dañado o desgastado puede dar lecturas erróneas e identificar una desalineación cuando en realidad el problema es el estado del acoplamiento. Así pues, antes de iniciar cualquier trabajo de alineamiento hay que comprobar el buen estado de los elementos del acoplamiento.

El tipo de acoplamiento hará que se tengan que utilizar unos útiles u otros, en función también del método empleado, para poder realizar las mediciones necesarias. Además, puede ser más o menos complejo de desmontar, todo lo cual debe tenerse en cuenta para estimar el tiempo y coste de la operación de alineamiento.

También es importante, como se ha comentado anteriormente, tener en cuenta que, en función del tipo de acoplamiento, las vibraciones medidas pueden ser distintas en caso de la desalineación.

8.4.3. Expansión o contracción térmica

Existen máquinas que sufren un cambio de temperatura desde parado, cuando son alineadas, hasta el régimen de funcionamiento habitual. Si el cambio es igual para toda la máquina, no requiere más atención. Sin embargo, en el caso de que el cambio sea diferente en diferentes partes de la máquina, el alineamiento realizado en frío puede que no sea correcto cuando se encuentra en funcionamiento.

La dilatación diferente en distintas partes de la máquina puede generar desalineaciones radiales o angulares. En estos casos, es deseable calcular o estimar estos desalineamientos por adelantado para dejar las desviaciones oportunas durante la alineación en frío.

8.4.4. Deformación en tuberías

Las instalaciones de fluidos en máquinas pueden ser fuente de errores en el alineamiento de máquinas, ya que las deformaciones que se producen en las tuberías pueden variar entre la posición de parado hasta el régimen de funcionamiento debido a los cambios de temperatura y a la dinámica del sistema.

Se debe ser muy cuidadoso a la hora de realizar una alineación, comprobando el correcto anclaje y la ausencia de holguras o posibles desplazamientos de las tuberías, para que la alineación en parado sea adecuada en funcionamiento.

8.4.5. Estado de la base

Se debe revisar el anclaje de las máquinas. En el caso de máquinas nuevas, se debe comprobar la planitud y horizontalidad de la base antes de la instalación. En máquinas ya instaladas, se debe comprobar el estado de los pernos y tornillos de anclaje, reemplazando cualquier elemento defectuoso. Se debe observar la presencia de patas cojas, es decir, patas de la máquina que no realizan un contacto correcto con la base, bien sea porque no descansan sobre ella o porque la tocan levemente.

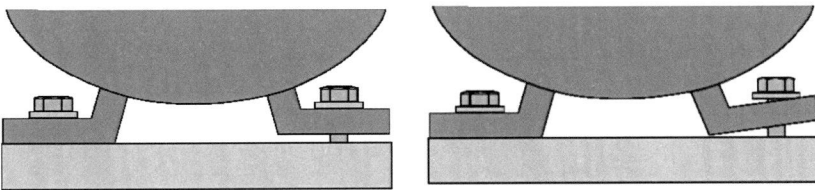

Figura 8.7. Patas cojas

La idea fundamental es que, sin un anclaje adecuado y correcto a la base, cualquier operación de alineamiento carece de sentido.

8.4.6. Selección de los calzos o suplementos

Existen en el mercado suplementos estándar de diferentes espesores (de 0,025 mm a 5 mm) para corregir la posición de las patas de las máquinas y así conseguir la alineación vertical. En general, es conveniente que sean de acero inoxidable, ya que son más resistentes y duraderos que los de fundición o bronce. También es recomendable reemplazar los suplementos que se vean deteriorados, ya que colocar suplementos en mal estado puede hacer que la tarea de alineación sea inútil.

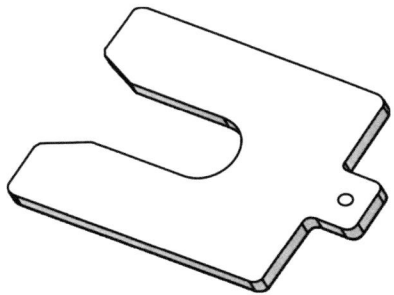

Figura 8.8. Suplemento comercial estándar

Para garantizar un buen apoyo, el área de los suplementos a emplear debe ser superior al 75% del área del pie de la máquina.

Figura 8.9. Motor con calzos para lograr su alineación vertical con la bomba

8.5. Sistemas para la alineación de ejes

Existen diversos métodos para la alineación de ejes. Desde los modernos sistemas basados en el láser hasta los primeros métodos ópticos. En un principio, podemos conseguir una buena alineación inicial incluso con escuadras y otros elementos de referencia, pero en general van a ser insuficientes para alcanzar una alineación dentro de tolerancias. Tanto los sistemas ópticos como los que emplean escuadras dependen fundamentalmente de la pericia y las apreciaciones del técnico encargado de la alineación, por lo que son métodos poco fiables, válidos únicamente para una alineación previa al trabajo de alineación real.

Los métodos más populares son los que emplean relojes comparadores, que tienen la ventaja de su reducido coste y los sistemas láser que son más sencillos de utilizar y que eliminan la necesidad de realizar cálculos, pero que necesitan una inversión en el equipo más alta (desde 4000 €).

8.5.1. Sistemas con relojes comparadores

Existen dos métodos:

- Método del borde y la cara: dos relojes comparadores montados en un dispositivo de sujeción indican la desviación radial (borde) y la desviación angular (cara) del acoplamiento. Las lecturas se realizan cuando los ejes giran 180° entre las posiciones horarias de las 6-12, 3-9.

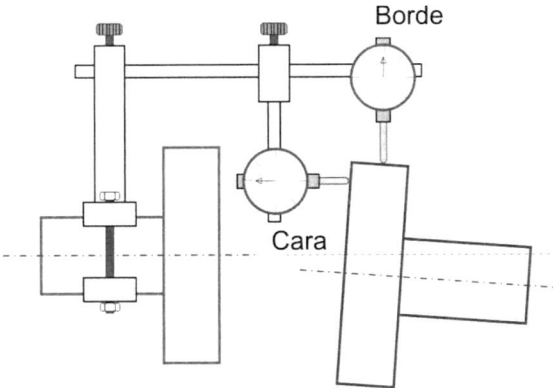

Figura 8.10. Método del borde y la cara

■ Método del comparador inverso: dos comparadores, montados cada uno en una parte del acoplamiento. Los valores se miden cuando los ejes giran 180° entre las posiciones 6-12, 3-9. Con los comparadores se obtiene las desviaciones radiales en cada sección de medida, y la diferencia entre los dos comparadores permite calcular la desalineación angular.

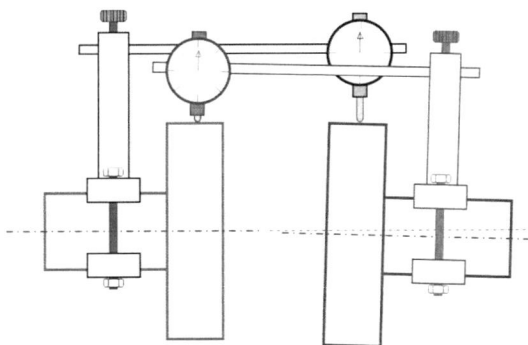

Figura 8.11. Método del comparador inverso

Ambos son métodos válidos, aunque al emplear el método del borde y la cara debe tenerse en cuenta el posible movimiento, por tolerancias, configuración u holguras, del eje en dirección axial. Existen técnicas para evitar el error derivado de este movimiento, pero debido a que el método del comparador inverso no sufre este problema y produce buenos resultados, existe una tendencia hacia su utilización en la mayoría de ocasiones.

8.5.2. Método del comparador inverso

8.5.2.1. Descripción del método del comparador inverso

Para explicar este método se va a emplear un ejemplo. Se suponen dos ejes, A y B, inicialmente alineados. Sobre el eje A se montan los elementos de sujeción y dos relojes comparadores tocando la superficie del eje B en las posiciones 12 (posición superior) y 6 (posición inferior) (ver Figura 8.12). Estando así montados, se ponen los relojes a 0:

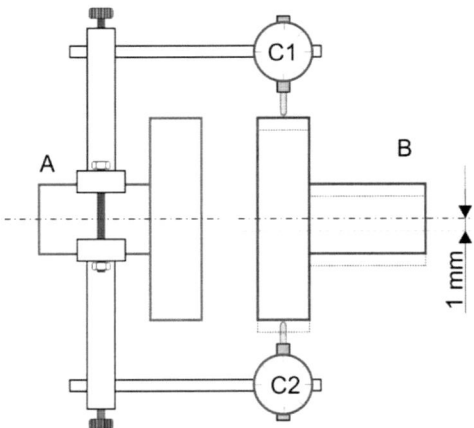

Figura 8.12. Ejemplo para la ilustración de la lectura de los relojes comparadores

En ese momento, se desplaza 1 mm verticalmente en sentido descendente el eje B. La lectura del reloj situado en la parte superior, C1, será ahora de -1 mm (sentido negativo indica que la aguja se aleja del reloj), mientras que la del reloj situado en la parte inferior, C2, será de +1 mm (la aguja se introduce en el reloj). De este modo, la desviación total medida por ambos relojes es de 1–(-1) = + 2 mm.

Este mismo valor se obtendría si, una vez desplazado el eje B 1 mm, se pusiese el reloj C1 a 0 y se girara el eje A 180°, de manera que el reloj C1 alcanzase la parte inferior del eje B, marcando +2 mm (Figura 8.13).

Empleando el procedimiento del método del comparador inverso, se hubiese realizado la puesta a 0 de los relojes en la posición de las 12 (tal y como se verá en el siguiente punto), de manera que las medidas en las posiciones de las 9-6-3, tras girar 180° los ejes serían las mostradas en la Figura 8.14.

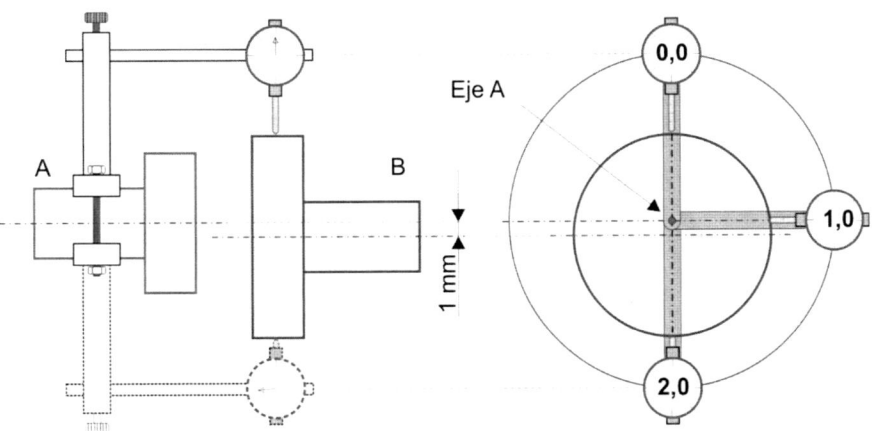

Figura 8.13. Lectura del reloj comparador al girar el eje A 180º

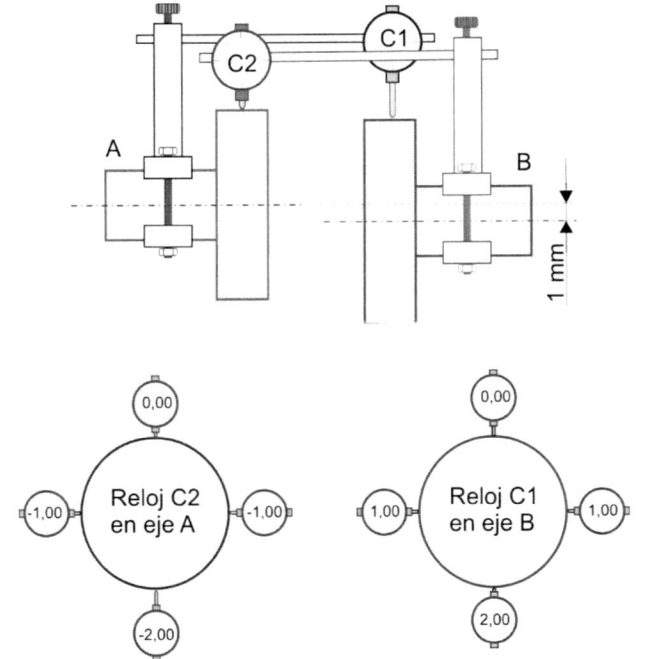

Figura 8.14. Medidas obtenidas mediante el método del comparador inverso

Con este sencillo ejemplo, ya se pueden destacar tres reglas fundamentales de este método:

- La desalineación radial (en ambos planos, vertical y horizontal) se calcula como la mitad de la diferencia entre el valor obtenido en el reloj para las dos posiciones (vertical 12 y 6, horizontal 9 y 3). Es común encontrar en manuales y catálogos, TIR/2, es decir, "Total Indicator Reading". En el ejemplo:

$$Desviación\ Vertical = \frac{2-0}{2} = 1$$
$$Desviación\ Horizontal = \frac{1-1}{2} = 0$$

- La suma de las medidas en el plano horizontal debe ser siempre igual a la suma de las medidas verticales:

$$-1 + (-1) = -2 + 0, \qquad 1 + 1 = 2 + 0$$

- El eje A visto desde el eje B está 1 mm por encima de él, mientras que el eje B visto desde el eje A está 1 mm por debajo. La lectura del reloj C2 en el eje A indica una desviación de -1 mm, mientras que el reloj C1 en el eje B indica una desviación de 1 mm. Tal y como se verá en el punto dedicado al procedimiento de empleo de este método, las medidas cambian el signo al cambiar de máquina (de la fija a la móvil).

Las principales ventajas de este método son:

- Proporciona mejor precisión dimensional para máquinas con ejes de diámetro pequeño y acoplamientos largos (el diámetro del acoplamiento es menor que la distancia entre acoples).
- No es necesario desmontar los elementos internos del acoplamiento.
- En la mayoría de los casos, ambos ejes son girados simultáneamente, por lo que el error introducido por una posible falta de redondez de los acoples es eliminado.
- Las holguras en dirección axial no influyen sobre las medidas.
- Sólo se monta un reloj comparador por barra de sujeción, lo cual disminuye la deflexión frente al método del borde y la cara.
- Se puede generar de manera sencilla una representación gráfica de las posiciones relativas de los ejes y de la condición final de alineamiento.

También existen inconvenientes del método:

- Es necesario que giren ambos ejes, de manera que, si uno de ellos no se puede girar, no se puede emplear este método.
- La precisión disminuye a medida que el diámetro del acoplamiento aumenta y su longitud disminuye.
- No se puede emplear en máquinas pequeñas, donde no caben los elementos de sujeción y los comparadores.

8.5.2.2. Procedimiento del método del comparador inverso

Compensación de la deflexión de los soportes

En primer lugar, se debe conocer la deflexión de los elementos de sujeción. Tal y como se puede apreciar en las figuras del punto anterior, en general los relojes van sujetos por un soporte formado por barras. Si la longitud de estas barras es importante debido a restricciones en el montaje, la deflexión en el extremo donde se sujeta el reloj puede ser considerable. Así pues, se debe eliminar el posible error introducido por este fenómeno. Para ello, se debe seguir el siguiente procedimiento:

- Se montan las barras de sujeción y el reloj, a la distancia medida, sobre un tubo rígido, de igual forma que se pretende hacer en el acoplamiento.
- Se sostiene el tubo de manera que el reloj se encuentre en la parte superior (posición 12).
- Se pone a 0 el reloj.
- Se gira el conjunto hasta que el reloj alcance la parte inferior (posición 6) y se anota este valor.
- Se gira ahora hasta las posiciones 3 y 9 para comprobar que la medida en ambos es igual a la mitad de la medida en 6.

El valor anotado en la posición 6 sirve para corregir las medidas obtenidas durante la alineación de los ejes. La deflexión del soporte es exactamente la mitad de este valor.

Definición de distancias

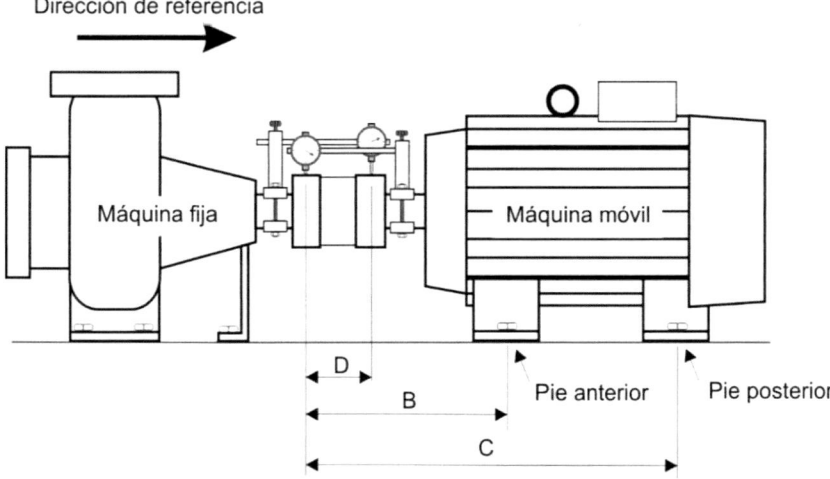

Figura 8.15. Distancias para el cálculo de la desalineación

Para obtener las desviaciones radiales y angulares a partir de las medidas de los relojes comparadores se deben conocer las distancias entre distintos puntos importantes del acoplamiento y de las máquinas. Además, para que todas las medidas sean coherentes y se pueda tener un lado derecho y otro izquierdo, se suele definir una dirección de referencia visual desde la máquina fija hacia la máquina móvil.

Estas distancias son:

■ B: la distancia desde el plano de medición en la máquina fija, donde se sitúa el reloj montado sobre el eje de la máquina móvil, hasta el pie anterior de la máquina móvil.

■ C: la distancia desde el plano de medición en la máquina fija, hasta el pie posterior de la máquina móvil.

■ D: la distancia entre los planos de medición.

Aplicación

Para realizar esta tarea se puede emplear un sólo reloj comparador, montado alternativamente en ambos ejes. Aunque las medidas puedan ser válidas, en general, se consume más tiempo que el que se emplea si se dispone de dos relojes.

En la mayoría de los casos, los dos relojes se colocan inicialmente en la posición de las 12 de cada eje, aunque se puede colocar uno de ellos a las 6 (180° desfasado). Así mismo, se pueden emplear elementos auxiliares, tal y como se muestra en la siguiente figura, en el caso de que el tamaño del acoplamiento lo requiera o como estrategia para eliminar la deflexión de los soportes.

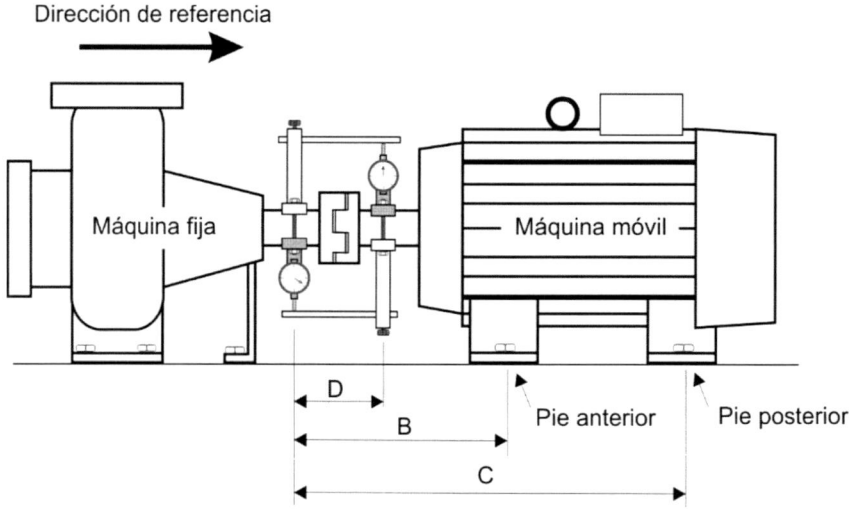

Figura 8.16. Montaje alternativo

Es recomendable documentar todo el proceso desde el inicio hasta el final, indicando la dirección de referencia, las distancias, las medidas iniciales de los relojes, la posición inicial de los mismos, etc.

Debido a que se trata de un método empleado ampliamente en la industria, es posible que existan distintos procedimientos. Sin embargo, todos contemplarán (o deberían hacerlo) los siguientes puntos:

1. Inspección del acoplamiento para asegurarse de que se encuentra en buen estado y los tornillos están correctamente apretados.

2. En caso de la puesta en marcha de máquinas nuevas, se debe realizar un alineamiento inicial de forma visual, mediante reglas y escuadras, de manera que los posibles desalineamientos entren en el rango de movimiento de los relojes comparadores. En el caso de maquinaria que ya está instalada se supone que no existen desalineamientos tan importantes como para necesitar ser corregidos mediante técnicas visuales.

3. Se deben medir y anotar las distancias indicadas anteriormente.

4. Se debe revisar el estado de los anclajes a la base para evitar cualquier tipo de defecto en este sentido: tornillos sueltos o rotos, pata coja, etc.

5. Se montan las barras de sujeción en ambos ejes y se comprueba que forman un conjunto lo suficientemente rígido. En función de las medidas del acoplamiento y del tipo de montaje, se debe tener en cuenta la compensación de la deflexión de las barras de sujeción de los relojes.

6. Se montan los relojes de manera que señalen aproximadamente la mitad de su rango de medida. Hay que asegurarse de que se montan perpendiculares a las superficies.

7. Se gira el eje para comprobar que no existen obstrucciones a las barras de sujeción y que el reloj hace contacto a lo largo de todo el recorrido.

8. Se reposicionan los relojes a las 12 y se giran los ejes, una vuelta completa, y se comprueba que las lecturas de los relojes coinciden con las iniciales. En otro caso, se debe verificar su montaje.

9. Se giran ambos ejes hasta las posiciones 3, 6 y 9, y se anotan los valores de la lectura de los relojes. Se puede emplear un inclinómetro o un nivel para determinar con precisión estas posiciones.

10. Es conveniente anotar las medidas mediante un gráfico similar al de la siguiente figura. Se han anotado siguiendo la dirección de referencia definida anteriormente. Es también conveniente realizar más de una medida para obtener mejores valores realizando la media de las distintas mediciones.

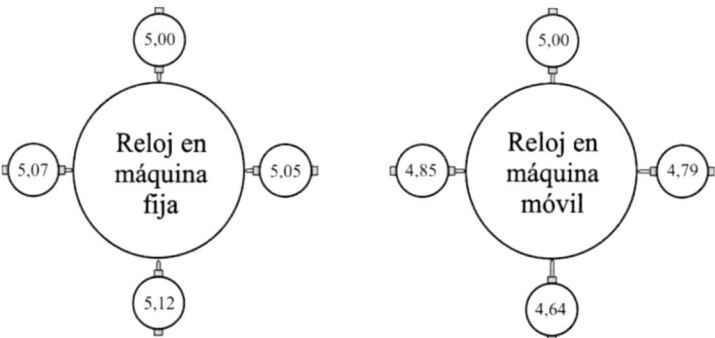

Figura 8.17. Gráfico de anotación de las medidas de los relojes

11. Se debe comprobar que las medidas son correctas. Para ello se aplica la regla obtenida en el punto anterior: la suma de las medidas horizontales debe ser aproximadamente igual a la suma de las medidas verticales.

12. Las lecturas promediadas del paso 10 se deben corregir con la deflexión de las barras de sujeción medida en el paso 5, en caso de que exista. La deflexión de estas barras es un valor negativo y se debe restar a las lecturas de los relojes. Si, por ejemplo, la medida de la deflexión en la posición de las 6 fuese -0'06 mm, con la corrección se obtendrían los valores mostrados en la Figura 8.18. Si bien en el caso de las posiciones horizontales no es necesario realizar la corrección, puesto que en esa dirección la flecha de las barras no introduce error, en este caso se ha aplicado para mantener la validez de la comprobación del punto 11.

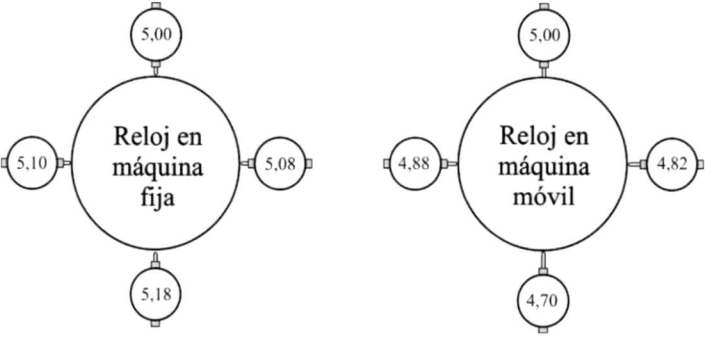

Figura 8.18. Medidas corregidas con la deflexión de las barras de sujeción

13. A partir de las medidas en los relojes y de las distancias medidas sobre las máquinas, se pueden determinar los desalineamientos radiales. El desalineamiento radial, en cualquier plano, será la mitad de la diferencia entre las medidas a 180º (abajo-arriba, derecha-izquierda), tal y como se vió en el ejemplo inicial. Los valores de estos desalineamientos en cada máquina serán:

$$V_{fija} = \frac{Valor\ posición\ 6 - Valor\ posición\ 12}{2} = +0'09$$

$$V_{móvil} = \frac{Valor\ posición\ 6 - Valor\ posición\ 12}{2} = -0'15$$

$$H_{fija} = \frac{Valor\ posición\ 3 - Valor\ posición\ 9}{2} = -0'01$$

$$H_{móvil} = \frac{Valor\ posición\ 3 - Valor\ posición\ 9}{2} = -0'03$$

donde *V* se refiere a *vertical* y *H* a *horizontal*.

14. Calculados estos desalineamientos, para obtener los movimientos que se deben aplicar a las patas de la máquina móvil para alinear los ejes es recomendable realizar una representación gráfica, tal y como se muestra en la Figura 8.19. Hay que recordar, que los signos cambian de una máquina a otra.

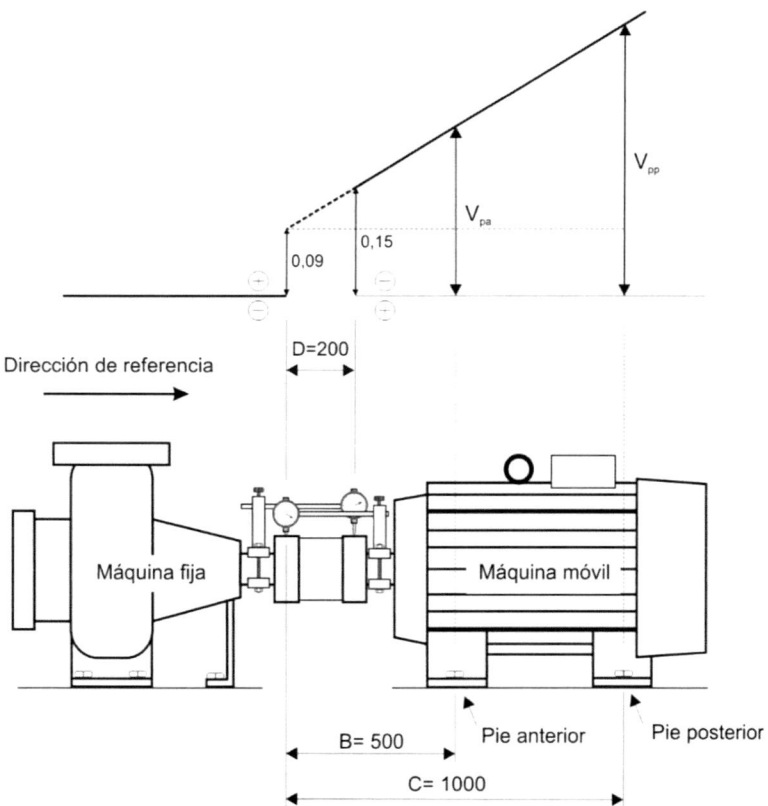

Figura 8.19. Representación gráfica de la desalineación vertical

259

15. La representación gráfica se incia representando las desalineaciones radiales medidas por los dos comparadores. Los dos puntos obtenidos definen la situación del eje de la máquina móvil respecto al de la fija. En el ejemplo mostrado se comprueba que las patas de la máquina móvil están demasiado altas por lo que es necesario bajarlas para una correcta alineación de los ejes.

$$V_{pieanterior} = 0,09 + \frac{(0,15 - 0,09)}{200} \cdot 500 = 0'24$$

$$V_{pieposterior} = 0,09 + \frac{(0,15 - 0,09)}{200} \cdot 1000 = 0'39$$

16. Se suplementa o se retiran los suplementos necesarios para conseguir la alineación en dirección vertical. Es recomendable hacer la alineación vertical antes que la horizontal, repitiendo las medidas después de mover la máquina.

17. Se liberan los tornillos del anclaje de la base de la máquina para realizar el alineamiento en dirección horizontal. Para controlar la precisión en este caso se deben disponer dos relojes comparadores en las patas de uno de los dos lados.

Figura 8.20. Tornillos en la bancada para facilitar el desplazamiento de la máquina

18. Cuando se reaprietan los tornillos de la base, es necesario comprobar que no se modifica la altura de las patas.

19. Se vuelve a medir la desalineación en los ejes (pasos 9 a 13). Si esta desalineación residual es *aceptable*, ha concluido la operación de alineación. En caso de que no lo sea se vuelve a corregir (pasos 14 a 17) y se repite el proceso.

Alineación de ejes con expansión térmica en la máquina

En el caso de que exista una variación considerable de la temperatura en condiciones normales de funcionamiento en alguna de las máquinas, es probable que el alineamiento conseguido en frío sea incorrecto. Esto ocurrirá cuando la dilatación en los diferentes apoyos de los ejes sea distinta. En este caso, para lograr que la alineación sea la correcta en caliente, será necesario que exista una cierta desalineación residual en frío. Este problema afecta normalmente a la desalineación vertical, puesto que en horizontal las diferencias de temperatura entre apoyos no modifican la posición de los ejes.

Las variaciones de temperatura se pueden medir directamente mediante termografía, sondas de temperatura, pistolas de infrarrojos, termómetros de contacto, etc. El problema es que normalmente será complicado conocer la temperatura real de los apoyos y se tendrá que extrapolar a partir de medidas en la carcasa de la máquina, conocidas las temperaturas de los fluidos de refrigeración o del propio proceso ejecutado por la máquina.

Estimadas las variaciones de temperatura ΔT, conocidas las alturas respecto de las patas L, y el coeficiente de dilatación térmica del material α, es posible conocer la expansión que van a sufrir las patas de la máquina ΔL.

$$\Delta L = \Delta T \cdot L \cdot \alpha$$ **Ecuación 8.1**

Para compensar la desalineación provocada por la expansión térmica, la idea es llevar a cabo el mismo procedimiento que se ha explicado anteriormente y tener en cuenta este fenómeno a la hora de aplicar las correcciones finales. Es decir, si la expansión ocurre en la máquina fija, el eje de la máquina móvil se debe mover hasta la posición en la que se encuentre alineado con el eje de la máquina fija en caliente. En el caso de que la expansión ocurra en la máquina móvil, sólo hay que tener en cuenta que las correcciones calculadas a partir de las medidas se deben modificar con los movimientos debidos a la expansión. Así, estos movimientos de las patas llevarán, teóricamente, a los ejes a la posición correcta de funcionamiento, aunque existirá una desalineación en frío.

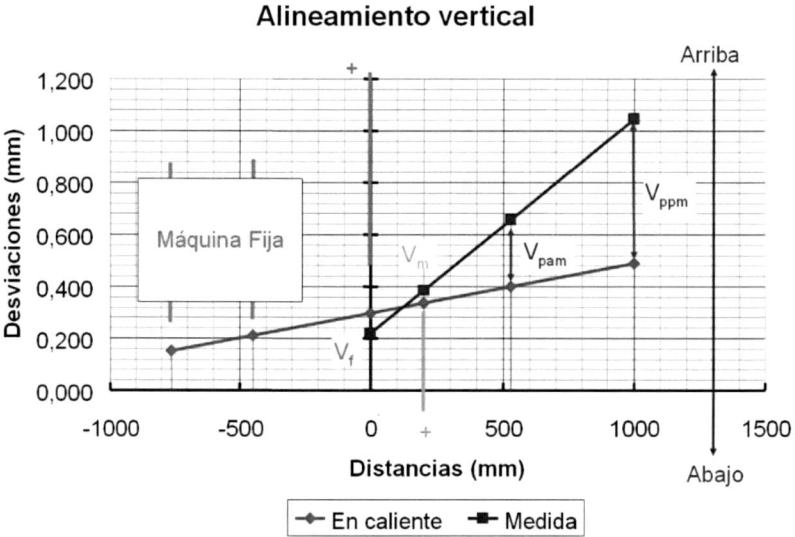

Figura 8.21. Expansión térmica en la máquina fija

En la Figura 8.21 se presenta un ejemplo en el que los apoyos de la máquina fija sufrirán un aumento de temperatura, mayor en el apoyo anterior, de forma que subirán cuando la máquina trabaje en caliente. Por lo tanto, dado que la solución obtenida a partir de la medida era bajar las patas de la máquina móvil una cierta cantidad, a la vista de la gráfica se puede entender que las correcciones finales consistirán en bajar las patas, pero no tanto, ya que la posición del eje de la máquina fija en caliente requiere que el eje de la máquina móvil se quede por arriba de él en frío.

8.5.3. Método del borde y la cara

8.5.3.1. Descripción del método del borde y la cara

Se emplean dos relojes comparadores montados en un dispositivo de sujeción, de forma que uno de ellos indica la desviación radial (borde) y el otro la desviación angular (cara) del acoplamiento. Se puede utilizar un soporte adicional como el mostrado en la imagen de la derecha de la Figura 8.22 para eliminar la necesidad de desmontar el acoplamiento.

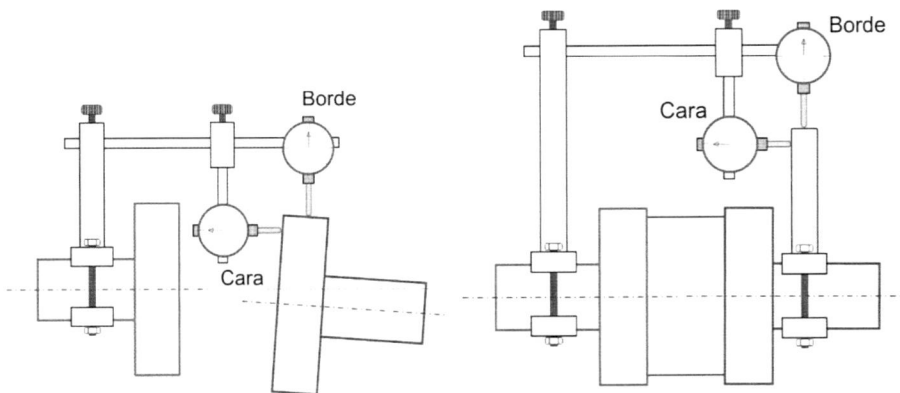

Figura 8.22. Relojes comparadores montados en el método del borde y la cara

Como en el método del comparador inverso, se ponen a la mitad de su rango los dos relojes en la posición de las 12, tomándose las lecturas en las posiciones de las 3, 6 y 9 horas. La principal ventaja de este método es que puede utilizarse cuando uno de los ejes no puede girar durante el proceso.

8.5.3.2. Procedimiento del método del borde y la cara

Definición de distancias

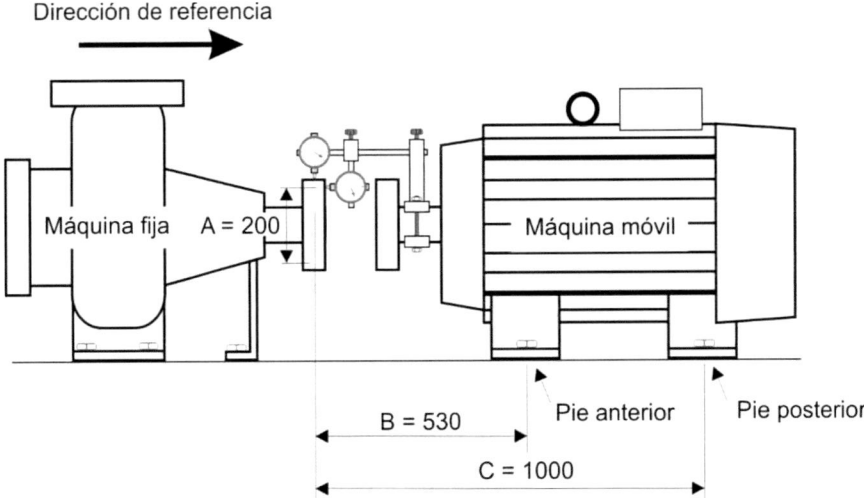

Figura 8.23. Definición de distancias en el método del borde y la cara

Estas distancias son:

- A: diámetro trazado por la punta del comparador que realiza la medida de la cara.
- B: la distancia desde el plano de medición radial hasta el pie anterior de la máquina móvil.
- C: la distancia desde el plano de medición radial hasta el pie posterior de la máquina móvil.

Aplicación

1. Realizar un alineamiento inicial de forma visual, mediante reglas y escuadras, tanto en el plano vertical como en el plano horizontal, de manera que los posibles desalineamientos entren en el rango de movimiento de los relojes comparadores.

2. Se montan los relojes de manera que señalen aproximadamente la mitad de su rango de medida.

3. Se gira el eje para comprobar que no existen obstrucciones a las barras de sujeción y que el reloj hace contacto a lo largo de todo el recorrido.

4. Se reposicionan los relojes a las 12, se vuelven a girar los ejes una vuelta completa, y se comprueba que las lecturas finales coinciden con las iniciales. En otro caso, se debe verificar su montaje.

5. Se giran ambos ejes hasta las posiciones 3, 6 y 9, y se anotan los valores de la lectura de los relojes. En el exterior figuran las medidas del reloj situado en el borde y en el interior las de la cara.

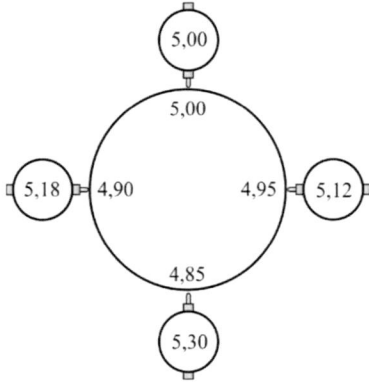

Figura 8.24. Gráfico de anotación de las medidas de los relojes

6. Se debe comprobar que las medidas son correctas. Para ello: la suma de las medidas horizontales debe ser aproximadamente igual a la suma de las medidas verticales.

7. Las lecturas del borde se deben corregir con la deflexión de las barras de sujeción, en caso de que exista. Si, por ejemplo, la deflexión obtenida en la medida de las 6 fuese -0'14 mm, se obtendrían los valores mostrados en la Figura 8.25. Se ha aplicado también la corrección en las posiciones horizontales (aunque no sería necesario) para mantener la validez de la comprobación planteada en el punto 6.

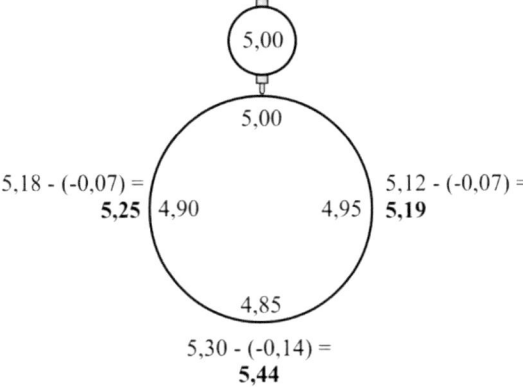

Figura 8.25. Medidas corregidas con la deflexión de las barras de sujeción

8. Las medidas del reloj del borde proporcionan la desalineación radial en ese punto, en este caso en la máquina fija.

$$V_{fija} = \frac{F6 - F12}{2} = 0'22mm$$

$$H_{fija} = \frac{F3 - F9}{2} = -0'03mm$$

9. A partir de las medidas del reloj de la cara se obtiene la desalineación angular, y se pueden calcular los desplazamientos a aplicar a las patas para corregirla.

$$\alpha_V = \frac{|C6 - C12|}{A} = \frac{|4,85 - 5,00|}{200} = \frac{0,075mm}{100mm}$$

$$\alpha_H = \frac{|C3 - C9|}{A} = \frac{|4,95 - 4,90|}{200} = \frac{0,025mm}{100mm}$$

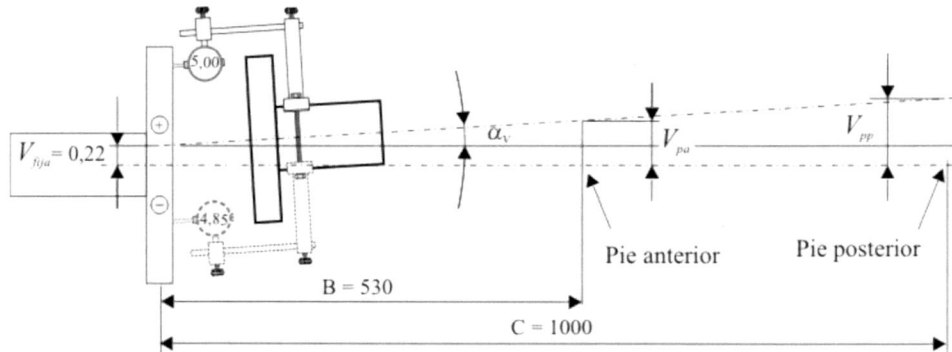

Figura 8.26. Corrección de la desalineación vertical

$$V_{pa} = 0,22 + \alpha_V \cdot B = 0,22 + \frac{0,075}{100} \cdot 530 = 0'62mm$$

$$V_{pp} = 0,22 + \alpha_V \cdot C = 0,22 + \frac{0,075}{100} \cdot 1000 = 0'97mm$$

10. Habría que rebajar las patas para lograr la alineación vertical. Tras el movimiento vertical se repetirían las medidas para buscar la alineación en horizontal.

8.5.4. Sistemas basados en tecnología láser

Funcionan como el método del comparador inverso, pero en lugar de emplear relojes comparadores, emplean emisores/detectores láser montados en cada uno de los ejes. Los valores de medición se obtienen al realizar tres lecturas a las 9-12-3, aunque existen programas que permiten hacerlo en tres puntos separados un ángulo menor, por ejemplo 30°.

Figura 8.27. Sistema de alineamiento basado en el láser

Normalmente disponen de un sistema de visualización o permiten la descarga de los datos recogidos a un ordenador personal, de manera que el software de estos equipos es capaz de realizar las operaciones que se han descrito en el apartado anterior y calcular las correcciones que se deben realizar en las patas de las máquinas.

El manejo de estos sistemas suele ser sencillo y la mayor parte de los manuales está dedicada a recomendaciones para una adecuada colocación de los equipos y verificación de que las medidas son correctas.

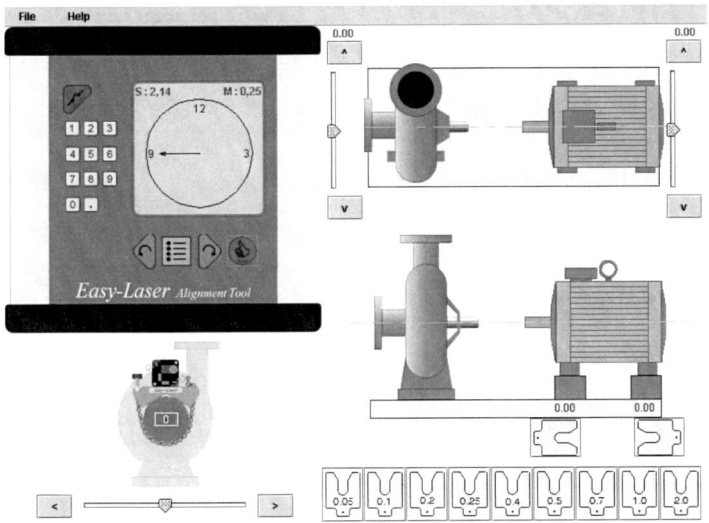

Figura 8.28. Pantalla de un simulador de un equipo láser de alineamiento de la empresa Damalini

Se trata de equipos muy versátiles ya que, con pequeñas modificaciones o ampliaciones del equipo base, permiten realizar directamente operaciones como la compensación de la expansión térmica, el alineamiento de varias máquinas en serie, etc.

8.6. Tolerancias y ajustes de la alineación

La alineación perfecta es difícil, sino imposible, de conseguir, debido a la influencia de diferentes factores, como los vistos hasta aquí, además de la variación de las condiciones de carga en funcionamiento, las tolerancias, ajuste de montaje, etc.

Así pues, en vez de alcanzar la alineación perfecta, se pretende llegar a la alineación aceptable. Se trata de conseguir la alineación en frío que permita un funcionamiento de la máquina dentro de unas tolerancias.

Sin embargo, estas tolerancias son difíciles de calcular, ya que dependen del tipo de acoplamiento, del tipo de máquina y de las condiciones de funcionamiento. Para evaluar el grado de desalineación se puede utilizar la norma ANSI/ASA S2.75-2017 Parte 1:

Metodología de alineación de ejes, principios generales, métodos, prácticas y tolerancias. Por otra parte, los fabricantes de equipos para alineación de ejes, así como los fabricantes de acoplamientos flexibles suelen desarrollar sus propios estándares basados en su experiencia. Sin embargo, no hay que caer en el error de suponer que la tolerancia del fabricante del acoplamiento sea adecuada para la máquina en la que está instalado.

Los estándares suelen dar valores de desviación radial y angular en función de la velocidad de giro de la máquina, de manera que, a mayor velocidad, las tolerancias son más estrechas. Puesto que habitualmente se utilizan acoplamientos flexibles entre ambos ejes, una forma de evaluar el esfuerzo generado por la desalineación entre los dos ejes sobre el acoplamiento es medir el ángulo entre cada uno de los ejes y dicho acoplamiento. La ventaja de esta forma de controlar la desalienación es que el valor se reduce a un único número (el mayor de los dos ángulos) en vez de dos valores (desalineación radial intermedia y angular). Para evaluar la desalineación de este modo, se mide la desalineación radial en cada eje (como en el procedimiento del comparador inverso) y se realiza el cálculo con la mayor de las dos.

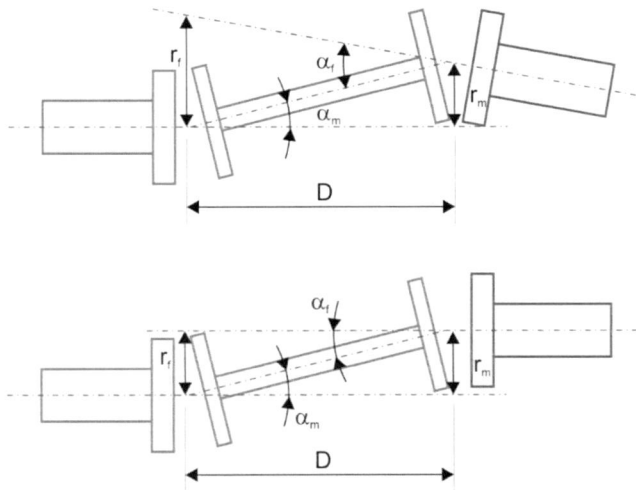

Figura 8.29. Cálculo de la desalineación admisible

La desalineación angular de cada eje con el acoplamiento en mm/100mm se calcula como el cociente entre las dos desalineaciones radiales y la longitud del acoplamiento:

$$\alpha_m = \frac{r_m}{D} \quad \alpha_f = \frac{r_f}{D} \qquad\qquad \textbf{Ecuación 8.2}$$

En el caso de una desalineación paralela esos dos ángulos serán iguales (ver Figura 8.29) pero en un caso general, se tomará el mayor de los dos para evaluar la alineación resultante, ya que ese ángulo formado por el eje con el acoplamiento es la mejor forma de evaluar los esfuerzos generados sobre dicho acoplamiento.

Se puede utilizar la siguiente expresión para obtener en función del mayor ángulo α obtenido (en mm/100mm) y de la velocidad *n* (en rpm) el grado de desalineación G_d que nos permite clasificar la desalineación utilizando la Tabla 8.1.

$$G_d \left(\frac{mm}{100mm}\right) = \alpha_{max} \cdot \sqrt{\frac{n}{1000} + 1}$$

Ecuación 8.3

Tabla 8.1. Clases de desalineación de ejes

$G_d \left(\dfrac{mm}{100mm}\right)$	Nivel de desalineación
Superior a 0,45	Excesiva
0,22 – 0,45	Elevada
0,12 – 0,22	Aceptable
Inferior a 0,12	Excelente

8.7. Ejercicios

8.7.1. Evaluación de la desalineación

En el conjunto de la Figura 8.30 se han tomado medidas con el procedimiento del comparador inverso para evaluar su alineación, sabiendo que D = 130 mm y que el motor alcanza las 1500 rpm.

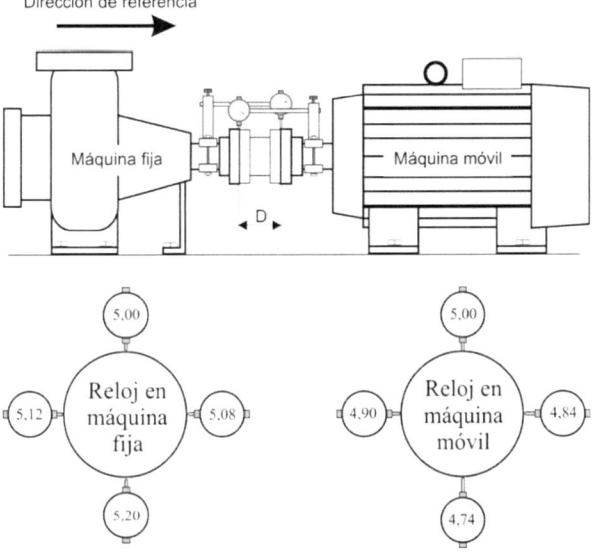

Figura 8.30. Lecturas (ya corregido el error de flecha) y longitud del acoplamiento

Solución

Las desalineaciones radiales vertical y horizontal en los planos de medida son:

$$V_{fija} = \frac{F6 - F12}{2} = 0,100 \ mm \qquad H_{fija} = \frac{F3 - F9}{2} = -0,020 \ mm$$

$$V_{móvil} = \frac{M6 - M12}{2} = -0,130 \ mm \qquad H_{móvil} = \frac{M3 - M9}{2} = -0,030 \ mm$$

Seleccionamos la mayor de las desalineaciones radiales obtenidas (en valor absoluto) para calcular la desalineación angular entre el eje (en este caso sería el eje de la máquina fija) y el acoplamiento.

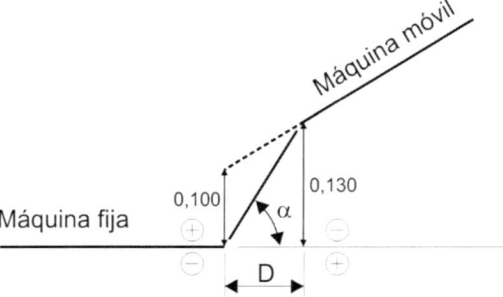

Figura 8.31. Disposición de los dos ejes de las máquinas y del acoplamiento

$$\alpha = \frac{0,130}{D} = \frac{0,10 \ mm}{100 \ mm}$$

Con este ángulo, el grado de desalineación que se obtiene para la velocidad máxima de $n = 1500$ rpm es:

$$G_d = \alpha \cdot \sqrt{\frac{n}{1000} + 1} = \frac{0,10 \ mm}{100 \ mm} \cdot \sqrt{\frac{1500}{1000} + 1} = \frac{0,158 \ mm}{100 \ mm}$$

Valor que según la Tabla 8.1 se puede considerar como aceptable.

8.7.2. Cálculo de la desalineación radial y angular con el procedimiento del comparador inverso

En el conjunto de la Figura 8.32 se han tomado medidas con el procedimiento del comparador inverso para comprobar su alineación. Se desea calcular la desalienación radial presente en el centro del acoplamiento, así como la angular entre los ejes de las dos máquinas.

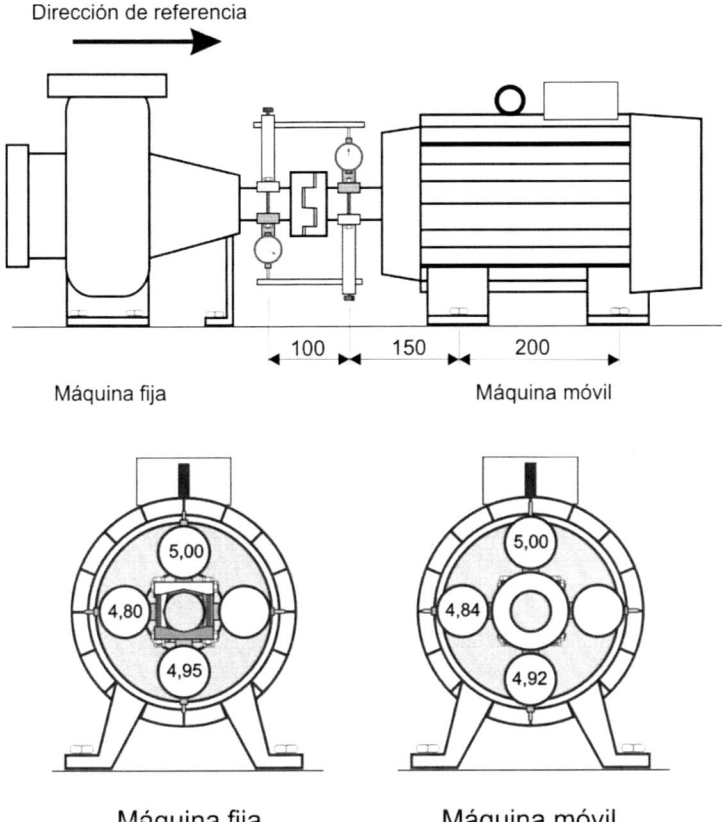

Figura 8.32. Lecturas de los comparadores y distancias entre las máquinas

Solución

No ha sido posible girar los ejes para que los comparadores alcanzasen la posición de las 3 horas, pero se puede emplear la condición de que la suma de las medidas verticales ha de ser igual a la suma de las medidas horizontales para obtener esos valores:

- Aplicado a la máquina fija: $F3 = F6 + F12 - F9 = 4,95 + 5,00 - 4,80 = 5,15$
- Para la móvil: $M3 = 4,92 + 5,00 - 4,84 = 5,08$

Las desalineaciones radiales vertical y horizontal en los planos de medida son:

$$V_{fija} = \frac{F6 - F12}{2} = -0,025 \; mm \quad H_{fija} = \frac{F3 - F9}{2} = 0,175 \; mm$$

$$V_{móvil} = \frac{M6 - M12}{2} = -0,040 \; mm \quad H_{móvil} = \frac{M3 - M9}{2} = 0,120 \; mm$$

Si se representan gráficamente, hay que tener en cuenta el cambio de signo que se produce al pasar de la máquina fija a la móvil:

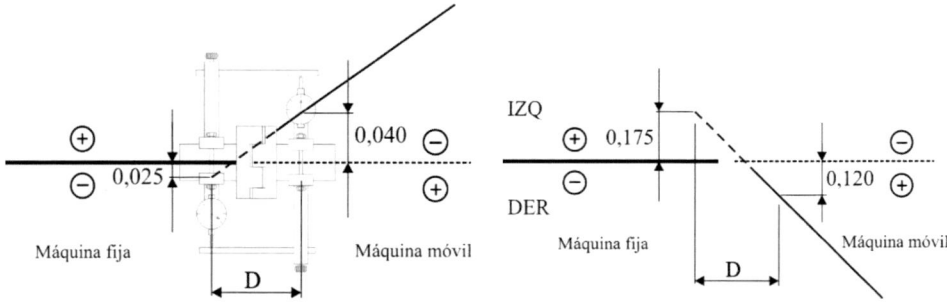

Figura 8.33. Posición del eje de la máquina móvil respecto al de la fija en vertical y horizontal

Se observa que el eje de la máquina móvil está situado por encima y a la derecha del eje de la máquina fija. La desalineación angular que se obtiene es:

$$\alpha_V = \frac{|V_{fija} + V_{móvil}|}{D} = \frac{0,065mm}{100mm}$$
$$\alpha_H = \frac{|H_{fija} + H_{móvil}|}{D} = \frac{0,295mm}{100mm}$$

La desalineación radial en el centro del acoplamiento (punto medio entre planos de medida) se puede calcular aprovechando la desalineación angular obtenida:

$$R_V = -0,025 + \alpha_V \cdot \frac{D}{2} = -0,025 + \frac{0,065}{100} \cdot 50 = 0,0075mm$$
$$V_H = 0,175 - \alpha_H \cdot \frac{D}{2} = 0,175 - \frac{0,295}{100} \cdot 50 = 0'0275mm$$

8.7.3. Cálculo de las correcciones para logar la alineación

En el ejercicio anterior se ha obtenido que las desalineaciones radiales en el centro del acoplamiento son adecuadas, pero la desalineación angular en dirección horizontal es excesiva. Calcular los desplazamientos a aplicar en las patas de la máquina móvil para corregir esa desalineación horizontal.

Solución

Se cuenta con el esquema de la posición de los ejes de las máquinas obtenido anteriormente a partir de las lecturas de los comparadores:

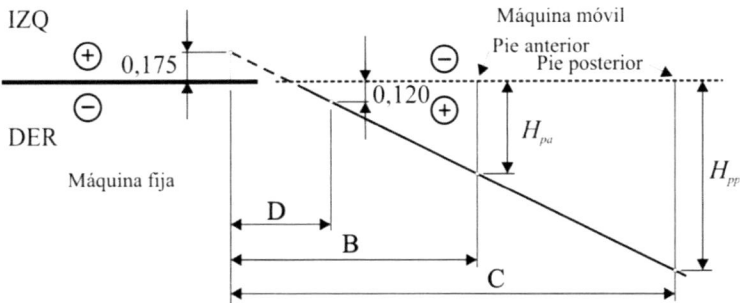

Figura 8.34. Posición del eje de la máquina móvil respecto al de la fija en horizontal

Se observa que hay que desplazar hacia la izquierda ambos pies de la máquina móvil. El cálculo de esos desplazamientos se puede realizar aprovechando los datos de desalineación radial y angular obtenidos en el ejercicio anterior:

$$H_{pa} = 0,175 - \alpha_H \cdot B = 0,175 - \frac{0,295}{100} \cdot 250 = -0,5625mm$$

$$H_{pp} = 0,175 - \alpha_H \cdot C = 0,175 - \frac{0,295}{100} \cdot 450 = -1,1525mm$$

8.7.4. Alineación vertical a partir de medidas de borde y cara

Calcular el desplazamiento a aplicar en las patas de la máquina móvil para lograr la alineación en el plano vertical del conjunto de las Figuras 8.35 y 8.36.

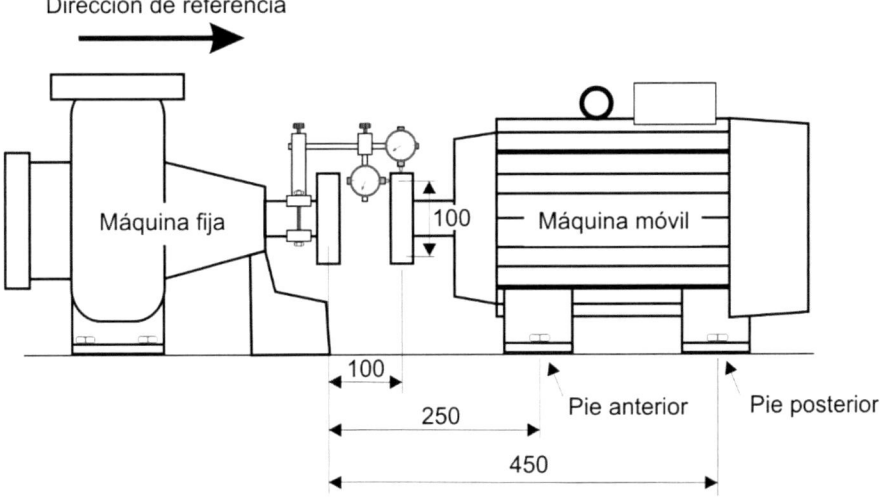

Figura 8.35. Distancias entre las máquinas

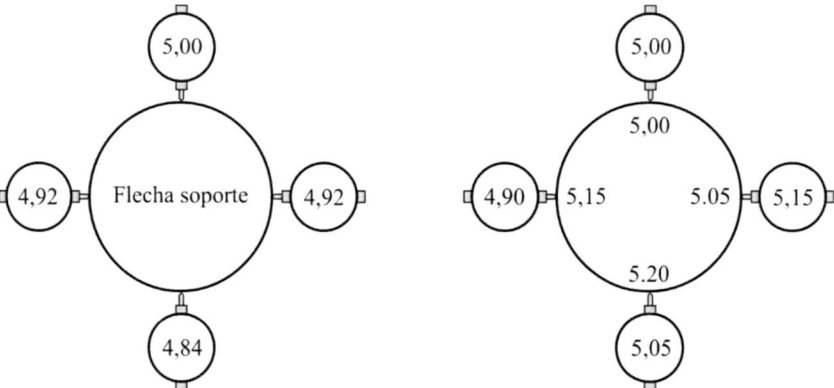

Figura 8.36. Lecturas de los comparadores

Solución

El primer paso es corregir las lecturas realizadas en dirección radial con los datos obtenidos en el ensayo de flecha del soporte de los relojes:

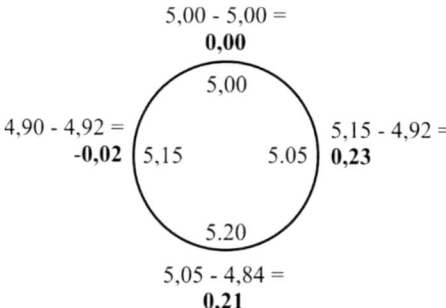

Figura 8.37. Corrección de las lecturas del borde (radiales) con los datos de flecha del soporte

La desalineación angular se obtiene directamente de las lecturas del reloj de la cara:

$$\alpha_V = \frac{|C6 - C12|}{A} = \frac{|5,20 - 5,00|}{100} = \frac{0,20mm}{100mm}$$

La desalineación radial en el plano de medida con las lecturas del reloj del borde tras la corrección de flecha realizada:

$$V_{móvil} = \frac{M6 - M12}{2} = \frac{0,21 - 0,00}{2} = 0,105mm$$

Se representa gráficamente la posición del eje de la máquina móvil en el plano vertical:

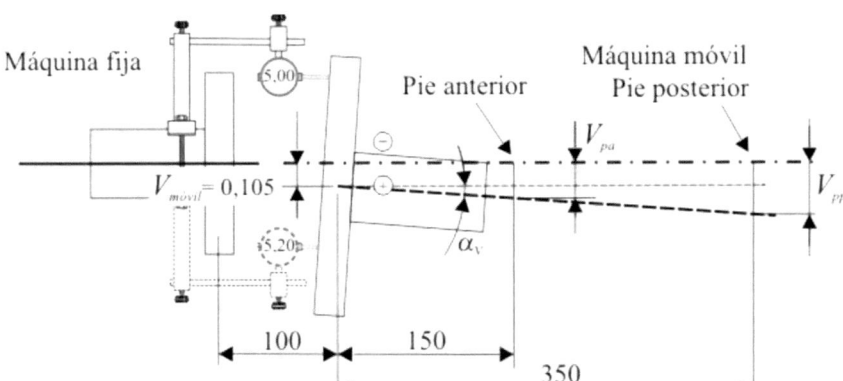

Figura 8.38. Posición del eje de la máquina móvil respecto al de la fija en vertical

Para lograr la alineación habrá que subir las patas de la máquina móvil las cantidades siguientes:

$$V_{pa} = 0{,}105 + \alpha_V \cdot 150 = 0{,}105 + \frac{0{,}20}{100} \cdot 150 = 0{,}405 mm$$

$$V_{pp} = 0{,}105 + \alpha_V \cdot 350 = 0{,}105 + \frac{0{,}20}{100} \cdot 350 = 0{,}805 mm$$

8.7.5. Influencia de la dilatación térmica en la alineación vertical

En la Figura 8.39 se muestra una bomba y su motor sobre las que se han tomado medidas a temperatura ambiente con el procedimiento del comparador inverso para comprobar su alineación. Se desea alinear el conjunto en dirección vertical teniendo en cuenta que durante el trabajo las carcasas de ambas máquinas sufren un incremento de temperatura tal y como se indica en la imagen. Las carcasas son de fundición gris, siendo su coeficiente de dilatación térmica $\alpha = 11{,}7$ μm/m·K.

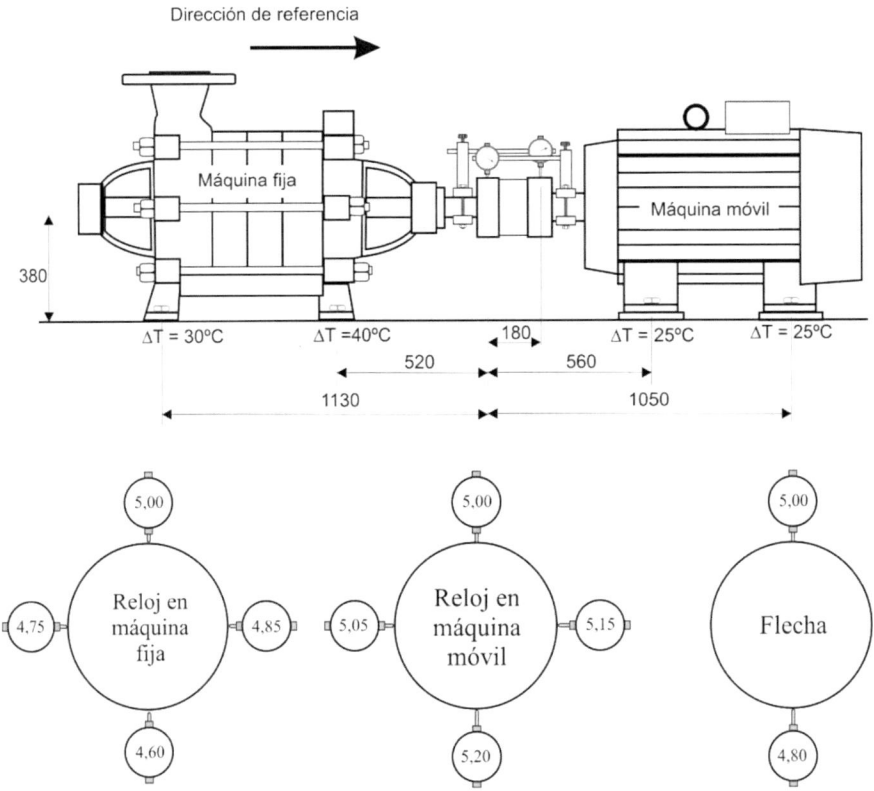

Figura 8.39. Lecturas de los comparadores y distancias entre las máquinas

Solución

El primer paso es corregir las lecturas realizadas en dirección radial con los datos obtenidos en el ensayo de flecha del soporte de los relojes. Una posibilidad es aplicar la corrección exclusivamente a la lectura de las seis horas:

4,80 – 5,00 = – 0,20 a restar en la posición inferior:

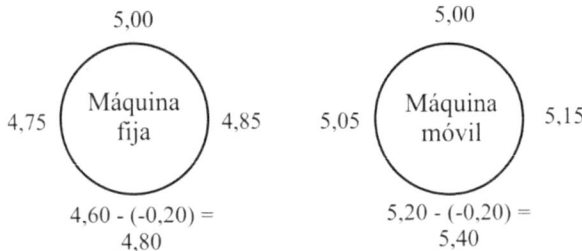

Figura 8.40. Corrección de las lecturas con los datos de flecha del soporte

Las desalineaciones radiales verticales en los planos de medida son:

$$V_{fija} = \frac{F6-F12}{2} = -0,10mm \qquad\qquad V_{móvil} = \frac{M6-M12}{2} = 0,20mm$$

Si se representan gráficamente, hay que tener en cuenta el cambio de signo que se produce al pasar de la máquina fija a la móvil:

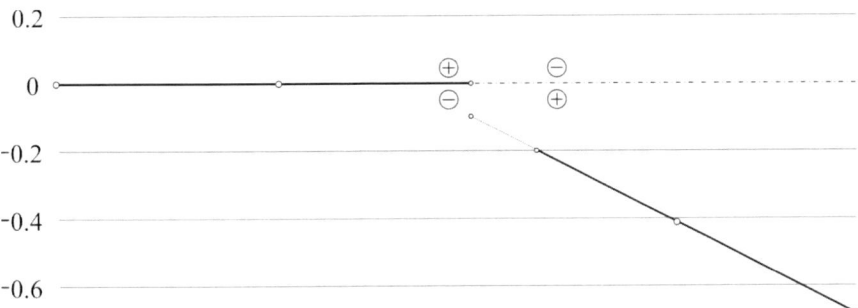

Figura 8.41. Posición del eje de la máquina móvil respecto al de la fija en vertical en frío

Se observa que el eje de la máquina móvil está situado por debajo del eje de la máquina fija. La desalineación angular vertical que se obtiene es:

$$\alpha_V = \frac{0,20 - 0,10}{D} = \frac{0,10mm}{180mm} = \frac{0,0556mm}{100mm}$$

El incremento de temperatura en las máquinas causa la dilatación de las carcasas, ocasionando los siguientes cambios de altura en la máquina fija:

$$\Delta L_{paf} = L \cdot \alpha \cdot \Delta T_{paf} = 380 \cdot 1,17 \cdot 10^{-5} \cdot 40 = 0,178mm$$
$$\Delta L_{ppf} = L \cdot \alpha \cdot \Delta T_{ppf} = 380 \cdot 1,17 \cdot 10^{-5} \cdot 30 = 0,133mm$$

Y en la máquina móvil:

$$\Delta L_{pam} = \Delta L_{ppm} = L \cdot \alpha \cdot \Delta T_m = 380 \cdot 1,17 \cdot 10^{-5} \cdot 25 = 0,111mm$$

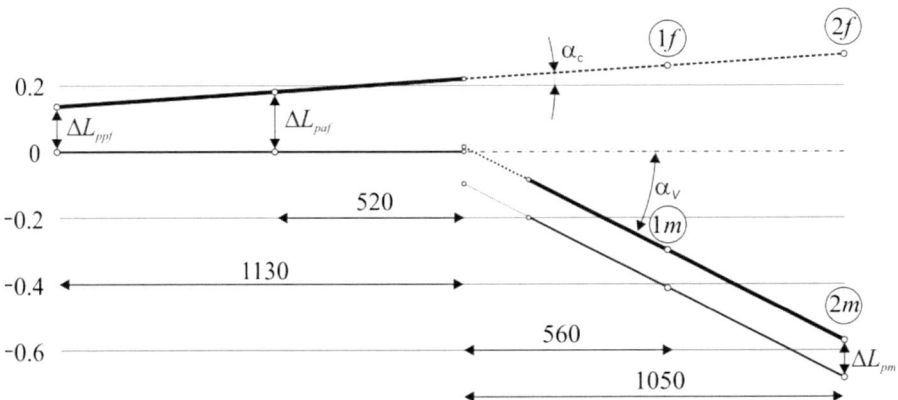

Figura 8.42. Posición del eje de la máquina móvil respecto al de la fija en caliente

La dilatación térmica ha introducido una desalineación angular en el eje de la máquina fija respecto a la referencia inicial, siendo su valor:

$$\alpha_c = \frac{\Delta_{paf} - \Delta_{ppf}}{1130 - 520} = \frac{0{,}044mm}{610mm} = \frac{0{,}007mm}{100mm}$$

La dilatación térmica de la máquina móvil no ha cambiado la inclinación de su eje al ser igual en todos los soportes.

Se calculan los desplazamientos a aplicar a las patas de la máquina móvil para conseguir que los ejes queden alineados una vez producida la dilatación térmica de las máquinas. Para esto se obtiene la posición de las patas de la máquina móvil una vez producida la dilatación térmica (puntos 1*m* y 2*m*), así como la altura de la prolongación del eje de la máquina fija en esas posiciones (puntos 1*f* y 2*f*).

$$V_{1f} = \Delta L_{paf} + \alpha_c \cdot (520 + 560) = 0{,}257mm$$
$$V_{2f} = \Delta L_{paf} + \alpha_c \cdot (520 + 1050) = 0{,}292mm$$

$$V_{1m} = V_f - \alpha_V \cdot 560 + \Delta L_{pm} = -0{,}300mm$$
$$V_{2m} = V_f - \alpha_V \cdot 1050 + \Delta L_{pm} = -0{,}572mm$$

Para lograr la alineación en caliente hay que subir las patas de la máquina móvil.

$$V_{1f} - V_{1m} = 0{,}557mm$$
$$V_{2f} - V_{2m} = 0{,}864mm$$

Anexo
Conceptos básicos
de vibraciones

A.1. Clasificación de la vibración

Vibración libre y vibración forzada

Si un sistema mecánico se separa de su posición de equilibrio y se libera, comenzará a vibrar. La vibración resultante se llama vibración libre. Las frecuencias a las que vibra el sistema en tales condiciones se llaman frecuencias naturales.

Si un sistema se somete a una fuerza externa repetida cíclicamente, la vibración resultante se conoce como vibración forzada. Si la frecuencia de la fuerza exterior está próxima a alguna de las frecuencias naturales, se entra en resonancia y el sistema aumenta sus oscilaciones peligrosamente, pudiendo llegar al fallo. La Tabla A.1 proporciona ejemplos de ambos tipos de vibraciones que aparecen en máquinas.

Tabla A.1. Distintos tipos de vibraciones libres y forzadas

Vibraciones forzadas	Vibraciones libres
Desequilibrios	Resonancias estructurales
Desalineaciones	Resonancias acústicas
Engranes	Resonancia de ejes
Excitación eléctrica	Rozamientos internos
Excitaciones aerodinámicas	Holguras
Excitaciones hidrodinámicas	

Los problemas relacionados con vibraciones forzadas se suelen resolver eliminando o reduciendo la magnitud de la fuerza de excitación, este tipo de problema es más sencillo de identificar y resolver que los relacionados con vibraciones libres, cuya solución suele estar relacionada con modificaciones físicas (de rigideces y/o reparto de masas) en el diseño de la máquina.

Vibración no amortiguada y vibración amortiguada

Si durante la vibración no se disipa energía en fricción u otra resistencia la vibración se llama no amortiguada. Si, por el contrario, hay pérdida de energía (por ejemplo, por rozamiento) se llama amortiguada.

Vibración determinista y vibración aleatoria

Si el valor de la excitación que actúa en un sistema vibrante es conocido en todo instante de tiempo, la vibración resultante se llama determinista. Si, como ocurre en algunos casos, la excitación no es conocida, la vibración es aleatoria, el análisis de la misma cambia, pasando a ser estadístico. Normalmente en las máquinas rotativas aparecen fuerzas deterministas que se repiten en el tiempo, es decir periódicas.

A.2. Parámetros básicos de las vibraciones

A continuación, se presenta un conjunto de parámetros esenciales para la comprensión de las vibraciones, definidos a partir de un movimiento armónico simple.

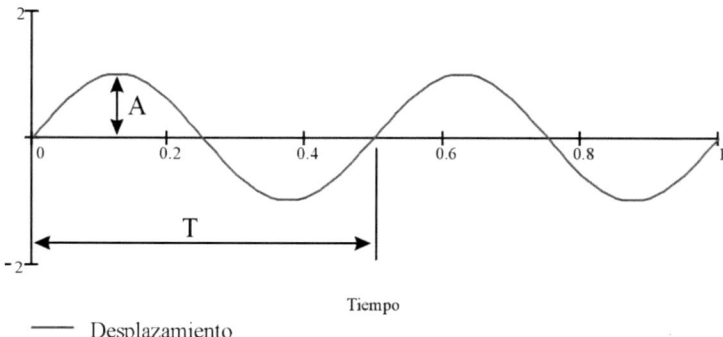

Figura A.1. Movimiento armónico simple

- Amplitud (*A*): desplazamiento máximo.
- Período (*T*): duración temporal de una oscilación (en segundos).
- Frecuencia (*f*): número de oscilaciones que realiza el cuerpo por unidad de tiempo. De modo que es igual a la inversa del período.

$$f = \frac{1}{T}$$
Ecuación A.1

Las unidades más usuales para expresar la frecuencia son los Hercios *Hz* (ciclos por segundo), los ciclos por minuto *cpm*, y los radianes por segundo. Un ciclo = 2·π radianes.

La ecuación que expresa analíticamente el desplazamiento en el movimiento armónico simple es:

$$u = A \cdot cos(\omega \cdot t + \varphi)$$

Ecuación A.2

Ecuación donde *t* es el tiempo en segundos, ω la frecuencia de la onda en radianes por segundo y ϕ es el posible desfase inicial.

Existen distintas formas de medir una vibración: midiendo el desplazamiento (normalmente expresado en micras), la velocidad (*mm/s*) o la aceleración (*m/s²* o *g´s*). El desplazamiento es el que mejor representa el movimiento a bajas frecuencias (hasta 600 *cpm*) donde las aceleraciones son bajas. Siendo la velocidad la magnitud más adecuada para frecuencias medias y la aceleración para frecuencias medias y altas. Las expresiones analíticas de la velocidad y aceleración para el movimiento armónico simple son:

$$v = \frac{du}{dt} = -A \cdot \omega \cdot sen(\omega \cdot t + \varphi)$$

Ecuación A.3

$$a = \frac{dv}{dt} = -A \cdot \omega^2 \cdot cos(\omega \cdot t + \varphi) = -\omega^2 \cdot u$$

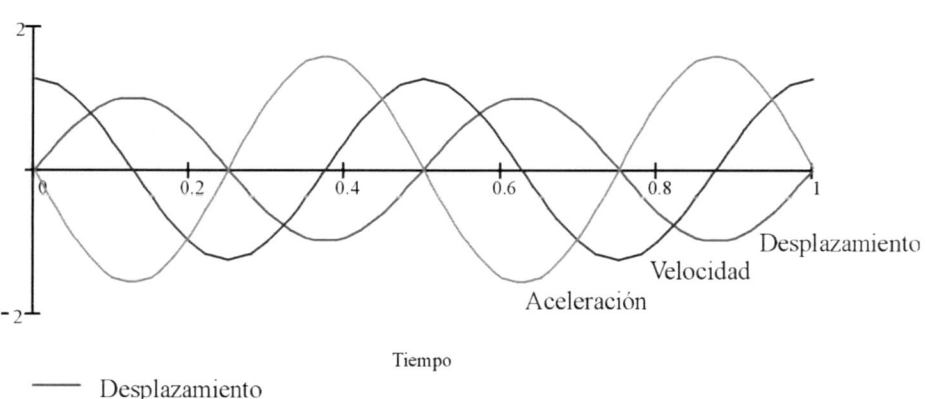

— Desplazamiento
— Velocidad
— Aceleración

Figura A.2. Relación entre las distintas formas de medir una vibración

Una alternativa a la hora de expresar el movimiento armónico simple es el trabajo en el plano complejo, haciendo uso del vector giratorio $e^{i\omega t}$. Este es un vector unitario que gira a velocidad angular ω.

$$e^{i\omega t} = cos(\omega \cdot t) + i \cdot sen(\omega \cdot t)$$

Ecuación A.4

Haciendo uso de esta nomenclatura, el desplazamiento, la velocidad y la aceleración se pueden expresar como:

$$u = A \cdot e^{i \cdot \omega \cdot t}$$

$$v = \frac{du}{dt} = A \cdot i \cdot \omega \cdot e^{i \cdot \omega \cdot t} = A \cdot e^{i \cdot \frac{\pi}{2}} \cdot \omega \cdot e^{i \cdot \omega \cdot t} = A \cdot \omega \cdot e^{i \cdot \left(\omega \cdot t + \frac{\pi}{2}\right)}$$
Ecuación A.5

$$a = \frac{dv}{dt} = -A \cdot \omega^2 \cdot e^{i \cdot \omega \cdot t} = -\omega^2 \cdot u$$

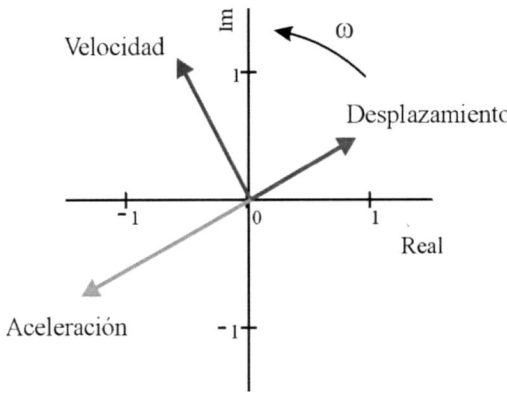

Figura A.3. Relación entre desplazamiento, velocidad y aceleración

A.3. Modelización de sistemas de un grado de libertad (1 gdl)

Un sistema de 1 gdl puede representarse como se muestra en la Figura A.4, estando definido completamente el movimiento por una única variable que denominaremos *u(t)*.

Los componentes básicos del sistema serán:

- *Masa*: elemento en el que se almacena la energía cinética.
- *Resorte*: elemento elástico en el que se almacena la energía potencial elástica. Si el elemento es lineal, la fuerza aplicada al resorte es proporcional al desplazamiento, siendo la constante de proporcionalidad la rigidez *k*:

$$F = k \cdot u$$
Ecuación A.6

En maquinaria rotativa es necesario considerar el efecto de la rigidez axial, transversal y torsional de sus ejes, pero además es necesario considerar el efecto de las rigideces de cojinetes, carcasa y cimentación de la máquina. En la Tabla A.2 se muestran rigideces típicas de distintos elementos de máquinas.

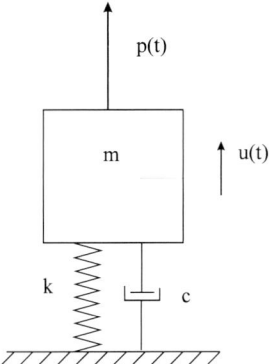

Figura A.4. Modelo básico de sistema de 1 gdl

La rigidez efectiva del soporte de un eje será la resultante de las anteriores, considerada como la suma de rigideces de resortes en serie, así cuando se emplean cojinetes de aceite tendremos:

$$\frac{1}{K_{eff}} = \frac{1}{K_{aceite}} + \frac{1}{K_{soportecojinete}} + \frac{1}{K_{carcasamáquina}} + \frac{1}{K_{cimentación}}$$ **Ecuación A.7**

Tabla A.2. Rigideces típicas de distintos elementos de máquinas

Elemento	Rigidez (10^6 N/m)
Cojinete de aceite	15 a 500
Rodamiento	175 a 700
Soporte de rodamiento (rigidez horizontal)	52 a 700
Soporte de rodamiento (rigidez vertical)	70 a 1.050
Eje de 25 a 100 mm de diámetro	17 a 700
Eje de 150 mm a 380 de diámetro	70 a 3.500

■ *Elemento disipador de energía*: elemento en el que se disipa energía del sistema vibrante, convirtiéndose en sonido o calor. Estos elementos pueden ser, en general, de tres tipos:

● Amortiguamiento viscoso: la fuerza de amortiguamiento es proporcional a la velocidad. En la práctica, aparece en el paso de fluidos viscosos a través de restricciones de sección, en los cojinetes y sellos de aceite de maquinaria rotativa, o lo ocasiona el fluido del proceso como ocurre en el caso de bombas y turbinas hidráulicas. La constante de proporcionalidad *c* se llama coeficiente de amortiguamiento.

$$F = c \cdot \frac{du}{dt}$$ **Ecuación A.8**

El amortiguamiento de los cojinetes de aceite varía con la velocidad, el juego, la carga y la viscosidad del aceite. Así, por ejemplo, aumentar el juego aumenta el amortiguamiento. Habitualmente su valor oscila entre $1 \cdot 10^4$ y $3.5 \cdot 10^6$ *N·seg/m*.

- Rozamiento de Coulomb: en este caso la fuerza de amortiguamiento es constante en magnitud, pero de sentido opuesto al movimiento relativo. Aparece en el rozamiento seco entre cuerpos. Suele tener más importancia en la fase final del movimiento, cuando al descender la velocidad se hacen despreciables los otros tipos de amortiguamiento.

$$F = -\mu \cdot N \qquad\qquad \textbf{Ecuación A.9}$$

- Amortiguamiento histerético o estructural: en este caso la fuerza de amortiguamiento es también proporcional a la velocidad relativa, como en el amortiguador viscoso, pero la constante de proporcionalidad depende de la frecuencia de la excitación. Es el amortiguamiento que, por ejemplo, aparece debido a la histéresis de los materiales metálicos no perfectamente elásticos.

A.3.1.Obtención de la ecuación de movimiento

El modelo matemático correspondiente al modelo básico de un sistema de 1 gdl es fácil de plantear. Considerando, que el sistema se encuentra en una posición cualquiera definida por $u(t)$ y sometido a una fuerza externa $p(t)$. Aislando la masa m, de acuerdo con la segunda Ley de Newton, puede escribirse considerando un resorte lineal, amortiguamiento viscoso y midiéndose el desplazamiento respecto a la posición de equilibrio:

$$m\ddot{u}_r + c\dot{u}_r + ku_r = p(t) \qquad\qquad \textbf{Ecuación A.10}$$

A.4. Vibración libre de sistemas de 1 gdl no amortiguado

El comportamiento de un sistema lineal de 1 gdl no amortiguado, en vibraciones libres (ausencia de fuerzas exteriores) es:

$$m\ddot{u} + ku = 0 \qquad\qquad \textbf{Ecuación A.11}$$

Que es una ecuación diferencial homogénea de segundo orden. Como el sistema es lineal, los coeficientes m y k son constantes. La solución de esta ecuación puede escribirse como:

$$u(t) = Ce^{st} \qquad\qquad \textbf{Ecuación A.12}$$

Donde C y s son constantes que hay que determinar. Sustituyendo la solución en la ecuación diferencial se obtiene:

$$C(ms^2 + k) = 0 \qquad\qquad \textbf{Ecuación A.13}$$

Y, como C no puede ser cero, obtendremos la denominada ecuación característica:

$$ms^2 + k = 0 \qquad\qquad \textbf{Ecuación A.14}$$

Cuyas raíces, o valores propios, son:

$$s_{1,2} = \pm\sqrt{-\frac{k}{m}} = \pm i\omega_n$$

Ecuación A.15

Siendo "*i*" la unidad compleja y denominándose frecuencia natural a ω_n. Puesto que los dos valores propios satisfacen la ecuación original, la solución será una combinación lineal de ambos, con lo que:

$$u(t) = C_1 e^{i\omega_n t} + C_2 e^{-i\omega_n t}$$

Ecuación A.16

Donde C_1 y C_2 son constantes a determinar a partir de las condiciones iniciales. Utilizando las identidades:

$$e^{\pm i\alpha t} = \cos\alpha\, t \pm i \cdot sen\alpha t$$

Ecuación A.17

La respuesta puede escribirse como:

$$u(t) = A_1 \cos\omega_n t + A_2 \sin\omega_n t$$

Ecuación A.18

Donde A_1 y A_2 son dos nuevas constantes. Las constantes C_1, C_2, A_1, A_2 pueden determinarse a partir de las condiciones iniciales del sistema. Así, si los valores de desplazamiento y velocidad en el instante inicial son u_0 y $\dot{u}_0$, tendremos:

$$\left.\begin{array}{l} u(t=0) = u_0 = A_1 \\ \dot{u}(t=0) = \dot{u}_0 = \omega_n A_2 \end{array}\right| \rightarrow \left|\begin{array}{l} A_1 = u_0 \\ A_2 = \dfrac{\dot{u}_0}{\omega_n} \end{array}\right.$$

Ecuación A.19

Con lo que la respuesta del sistema de 1 gdl, a las condiciones iniciales resulta:

$$u(t) = u_0 \cos\omega_n t + \frac{\dot{u}_0}{\omega_n} \sin\omega_n t$$

Ecuación A.20

La respuesta en el tiempo en vibraciones libre es, por lo tanto, un movimiento armónico de frecuencia igual a la frecuencia natural. En definitiva, la frecuencia natural o propia *es la frecuencia a la que tiende a vibrar el sistema cuando existen vibraciones libres.*

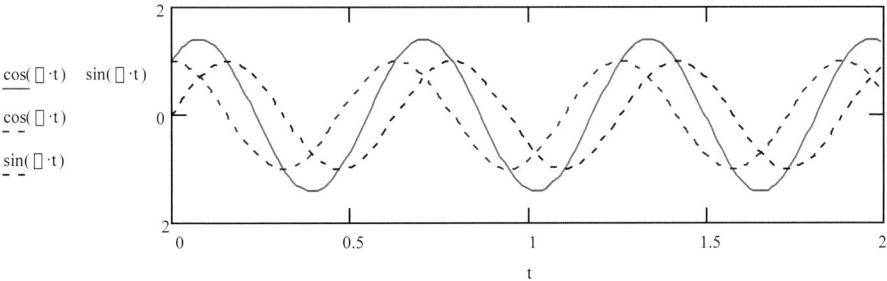

Figura A.5. Suma de dos señales armónicas de igual frecuencia

A.5. Sistema con amortiguamiento viscoso

Se define el amortiguamiento crítico c_c como:

$$c_c = 2m\sqrt{\frac{k}{m}} = 2m\omega_n$$

Ecuación A.21

Para cualquier sistema amortiguado el factor de amortiguamiento ζ se define como la relación entre el coeficiente de amortiguamiento y el amortiguamiento crítico:

$$\zeta = \frac{c}{c_c}$$

Ecuación A.22

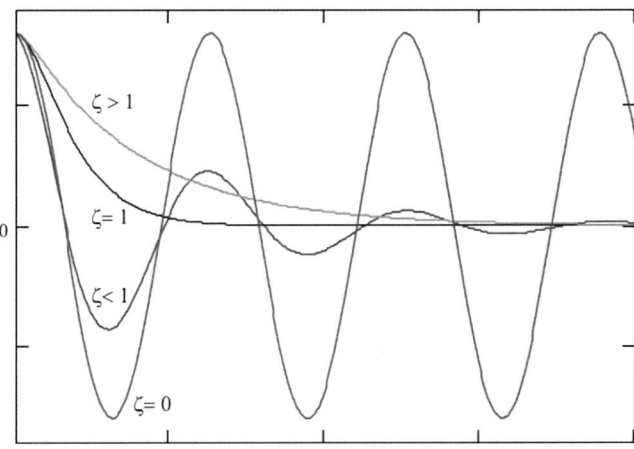

Figura A.6. Respuesta libre de sistemas de 1 gdl con amortiguamiento viscoso

- Caso 1 (sistema subamortiguado: $\zeta < 1$ o $c < c_c$): la respuesta del sistema será un movimiento armónico de frecuencia: $\omega_d = \omega_n\sqrt{1 - \zeta^2}$ cuya amplitud decrece exponencialmente. La frecuencia ω_d se llama frecuencia de la vibración amortiguada.

- Caso 2 (sistema críticamente amortiguado : $\zeta=1$ o $c = c_c$): en este caso la respuesta es un movimiento aperiódico que tiende a cero con el tiempo.

- Caso 3 (sistema sobreamortiguado: $\zeta > 1$ o $c > c_c$): la respuesta vuelve a ser un movimiento aperiódico que tiende a cero com el tiempo.

En la Figura A.6 se representan las soluciones para los diferentes casos analizados. Un sistema con amortiguamiento crítico tiene el menor amortiguamiento posible para conseguir movimiento aperiódico, retornando la masa a la posición de equilibrio en el menor tiempo posible.

A.6. Respuesta a excitación armónica

A.6.1. Sistema no amortiguado. Resonancia. Batimiento

Un sistema de 1 gdl excitado por una fuerza externa *f(t)*, responde a la ecuación de movimiento:

$$m\ddot{u} + c\dot{u} + ku = f(t)$$ **Ecuación A.23**

Puesto que se trata de una ecuación diferencial no homogénea, su solución se compone de dos sumandos: la solución de la ecuación homogénea, que corresponde a la vibración libre del sistema cuando se le deja vibrar partiendo de una situación de desequilibrio, y la solución particular de la ecuación completa que corresponde a la respuesta a la excitación externa y que perdurará mientras exista *f(t)*. En la Figura A.7 se representan estas dos componentes y la solución final suma de ambas para un caso con subamortiguamiento.

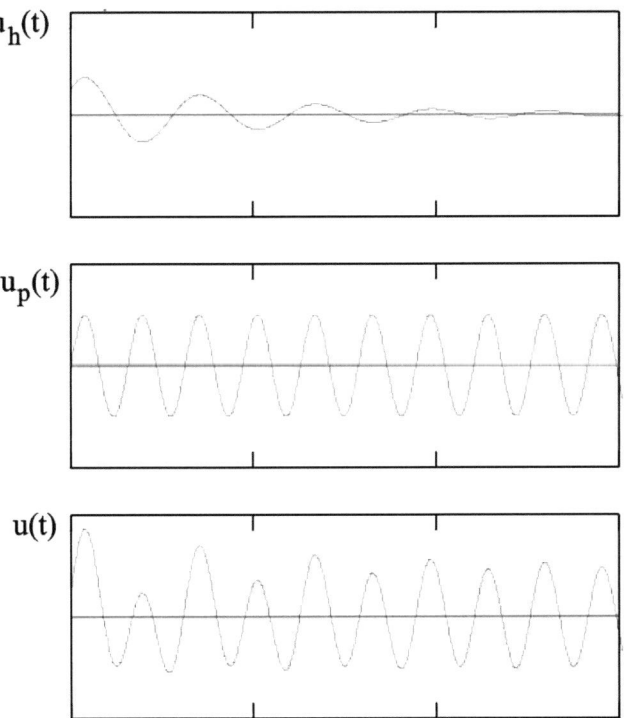

Figura A.7. Solución homogénea, particular y total

El estudio del caso particular en que la excitación es de tipo armónico es importante dado que es uno de los más comunes. Además, tiene gran importancia si el sistema es lineal por el hecho de que, aplicando el desarrollo de Fourier, cualquier excitación periódica se puede descomponer en suma de excitaciones armónicas.

En el caso en que no existe amortiguamiento la ecuación del movimiento del sistema sometido a una excitación armónica, de amplitud $\bar{f}$ y frecuencia ω, se reduce a:

$$m\ddot{u} + ku = \bar{f} \cos \omega t$$

Ecuación A.24

La solución de la ecuación homogénea es:

$$u_h(t) = C_1 \cos\omega_n t + C_2 sen\omega_n t$$

Ecuación A.25

Donde ω_n es la frecuencia natural del sistema.

Puesto que sólo aparecen derivadas de orden par en la ecuación diferencial, la solución particular de la misma es de la forma:

$$u_p(t) = \bar{u} \cos \omega t$$

Ecuación A.26

Donde $\bar{u}$ es una constante que denota la amplitud de la respuesta $u_p(t)$ y cuyo valor se obtiene sustituyendo esta solución en la ecuación diferencial, llegándose a:

$$\bar{u} = \frac{\bar{f}}{k - m\omega^2}$$

Ecuación A.27

Por tanto, la solución total es:

$$u(t) = C_1 \cos\omega_n t + C_2 sen\omega_n t + \frac{\bar{f}}{k - m\omega^2} \cos \omega t$$

Ecuación A.28

Donde C_1 y C_2 se obtienen de las condiciones iniciales, resultando:

$$u(t) = \left(u_0 - \frac{\bar{f}}{k - m\omega^2}\right) \cos\omega_n t + \left(\frac{\dot{u}_0}{\omega_n}\right) sen\omega_n t + \frac{\bar{f}}{k - m\omega^2} \cos \omega t$$

Ecuación A.29

Donde el subíndice *0* indica condiciones iniciales (posición y velocidad).

Al cociente entre las amplitudes de la respuesta y de la fuerza de excitación, que es función de la frecuencia de excitación, se le denomina función de respuesta en frecuencia $H(\omega)$, y puede expresarse como:

$$H(\omega) = \frac{\bar{u}}{\bar{f}} = \frac{1}{k - m\omega^2} = \frac{1/k}{1 - r^2} \rightarrow u_p(t) = H(\omega)f(t)$$

Ecuación A.30

Donde

$$r = \frac{\omega}{\omega_n}$$

Ecuación A.31

Es la relación entre la frecuencia de la fuerza excitadora y la natural.

La amplitud de la respuesta estacionaria (solución de la particular) $\bar{u}$, puede compararse con la deflexión estática correspondiente $\delta_{st} = \bar{f}/k$, obteniéndose el denominado factor de amplificación dinámica $D(\omega)$:

$$D(\omega) = \frac{\bar{u}}{\delta_{st}} = \frac{1}{1-r^2}$$

Ecuación A.32

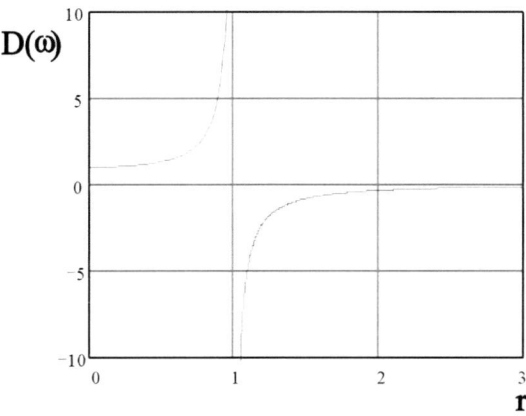

Figura A.8. Factor de amplificación dinámica para un sistema no amortiguado

El factor de amplificación toma diferentes valores en función del valor de r, dándose tres casos:

- Si $0 < r < 1$, entonces $D(\omega)$ será positivo y por lo tanto la excitación y la respuesta estarán en fase.

- Si $r > 1$, $D(\omega)$ será negativo con lo que la excitación y la respuesta estarán desfasadas 180º. A medida que r crece y tiende a infinito la amplitud de la respuesta decrece.

- Cuando $r = 1$, $D(\omega) = \infty$, esta condición cuando la frecuencia de excitación es igual a la frecuencia natural del sistema se llama resonancia, y la amplitud de la respuesta crece indefinidamente de forma proporcional al tiempo.

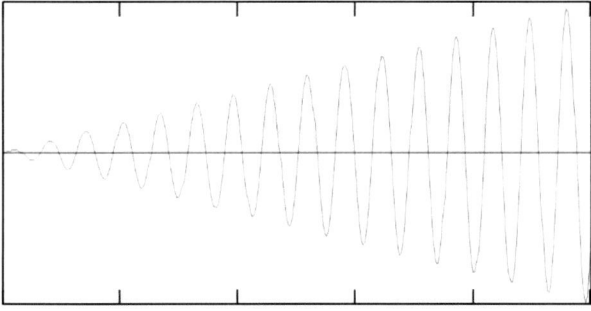

Figura A.9. Respuesta en resonancia

289

Cuando la frecuencia de excitación es próxima pero no exactamente igual a la frecuencia natural del sistema se da el fenómeno conocido por *batimiento*. En este tipo de vibración la amplitud crece y luego disminuye según un patrón regular.

Supongamos que la frecuencia de excitación es ligeramente inferior a la natural del sistema, sea la frecuencia media:

$$\omega_m = \frac{\omega_n + \omega}{2}$$

Ecuación A.33

Se define ε como

$$\varepsilon = \frac{\omega_n - \omega}{2}$$

Ecuación A.34

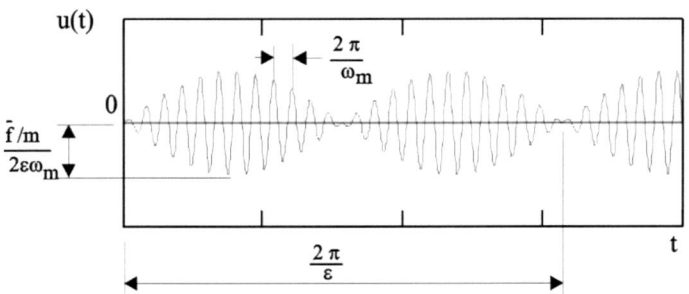

Figura A.10. Batimiento

A.6.2. Sistema con amortiguamiento viscoso (expresión compleja)

Consideremos la fuerza excitadora representada en forma compleja como $f(t) = \bar{f}\,e^{i\omega t}$, de forma que la ecuación de movimiento se convierte en:

$$m\ddot{u} + c\dot{u} + ku = \bar{f}e^{i\omega t}$$

Ecuación A.35

Puesto que la excitación real viene dada sólo por la parte real de *f(t)*, la respuesta será la parte real de *u(t)*, siendo *u(t)* una cantidad compleja que satisface la ecuación diferencial anterior.

Asumiendo la solución particular

$$u_p(t) = \bar{u} \cdot e^{i\omega t}$$

Ecuación A.36

Y sustituyendo en la ecuación diferencial, se obtiene:

$$\bar{u} = \frac{\bar{f}}{(k - m\omega^2) + i\omega c}$$

Ecuación A.37

Se define la función de respuesta en frecuencia, $H(\omega)$, como el cociente entre $\bar{u}$ y $\bar{f}$, resultando:

$$H(\omega) = \frac{\bar{u}}{\bar{f}} = \frac{1}{(k-m\omega^2)+i\omega c}$$

Ecuación A.38

La expresión anterior puede escribirse en función de la relación de frecuencias r y del amortiguamiento relativo ζ, como:

$$H(\omega) = \frac{1/k}{(1-r^2)+i2\zeta r}$$

Ecuación A.39

La relación entre la amplitud de respuesta dinámica y la cuasiestática se define como:

$$D(\omega) = \frac{\bar{u}}{\bar{f}/k} = \frac{1}{1-r^2+i2\zeta r}$$

Ecuación A.40

Donde $D(\omega)$ es la expresión compleja del factor de amplificación dinámica. En la siguiente figura se muestra la variación del factor de amplificación y el ángulo de desfase expresadas en las ecuaciones anteriores con la relación de frecuencias r y con el amortiguamiento relativo ζ.

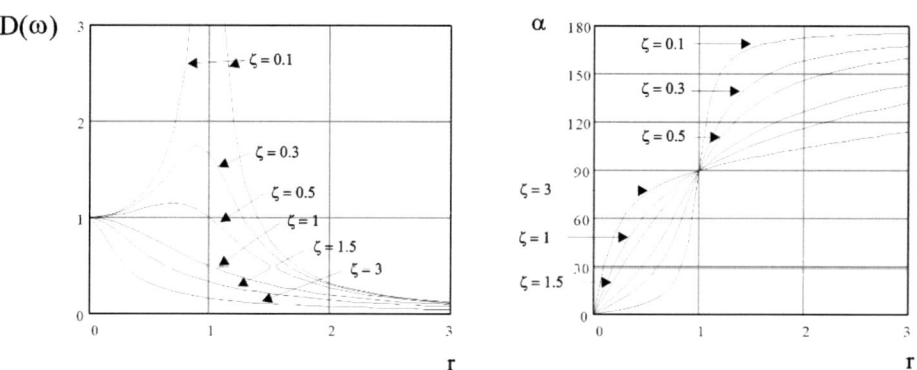

Figura A.11. Variación del factor de amplificación y desfase con ω

De la misma se deducen las siguientes importantes características:

- Para un sistema no amortiguado ($\zeta=0$) el ángulo de desfase es 0° o 180°, como ya se vio en el estudio de sistemas no amortiguados.

- El amortiguamiento reduce el factor de amplificación para todas las frecuencias de excitación, siendo esta reducción especialmente significativa en las proximidades de la condición de resonancia.

- Para frecuencias mucho menores que la natural, la respuesta tiende a estar en fase con la excitación, mientras que para frecuencias mucho más elevadas que la excitación tiende a estar desfasada 180°. Para la condición de resonancia la respuesta está desfasada 90° con la excitación independientemente del valor del amortiguamiento.

Bibliografía

A General Guide to the Principles, Operation and Troubleshooting of Hydrodynamic Bearings. Kingsbury, Inc.

Cracked Rotors. N. Bachschmid, P. Pennacchi, E. Tanzi. Ed. Springer (2010)

Machinery malfunction diagnosis and correction. Robert C, Eisermann. Ed. Prentice-Hall (1998).

Motores de inducción. Técnicas de mantenimiento predictivo. Óscar Duque Pérez y Marcelo Pérez Alonso. Ed. Abecedario (2005).

Norma ANSI/ASA S2.75-2017 Parte 1: Metodología de alineación de ejes, principios generales, métodos, prácticas y tolerancias

Norma ANSI/AGMA 9005-E02-Industrial Gear Lubrication.

Norma ISO 3448 Industrial liquid lubricants–ISO viscosity classification.

Norma ISO 76 Rolling bearings–Static load ratings

Norma ISO 281 Rolling bearings–Dynamic load ratings and rating life

Norma ISO 13373, partes 1 a 5, 7 y 9. Condition monitoring and diagnostics of machines — Vibration condition monitoring.

Norma ISO 20816, partes 1 a 5, 8 y 9. Mechanical vibration – Measurement and evaluation of machine vibration.

Norma ISO 21940-11. Mechanical vibration – Rotor balancing–Procedures and tolerances for rotors with rigid behaviour.

Norma ISO 21940-12. Mechanical vibration – Rotor balancing – Procedures and tolerances for rotors with flexible behaviour.

Norma UNE 18040. Engranajes. Nomenclatura de los desgastes y rotura de los dientes (1965).

Norma UNE 18-153-81. Transmisiones síncronas por correas

Timken Bearing Damage Analysis with Lubrication Reference Guide (2011)